장소가 만들어낸 과학

Livingstone 지음 | 이재열, 박경환, 김나리 옮김

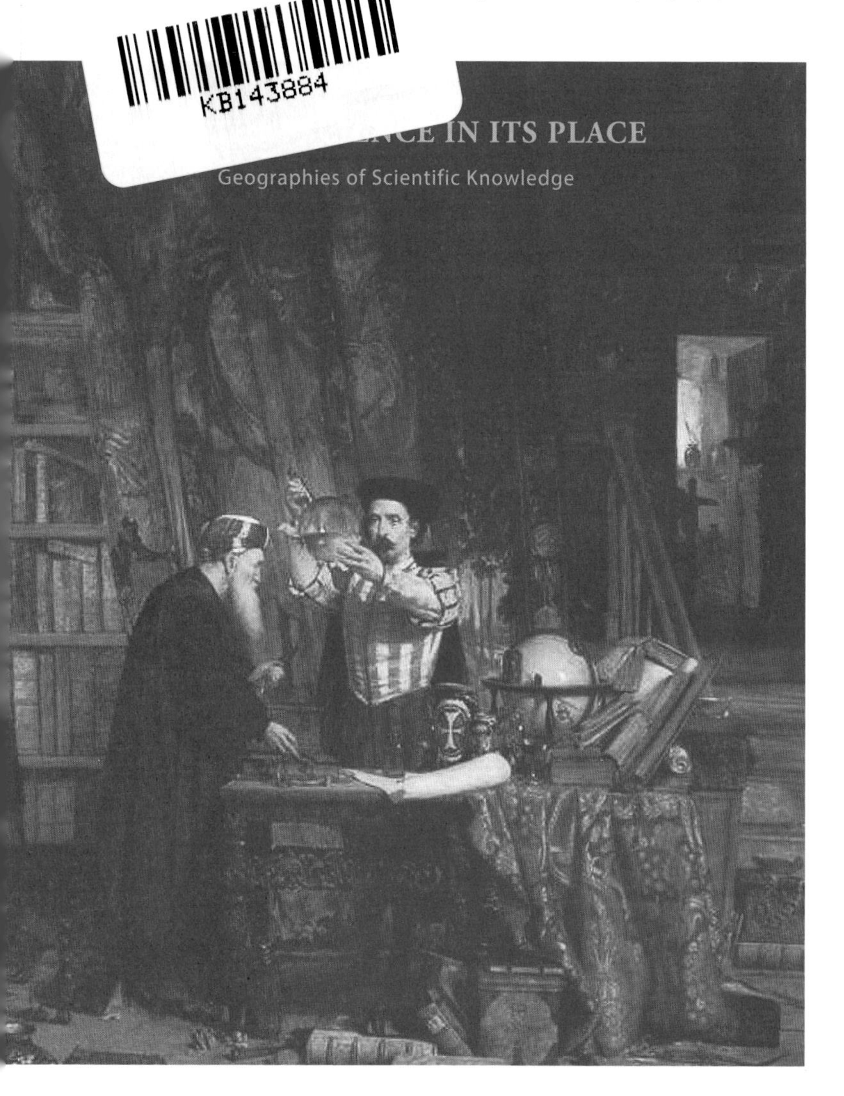

Σ 시그마프레스

장소가 만들어낸 과학

발행일 | 2019년 12월 27일 1쇄 발행

저　자 | David N. Livingstone
역　자 | 이재열, 박경환, 김나리
발행인 | 강학경
발행처 | (주)시그마프레스
디자인 | 강경희
편　집 | 김은실

등록번호 | 제10-2642호
주소 | 서울특별시 영등포구 양평로 22길 21 선유도코오롱디지털타워 A401~402호
전자우편 | sigma@spress.co.kr
홈페이지 | http://www.sigmapress.co.kr
전화 | (02)323-4845, (02)2062-5184~8
팩스 | (02)323-4197

ISBN | 979-11-6226-241-2

Putting Science in Its Place : Geographies of Scientific Knowledge

* 책값은 뒤표지에 있습니다.
* 이 도서의 국립중앙도서관 출판예정도서목록(CIP)은 서지정보유통지원시스템 홈페이지(http://seoji.nl.go.kr)와 국가자료공동목록시스템(http://www.nl.go.kr/kolisnet)에서 이용하실 수 있습니다.(CIP제어번호 : CIP2019050141)

저자 서문

과학에 대해서 이해하지 못하는 것이 몇 가지 있다. 과학적 탐구는 첨단 기술 실험실, 야외조사 현장, 박물관 아카이브, 천문 관측소 등 고도로 전문화된 장소에서도 수행되지만 커피숍과 대성당, 여인숙과 목장, 선박의 갑판과 전시장 등도 과학 탐구의 무대가 될 수 있다. 특정 장소를 기반으로 획득하는 지식은 또 다른 한편으로 어디든 존재한다는 성격을 가지고 있다. 다른 말로 이야기하자면, 과학적 발견은 지역성과 세계성을 모두 가지고, 특수하면서도 보편적이며, 토착적인 동시에 초월성을 지닌다. 과학 지식을 창출하는 데 있어 특정 장소는 어떤 역할을 할까? 어떻게 지역 경험이 공유된 일반화로 이어질까? 나는 이런 질문들이 근본적으로 지리적이라고 생각한다.

이와 같은 질문에 대한 관심은 나의 전반적인 학문 활동 궤적에서 보았을 때 의외의 면이 있다. 나는 과학 문화의 역사학에서 이용하는 방법론을 지리학 사상과 실천의 역사에 관한 연구에 적용했던 경험이 있다. 여기에서 나의 관심사는 지리학의 발전 과정을 보다 넓은 사회 및 지식 역사의 맥락에 위치시키는 것이었다. 그리고 연구 과정에서 이 영향의 방향이 반대로도 작용할 수 있을지 모른다는 의구심을 갖게 되었다. 공간과 장소에 관심을 가지는 지리학자의 역량과 솜씨로 과학의 역사를 재조명할 수 있지 않을까? 이 질문에 대한 답을 구할 목적으로 이 책을 서술하였다.

지리학자와 과학사학자 사이의 대화를 이끌고 싶은 나의 바람으로 인해, 나는 두 학문 공동체의 동료들로부터 엄청난 자극과 격려를 받았다. 우선 유익한 토론, 건설적 비판, 폭넓은 독서, 새로운 안목, 생산적인 제안을 제공한 프랭크 골리와 뉴왈라 존슨에게 깊은 감사를 전한다. 그리고 각 장에 대한 스티븐 샤핀의 상세한 검토는 이 책의 출간에 엄청난 도움이 되었다. 애드리언 존스, 로버트 콜러, 마크 만마니어의 핵심 주장에 대한 건설적인 토론과 세세한 글귀에 대한 논평은 그 가치를 헤아릴 수가 없다. 트레버 반스, 존 브룩, 스티븐 윌리엄스, 존 월슨, 찰스 위더스 또한 많은 도움을 준 훌륭한 친구들이다. 이들은 시간을 내어 내가 원했던 격려와 내게 필요했던 비평을 해주며 유익한 조언을 제공했다. 이러한 여러 조력자의 노력이 있었지만, 이 책에 있을지 모르는 오류들은 모두 나의 책임이다.

이상의 모든 고마움에 수잔 애브람스를 빼놓을 수 없다. 수잔은 전화와 이메일로 원거리에서 이 작업을 도와주었다. 이 작업에 대한 그녀의 확신과 열정에 무엇보다 감사하다. 크리스티 헨리의 전문가적 편집, 나의 질문에 대한 제니퍼 하워드의 명쾌한 응답, 길 알렉산더의 일러스트레이션 작업은 이 프로젝트의 최종 단계에서의 나의 중압감을 덜어주는데 큰 도움이 되었다. 그리고 앨리스 베넷의 능숙한 솜씨와 근면함 덕분에 원고 정리 작업을 제대로 할 수 있었다. 마지막으로 영국학사원에서 2년간 연구교수직을 지원해준 것에 대한 감사를 표한다. 이곳에서 탐구할 수 있는 공간을 얻어 과학 탐구의 공간들을 연구할 수 있었다.

역자 서문

데이비드 리빙스턴 교수는 영국 북아일랜드 벨파스트에 위치한 퀸즈대학교 지리학과에 재직하고 있으며, 문화·역사지리학과 지리 사상사 분야에서 활동하는 세계적 석학이다. 『지리학의 전통(*The Geographical Tradition*)』(1993), 『인문지리학: 필독 선집(*Human Geography: An Essential Anthology*)』(1996)을 비롯해 인문지리학의 발전에서 이정표가 된 수많은 업적을 쌓았다. 학계에서 공로를 인정받아 영국학술원, 아일랜드학술원, 유럽학술원 회원으로 활동하게 되었고, 2002년에는 대영제국훈장까지 수여받았다.

2005년에 출간된 이 책도 인문지리학에서는 전대미문의 획기적 업적으로 평할 수 있다. 공간 '과학'의 성립과 발전을 통해서 알 수 있는 것처럼 불과 20여 년 전까지만 해도 과학은 인문지리학에서 수용과 추종의 대상이었다. 반면, 이 책은 포스트식민주의, 페미니즘, 행위자-네트워크 이론 등 포스트구조주의 사상을 바탕으로 과학이 인문지리학적 사유와 분석 대상이 될 수 있다는 인식의 전환을 이끌었다. 과학철학, 과학사학, 과학사회학 등의 영향을 받은 것은 분명하지만, 다른 한편으로 리빙스턴은 장소, 지역, 공간 등 인문지리학 고유의 개념을 활용하여 기존 과학 연구 분야의 쇄신을 자극한다. 이 책을 출간한 이후에도 과학에 대한 그의 인문지리학적 탐구는 다윈주의, 기후변화 등을 주제로 꾸준히 지속되고 있다. 저자가 원했던 것처럼 한국에서도 이 책이 "독자의 상상력을 자극해 과학의 문화(지리학)라는 미개척 분야에 대한 학문적 모험 의지"를 북돋울 수 있기를 바란다.

번역을 통해 그런 자극의 기회를 제공해준 리빙스턴 교수와 시카고대학 출판부의 허락에 깊은 감사의 말을 전한다. 이 밖에도 여러 사람들의 자극과 도움으로 이 번역서가 출간될 수 있었다. 위스콘신대학 재학 중 크리스 올즈 교수의 추천으로 2007년 이 책을 처음 접했다. 오랫동안 잊고 지내다가 2017년 포항공과대학교 인문사회학부에서 「과학과 사회의 통합적 이해」를 가르치며 이공계 대학에서 인문지리학의 적합성을 고민하는 과정에서 이 책의 번역을 결심했다. 지리학자에게는 아주 특별한 사유와 경험의 기회를 안겨주신 인문사회학부 구성원께 감사드린다.

그리고 전남대학교 박경환 교수와 김나리 연구원의 고마운 동참과 동료의식 덕분에 출간의 결실을 볼 수 있었다. 내가 1장, 2장, 5장의 맡았고, 박경환 교수는 3장과 4장을 번역하며 언제나 그래왔듯 오랜 선배로서 출판 전반에 대한 조언을 아끼지 않았다. 김나리 연구원은 이 책의 서지 에세이를 번역하며 원고 전반을 꼼꼼히 살폈다. ㈜시그마프레스에서는 문정현 부장님께서 저작권 획득부터 시작해 사무 처리의 수고를 아끼지 않았고, 편집부 여러분의 섬세한 손길로 편집 및 교정 작업이 마무리되었다.

2019년 8월 26일
역자를 대표해 이재열

차례

과학의 지리학?

과학적 지식은 수많은 장소에서 생산된다. '어디'라는 것은 중요한 문제일까? 과학을 수행하는 것에 있어서 그 위치는 어떠한 차이를 만들어 낼 수 있을까? 보다 엄밀하게 말하자면, 과학의 내용은 위치에 좌우될까? 이 모든 질문들에 대해 나는 '그렇다'고 답하겠다.

과학이 지리적이라고 하는 것은 정상적인 이야기처럼 들리지 않을 수도 있다. 과학철학, 과학사, 심지어 과학사회학이라는 학문의 존재를 많은 이들이 아주 잘 알고 있지만, 과학의 지리학은 우리의 직관에 어긋난다. 과학은 지역적 조건에 영향을 받지 않는 분야라고 우리는 익히 잘 알고 있다. 과학은 지방적(provincial) 실천보다는 보편적인(universal) 과제로 여겨진다. 진리를 추구하는 수많은 인간의 노력 중 우리가 과학이라고 부르는 모험은 지방성을 초월하기 위한 온갖 노력 중 하나이다. 지역을 초월하면 편견과 추측을 배제할 수 있고 객관성이 보장된다고 여겨지기 때문이다. 신뢰할 수 있는 지식들은 지방성의 흔적이 없어야 한다는 가정이 널리 받아들여지고, 지역적인 과학은 그릇된 것이라 평가된다. 이런 맥락에서 "상온핵융합이 솔트레이크시티에서만 일어난다면 그것은 아무것도 아니다"는 주장은 타당하다. 결국 과학이라는 것은 보스턴에서 베이징에 이르기까지 동일한 방식으로 수행되어야 하고, 과학적 실험 결과는 모스크바와 멜버른에서 동일해야 한다는 이야기이다. 이런 전제하에서 파리와 프라하 출신 과학자가 학회에서 과학적 대화를 나눌 수 있는 것이다.

이것이 사실이라면 과학을 수행하는 데 있어서 장소는 어떤 영향력도 행사해서는 안 된다. 지리학자는 장소와 위치를 전문 영역으로 삼고 심지어 공간의 중요성에 대한 강박관념에 사로잡혀 있지만, 과학은 예외로 인정하는 경향이 있다. 천문학의 지리 같은 것은 존재할 수 있다고 여겨지지만, 사소한 상황 (예를 들면, 안개 짙은 하상에서 관찰은 성립하지 않는다든지 남반구에서 북극성은 보이지 않는다는 것) 이상의 중대한 논의에 지리학자들은 참여하지 않는다. 천문학 방법론과 천문학 이론이 공간적 상황에 영향을 받는다고 이야기하는 것은 허튼소리와 다름없는 것이다. 물론 누구나 상상 가능하겠지만 지리학자들은 과학적 발견과 기술 혁신의 확산을 시간과 공간에 걸쳐 도표화할 수 있다는 점을 인정한다. 가령 농업과 의학 신기술이 기원지로부터 이동하는 경로를 지도에 표시할 수 있을 것이다. 그러나 그런 하찮은 것 이상으로 지리학과 과학은 거의 상관없는 것처럼 보인다.

단지 지리학자들만 과학에 대하여 불간섭의 태도를 보이는 것은 아니다. 사회학자들은 가족과 축제부터 의식과 종교에 이르기까지 거의 모든 것을 자신들의 연구 영역에 포함시켰지만, 상당히 오랜 기간 동안 과학을 사회학적 견지에서 탐구하지 않으려 했다. 예를 들어 종교는 기원지의 풍토를 반영하는 것으로 가정되었지만, 과학 지식에는 지역의 흔적이 없는 것으로 여겨졌다. 물론 과학의 어느 일부는 사회학적 분석에 적합한 것으로 보인다. 과학자가 방법론적 궤적을 벗어나 정치적 편견을 연구에 반영하고, 데이터를 날조하며, 종교적 믿음을 결과에 가미하여 그릇된 결론에 이를 때, 그런 "일탈"은 지역적 요인을 참조하며 설명된다. 그래서 소위 "병적과학"이라고 일컬어지는 분야에 대한 사회학적 분석은 이미 이루어지고 있다. 과학적 진보가 연구 재원 분포의 국가 및 세계적 패턴, 그리고 국가 지원의 수준에 영향을 받는 것도 잘 알려져 있다. 하지만 일탈이나 가용자원 이외의 지역적 상황과 과학 사이의 관련성에 대해서는 거의 연구가 이루어지지 않았다. 과학을 장소와 연관시키려는 노력은 어쩌면 과학적 지식의 온전함과 진정성에 대한 공격으로 받아들여질지도 모른다. 실제로 근대적 실험실의 발명은 과학을 위한 "무장소성(placeless)"의 장소를 창출하기 위해 이루어진 의식적 노력이었다. 지역성의 영향을 제거하여 보편적 과학 현장을 만들려는 의도에서 근대적 실험실이 등장한 것이다. 이는 신뢰성을 보증하고 객관성을 성취하는 데 "무장소성(placelessness)"이 필수 불가결한 요소라는 의미이며, 19세기 중반 이후 과학적 타당성을 보장하는 최상의 현장으로서 실험실의 승리는 이미 입증된 것이다.

이런 가정들에 대해서 의문을 제기할 목적으로 이 책을 집필하였다. 과학을 추구하기 위해 무장소성의 장소를 조성하려는 노력이 도처에서 진행되고 있지만, 과학적 탐구의 모든 공간에 대해서 심문해야 하는 근본적인 의문들이 남아 있다. 실험이 이루어지는 현장, 지식이 발생하는 장소, 탐구가 수행되는 곳의 지역성 등이 과학에 미치는 영향을 중심으로 이 책의 집필이 이루어졌다. 공간적으로 제기할 수 있는 문제는 무한하다. 몇 가지만 예를 들자면, 특정 주장의 인정과 부정의 여부는 과학 탐구의 공간에 영향을 받는가? 과학 이론에서 위치는 얼마만큼 중요한가? 발명의 유통과 확산에서 도구의 복제, 방법의 표준화는 어떻게 영향을 주는가? 직접적 관찰의 장소에서 멀리 떨어진 것들에 대한 지식을 취득하기 위해 어떠한 전략들이 고안되었는가? 특정 현장, 지역 조건, 국가 환경 등을 비롯한 다양한 범위에서 "어디?"의 문제는 과학적 활동에 상당한 영향력을 행사할 것으로 생각된다.

앞으로 전개될 이야기에 대한 단서로 몇 개의 사례를 살펴보자. 이 사례들은 과학에서 장소가 중요하고, 과학을 지리학적으로 고찰하는 것이 가치 있는 활동이라는 것을 보여 줄 것이다. 뉴질랜드의 오클랜드에서 1863년 창간된 《월간남부(Southern Monthly Magazine)》의 독자들은 창간 후 1년 동안 다윈의 진화론에 대한 칭송을 수도 없이 읽었다. "약하고 혜택받지 못한 인종"은 불가피하게 "보다 강한 인종에게 자리를 내어 줄 수밖에 없다"는 다윈의 주장이 뉴질랜드의 상황을 이해하는 데 도움이 되었기 때문이었다. 뉴질랜드 제국주의자의 요구와 맞아떨어진 다윈의 이론은 그곳에서 환영받았다. 이 진화론 덕분에 마오리족은 미개함의 언어로 그려질 수 있었고, 토지 확장에 목말라 마오리족의 멸종을 바랐던 식민주의자들은 그들의 정당성을 확보할 수 있었다. 하지만 동일한 시기에 미국 남부 찰스턴에서는 완전히 다른 상황이 펼쳐졌다. 그곳의 인종주의자 정치인들은 다윈의 이론을 거부했다. 왜 그랬을까? 상이한 인종들은 각기 다르게 창조된 것이며 조물주로부터 각기 다른 문화적, 지능적 역량을 부여받았다라고 생각하는 그곳의 전통적 믿음에 대한 위협으로 여겨졌기 때문이다. 두 지역 모두 인종주의적 이유에도 불구하고, 오클랜드와 찰스턴에서 다윈 이론의 운명은 상당히 달랐다. 두 장소에서 다윈주의는 상당히 다른 것을 의미했다. 한 곳에서 그것은 인종주의 이데올로기의 근거로 받아들여졌지만, 다른 곳에서는 인종주의를 약화시키는 것으로 해석되었다.

앞으로도 많이 보겠지만, 이와 유사한 사례는 무수히 많다. 다윈주의는 러시아와 캐나다에서 다른 것을 의미했고, 벨파스트와 에든버러에서도 다르게 받아들여졌다. 남성 노동자 클럽과 교회 예배당에서도 진화론은 다른 것이었다. 뉴턴의 기계론, 훔볼트의 지구물리학, 아인슈타인의 상대성이론에 대해서도 비슷한 논의가 가능하다. 이런 과학자들의 설명은 상이한 장소에서 다른 방식으로 이해되었고, 다양한 문화적, 과학적 목적들이 동원되었다. 그리고 과학 이론은 기원지로부터 균일하게 확산되지도 않았다. 옮겨감에 따라 수정이 가해졌고 변형되었다. 이런 점들에 근거해 과학 이론의 의미는 안정된 것이 아니라, 유동적이며 장소에 따라 가변적이라는 논의가 가능하다. 이는 또한 모든 분석의 범위에서 (국가 지역의 거시적 정치지리에서부터 지역 문화의 미시적 사회지리까지) 공간적 영향력을 받아 형성된다.

공간과 장소가 과학적으로 중요하다는 것은 다른 방식으로도 확인할 수 있다. 동물군집에 관한 찰스 엘턴의 이론은 1920년대 초반 남극의 베어섬이라는 상당히 구체적인 시간과 장소에서 탄생했다. 그의 계승자인 레이몬드 린더만은 엘턴을 기초로 영양단계 이론을 발전시켰는데, 이 업적 또한 미네소타 주의 체다 크릭이라는 특정한 위치에서 이루어졌다. 두 가지 사례 모두에서 생물학적 탐구가 수행되었던 자연적 장소가 과학적 지식을 산출하는 데 중요한 역할을 하였다. 모두 고립된 곳이었기 때문에 변수를 통제하여 포괄적으로 측정하는 것이 가능했다. 소위

"장소의 실천"이라 불리는 것의 범위를 명확히 설정하는 것이 위의 탐구들에서 필요했으며 가능했다. 현장 과학자들의 경우, 그들이 하는 모든 것에 장소가 연관되어 있다. 그래서 이 연구자들에게 탐구가 "어디"에서 수행되는가는 과학적 실천에 매우 중요한 요소이다. 예를 들어, 생태의 천이, 동물군집, 사구 형태 등에 관한 과학적 이론을 수립하는 데 특정한 물리적 장소는 필수적일 수밖에 없다.

이처럼 위치, 장소, 현장, 이주, 지역 등 공간 문제는 과학적 노력의 중심부에 있다. 이에 대한 논의로 깊이 들어가기에 앞서 "공간"의 성격과 공간이 사회적 삶에 어떤 영향을 주는지 일반적인 수준에서 간단히 살필 것이다. 사회의 구성에서 장소가 중심을 차지한다고 이해한다면, 공간적일 수밖에 없는 과학의 성격을 보다 쉽게 파악할 수 있을 것이다.

1. 공간은 중요하다

인간 활동은 항상 어딘가에서 발생한다. 사는 곳에 따라서 삶은 달라질 수밖에 없다. 지구적 차원에서, 그리고 지역적 맥락에서 우리의 위치는 우리가 처한 경제적, 사회적, 문화적 상황과 밀접하게 관련된다. 자원의 지리적 분포는 불균등하고, 지표에 따라 삶의 양식을 구분할 수 있는 패턴이 존재하며, 지구의 자연적 특성은 독특한 공간적 배치로 나타난다. 그에 따라서 지역 경제, 국제 정치, 민족 문화경관, 도시의 사회적 형태, 세계 종교 등을 논의할 수 있다. 이와 같이 인간 삶의 다양한 면에는 공간적 차원이 존재하기 때문에 물리적 공간에서 개인, 사회집단, 국가, 대륙의 위치는 상당히 중요한 문제가 된다.

그러나 인간은 단지 물리적 공간의 범주에서만 거주하지 않고, 다양한 추상적 공간을 점유한다. 그래서 인간은 그들이 거쳐 가는 인식적, 사회적, 문화적 영역을 공간적 방식으로 언급한다. 물리적으로 아주 가까이 사는 사람들도 사회적 거리나 문화적 공간의 측면에서 보면 "수마일 떨어져" 있는 거리감이나 완전히 다른 세상에 살고 있다는 느낌을 받을 수 있다. 우리는 또한 지도학적, 그리고 여러 가지 공간적 메타포를 일상적으로 활용한다. 인간 게놈 지도 프로젝트의 소식이 들리고, 어떤 사람은 이론을 지도처럼 언급하는 등, 인간 모두는 자신만의 심상지도를 가지고 있다. 논쟁을 차트처럼 구성하고, 실행 과정도 지도처럼 그린다. 일상적 대화에서 '개인 공간이 필요하다', '방향 감각이나 길을 잃었다'는 식의 이야기를 하는 사람들도 많다. 물질적이든 비유적이든 공간은 상당히 중요한 것이다.

우리가 일상적으로 참여하는 사회적 상호작용도 일상생활이 이루어지고 끊임없이 변화하며 중첩되는 여러 가지 공간에 좌우될 수밖에 없다. 타인과 마주하는 다양한 장소들을 생각해 보자. 공장의 작업장, 운동 경기장, 만찬장, 무도장, 사무실, 집 등, 각각의 장소는 의사소통을 유발하는 의미의 레퍼토리를 제공한다. 각각의 장소에서 사람들은 뚜렷하게 상이한 방식으로 행동하고 관계를 맺는다. "정상"적인 것과 "괴상"한 것은 상황에 달려 있다 — 한 곳에서 적절한 것으로 여겨질지라도 다른 곳에서는 이상하고 기괴한 것으로 간주될 수 있다는 말이다.

인간 행동에 의미를 부여하는 기호와 상징은 공간적 연상 작용을 일으킨다. 그래서 지극히 단순한 몸짓과 행동을 납득하려 하더라도 해당 장소를 점유하는 이들의 "상상계"를 이해해야 한다. 회의실, 도서관, 건설현장, 교회 등에서의 "국지적 관습"을 알아야 의사소통에 배태되어 있는 암호화된 메시지를 가려낼 수 있다는 말이다. 이러한 작업에는 현장의 성격과 구조에 부합하는 함의와 추론 등을 풀어헤칠 수 있는 역량이 필요하며, 이는 특정한 장소에서 특정한 규칙들을 이해하기 위해 필수적이다.

상술한 것을 이해한다면, 공간이라는 것이 결코 사회적 삶의 교류가 이루어지는 중립적인 "컨테이너"로만 치부할 수 없다는 사실 또한 분명해질 것이다. 또 다른 비유를 사용하자면, 공간은 실제 행동들이 발생하는 무대로만 여길 수 없다. 공간은 그 자체로 인간 교류의 시스템을 구성한다. 인간은 가정에서부터 국제관계에 이르기까지 모든 스케일에서 일상적 사회관계를 촉진시키고 동시에 제한하기도 하는 여러 위치에 거하게 된다. 위치로 인해서 우리의 특정 언변과 행동이 가능하게 되기도 하고, 역으로 그렇지 못한 경우도 발생한다. 모든 사회공간은 그 나름대로 가능하고 용인되며 이해되는 말과 행동을 내포한다. 그러한 담론 교류의 공간은 사회적 관계의 산물이지만, 동의의 의미에서만 그것의 중요성이 찾아지는 것은 아니다. 사회공간은 용인되고 표현할 수 있는 이의(異意)의 양식 또한 규정하기 때문이다.

말할 수 있는 것은 우리가 말하는 위치에 좌우되기 때문에 "위치와 화법(location and locution)" 사이에는 직접적인 연관성이 있다. 그렇다고 해서 발화행위를 위치와 상황의 문제로만 단순화시킬 수는 없다. 지리학을 기하학의 문제로 협소화할 수 없는 것처럼 말이다. 사회공간은 담론공간을 촉진시키며 조정한다. 전자가 후자를 결정한다는 것이 아니다. 그리고 사상은 환경 속에서 모습이 갖추어지는 동시에 환경을 생산한다. 즉, 사상이라는 것은 그것을 둘러싼 환경과 상호작용한다. 그렇지 않다면, 그에 적합한 표현을 찾는 것, 동의를 구하는 것, 추종자 무리를 형성하는 것이 불가능해진다. 하지만 사상에는 사회 환경으로부터 충분할 정도의 "분리"가 있어야 한다. 그래야만 사상은 그 자체가 출현했던 환경을 재형성시킬 수 있기 때문이다. 이러한 방식으로 공간은 담론을 형성하는 동시에 제약하는 요인이 된다.

아울러 일상적 사회공간은 변화무쌍한 국제적 교류로부터도 자유롭지 못하다. 그 반대도 사실이다. 우리 모두는 어떤 방식으로든 세계적 교류와 얽혀 있다. 아일랜드 시인 셰이머스 히니가 언급한 바와 같이 "우리는 더 이상 지역의 교구민이 아니다." 상품, 정보, 데이터 등의 유통에 관계된 원거리 행위자와 이들의 영향력 때문에 지역의 모습은 형성되고 변화한다. 세계 자본시장의 부침(浮沈)에서부터 거의 모든 도시의 중국집, 이탈리안 피자, 아메리칸 도넛 등을 맛볼 수 있는 미식가 구역까지, 가까이에 위치하는 것은 먼 곳의 영향으로 인해 꾸준히 변형된다. 이와 같은 변화의 속도는 누구나 예상할 수 있는 것처럼 과거와 비교해 상당히 빨라지고 있다. 전화기, 인터넷 등 텔레커뮤니케이션 시스템과 같은 기술발전으로 인해 "여기"와 "저기"는 즉각적인 접촉이 가능하게 되었다. 공간은 시간에 의해 붕괴되고 있다. 우마차가 가장 빠른 교통수단이었던 때부터 여객기의 시대까지 세상은 축소되고 있다. 이런 "시간지리학" 변화의 속도와 리듬으로 인해 우리의 세상은 급변하게 되었고, 이에 따라 상품의 이동, 정보의 순환, 존재와 부재 사이의 관계는 상당히 중요한 것이 되었다. 따라서 공간의 성격은 절대로 정체(停滯)와 안정성으로 규정될 수 있는 것이 아니다. 공간은 유동적이며 변화무쌍하기 때문이다.

그러나 변화의 양상은 무역과 상품의 이동으로만 파악할 수 있는 것이 아니다. 경제제재(經濟制裁), 국가 간 마찰, 전쟁 등도 글로벌 정치

지도의 형상을 계속해서 변화시킨다. 그래서 어떤 누구도 "지리를 둘러싼 투쟁"에서 자유로울 수 없다. 그런 투쟁은 군대와 무기의 문제에만 국한되지 않고 사상과 이미지의 이슈와도 밀접하게 연관된다. 먼 곳의 사람과 장소를 상상하고 재현하는 방식은 도덕의 문제인 동시에 중요한 정치의 문제이다. 상상된 지리의 현실적 결과물이 존재하기 때문이다.

이는 아주 오래전부터 있어 왔던 일이다. 500년 전 유럽과 "신"대륙의 조우를 생각해 보자. 터무니없는 인류학적 지식과 신화에 가까운 생태학적 관점으로 인해 아메리카는 16세기 유럽인들에게 이색적인 동시에 혐오스럽고, 관심이 가지만 위협이 되는 곳으로 생각되었다(그림 1). 일상 속에서 신대륙과 그곳의 사람들은 열등과 야만의 언어로 그려졌고, 유럽인들 여행기 속에서 신대륙인은 종종 "괴물 인종"으로 범주화되기도 했다. 결론적으로, 콜럼버스 시대 구대륙과 신대륙 간의 조우는 윤리적, 경제적, 과학적 성격을 동시에 지닌 사건이었다고 할 수 있다. 서반구에 대한 유럽인들의 자기 만족적인 지리적 환상에 기초하여 대서양 양편의 교류 역사가 시작되었다.

이러한 일이 아메리카 대륙에서만 있었던 것은 아니다. 남태평양을 일관된 지리적 개체로 여겼던 18세기의 지식, 그리고 빅토리아 시대 "암흑의 아프리카(darkest Africa)"로 칭했던 것에 대해서도 유사한 비평이 가능하다. 이 두 사례에서 보이는 지역 표시 방식 모두 문명과 과학이 작용했다. 남태평양 사례의 경우, 제임스 쿡과 같은 탐험가의 항해를 통해 이 지역은 지도학, 인류학, 식물학, 동물학, 지질학 등 유럽 과학의 범위 안에 놓이게 되었다. 후자의 경우, 흑백을 구별하는 도상학(圖像學)이 발전하면서 검은 아프리카의 이미지가 고착되었던 것을 반영한다. 탐험 활동으로 인해 아프리카 대륙에 백인들이 물밀 듯이 유입되었음에도 불

그림 1 1519년 포르투갈의 지도학자 로뿌 오밍(Lopo Homem)이 작성한 브라질 해안의 모습이다. 당시 항해도에서 통용되었던 재현의 방식이 이 지도에 나타나 있고, 브라질은 원주민과 다양한 동식물로 가득한 이색적인 곳으로 그려진다. 이와 같은 이미지가 유럽인들에게 신대륙에 대한 상상된 지리의 모습을 불러일으켰다.

구하고 말이다.

이러한 재현들에서 두드러지는 것은 그들의 선전 활동에서 나타나는 과학적 노력들이다. 지리학적 지역 구분에서, 그리고 인종의 범주로서 "오리엔트(the Orient)"의 등장은 유럽 계몽주의 이후 열정적으로 추구되었던 과학의 산물이다. 유럽인들은 지질학, 공학, 인류학, 측량학, 지

그림 2 1837년 존 카네의 작품으로 [고대 이스라엘 항구도시] 자파의 모습을 낭만적으로 그리며 당시 유럽에서 팽배했던 중동에 대한 이미지를 드러낸다. 유럽인들은 이 지역을 멀고 다르며, 기이하고 신비로운 곳으로 상상했다. 이와 같은 작품을 통해서 "동양"을 이색적인 지리의 세계로 인식하는 서양인들의 상상력이 만들어졌다.

도학 등 근대 과학의 척도를 활용하여 새롭게 정복한 공간을 이해했다. 오리엔트는 군사적 침입이었을 뿐만 아니라 문화적 결과였고, 종교적 성전이었을 뿐만 아니라 과학적 성전이기도 하였다. 사실과 허구가 융합하여 "동양(the East)"을 "서양(the West)"과 대립된 개체로 돋보이게 하였다. 동시에 그와 같이 상상된 공간은 학문적 연구의 대상이 되었고, 유럽에게는 이색적인 "타자"로 그려졌다. 그리고 전설과도 같은 오리엔트의 지리는 서적과 캔버스, 박물관과 박람회, 스펙터클과 스냅사진 등으로 유럽인들의 눈앞에 제시되었다(그림 2).

이와 같은 모든 노력에는 장소의 권력이 반영되었다. 글로벌 스케일에서 세계의 지역을 재현하여 인간 정신세계에 영향을 주는 역량은 정치적 우월성의 행사와 밀접하게 연관되어 있다. 그리고 특정 장소 또한 인간에게 엄청난 권력을 행사할 수 있다. 병원, 교회, 법원을 생각해 보자. 이런 공간에서는 의학, 종교, 법률 지식의 권한 아래 인간이 놓일 수밖에 없게 된다. 의학적 처방, 선과 악의 구분, 유죄와 무죄의 결정 등이 이 각각의 장소에서 이루어지기 때문이다. 그리고 세 곳 모두에서 어떤 형식으로든 개인에 대한 신체적, 정신적 규율이 가해진다. 지배하는 지식의 장치와 실천되는 규율의 처방 사이의 본질적인 연결고리가 각각의 장소에 배태되어 있기 때문이다. 의학, 종교, 법률의 역사를 알려면 의학, 종교학, 법학 담론의 지리를 이해해야 한다. 이와 관련된 장소들은 학습을 유발하고 학습을 통해서 다양한 힘이 작용한다는 사실에도 주목해야 한다. 모든 스케일에서 지식, 공간, 권력은 긴밀하게 연관되어 있기 때문이다.

장소는 지식의 생산과 소비에서 중요한 역할을 한다. 사상과 이미지의 교류는 인간이나 서로 다른 문화 사이에서 이루어지지만 장소 간에도 발생한다. 그러나 이동은 복제만을 양산하지는 않는다. 사상이 이동하면서 해석과 변형의 과정을 거치게 된다. 사상은 여러 가지 상황에서 다른 방식으로 재현되기 때문이다. 이론은 그것이 출현했던 시대와 장소의 맥락을 가지고 있고, 이론의 수용 과정 또한 나름대로의 시·공간적 상황에서 진행된다. 그래서 사상과 이론, 통찰력과 상상력, 개념과 추론 등이 어떻게 세상을 변화시켰는지 판단하려면, 이들의 창출 과정뿐 아니라 활용되는 양상에도 주목할 필요가 있다. 사상과 이미지에서 사실로 받아들여지는 것은 대체로 그에 상응하는 과학적 진실과도 결부되는 경향이 있다.

2. 과학의 지리학

과학이 지리적 속성을 가지고 있다는 것을 어떻게 이해할 수 있을까? 과학은 사상과 제도, 이론과 실천, 원리와 수행의 측면에서 생각해 볼 수 있다. 이 모든 것들은 공간적 측면의 성격을 내포한다. 경험적 지식을 창출하는 데 있어 실험실이 중요한 장소라는 점을 생각해 보자. 실험실은 누가 관리하는가? 실험실의 경계는 어디에 있는가? 누구에게 접근이 허락되어 있는가? 어떤 방식으로 실험실이라는 전문 공간에서 발견한 것들이 대중의 영역으로 이전되는가? 과학적 지식 창출의 모든 단계에서 공간의 역할을 이해하려면 실험실의 (동물원, 식물원, 도서관 등의 공간에서도) 미시(微視)지리적 사안에 주목해야만 한다. 알려진 사실, 지식을 얻는 과정, 검증의 방식 모두가 과학의 현장과 깊숙이 관련되어 있기 때문이다.

과학적 정보의 불균등한 분포 또한 과학의 지리학에서 중요한 사항이다. 과학의 전파는 모든 사람들 사이에서 발생하지 않는다. 과학적 사고, 그리고 그와 관련된 기구는 전파의 경로를 가지고 있기 때문이다. 확산의 수단과 패턴이 지난 300여 년간 급변했지만, 과학의 불균등한 이동은 여전히 중요한 문제이다. 그렇기에 과학의 문화가 특정한 정치 및 사회 지형의 문제를 반영하는지 생각해 보아야 한다. 특정한 과학적 질문은 그에 부합하는 특정 사회 계층, 종교적 신념, 중심부 및 주변부의 문화와 관련되어 있지 않을까? 식민지에서 창출된 과학은 어느 정도로 제국주의 권력과 정치의 색채를 지니고 있을까? 과학적 업적이 특정 집단의 이데올로기를 지탱하고, 타자에 대하여 그들의 이익을 대변하는 방식으로 활용되지는 않았을까?

이러한 의문의 제기를 통해서 이미 정해진 답이 존재한다고 가정하는 것이 아니라, 과학과 관련된 국지적, 지역적, 국가적 속성에 주목하는 탐구의 필요성을 강조하고자 한다. 과학을 지역성과 우연성이 없는 초월적 존재로 생각하지 말아야 한다는 이야기이다. 그 대신 과학을 시간적, 지역적 형용사로 한정할 필요가 있다. 하나의 스케일에서만 살펴보자면, 과학은 언제나 고대 중국, 중세 이슬람, 근대 초기 영국, 르네상스 시대 프랑스, 제퍼슨 시기의 미국, 계몽주의 시대 스코틀랜드 등의 것이었다. 서구에서 과학으로 여겨지는 것을 중심으로 이 책의 논의가 진행될 것이지만, 이를 유일한 연구 방식으로 간주하는 것은 아니다. 우리는 과학에 관해 고착성이 적은 개념을 토대로 탐구해야 한다. 과학은 시간과 장소의 조건들을 통과해 왔고, 그것은 언제나 협상의 대상이었기 때문이다. 이는 다음과 같은 질문을 통해서 더욱 명확해진다. 플라톤과 아리스토텔레스는 뉴턴, 보일, 왓슨과 크릭 등의 과학자와 동일한 종류의 활동을 하였을까? 이들 모두가 "과학을 했다" 한다면 별로 도움이 되지 않는다. 동일한 용어라도 시대에 따라, 그리고 장소에 따라 상이하기 때문이다. "원자", "유전자", "종(種)"처럼 자명해 보이는 표준 용어조차도 변형을 겪어 왔다. "코페르니쿠스주의", "뉴턴주의", "다윈주의" 등과 같은 과학적 변혁도 마찬가지다. 과학은 이미 정해진 필요충분조건만을 가지고 존재를 파악할 수 있는 운명론적 개체가 아니다. 그 대신 과학은 시간과 공간의 상황에 영향을 받아 생성된 인간의 창작물이기 때문이다.

과학의 지리학은 과학 지식 속에서 위치의 흔적을 찾아 밝히는 것이라 할 수 있다. 과학자가 자연을 탐구하고 자연에 관하여 이성적으로 논할 수 있는 것에는 제약사항이 존재한다. 그들은 현실에 대해서 무엇을 믿어야 하는지 결정할 수가 없다. 과학자가 과학을 만들지만, 완전히 그들이 선택한 방식으로만 되는 것은 아니다. 과학적 노력을 통해서 이 세상의 일정 부분에 대한 참된 설명이 가능하다면, 그것은 특정 시간과 장소에서 특정한 절차로만 진행되는 것이다. 이런 점 때문에 과학의 모든 측면에 대하여 지리학적 심문이 가능하다. 과학적 주장이 사실로 받아들여지는 방식, 이론을 성립시키고 정당화하는 과정, 그리고 과학이 권력을 행사하는 수단에서 장소는 중요한 역할을 한다. 이와 같이 과학적 지식이 만들어지는 과정, 장소, 시간에 대한 이야기는 항상 존재한다. 과학에서 보편성이 중시되고, 과학은 지구 곳곳을 쉽게 이동할 수 있는 역량을 가지고 있지만, 과학의 지역적 성격은 완전하게 해소되지 못한다. 오히려 그 반대가 맞는 이야기다. 과학의 보편성과 이동성은 장비의 복제, 연구자에 대한 훈련, 일상적 실천의 보급, 방법론과 측정의 표준화 등 여러 가지 공간 전략의 결과로 가능해지기 때문이다.

과학에 대한 지리학적 질문은 상당히 광범위하게 존재한다. 이 책은 장소(site), 지역(region), 유통(circulation)이라는 세 가지 지리학적 모티브와 이것들이 과학에 행사한 영향을 중심으로 서술되었다. 시간보다 공간을 중심으로, 즉 역사학적 관점이 아닌 지리학적 관점에서 이 책은 구성되었다. 이러한 맥락에서 공간보다 시간을 우선시하는 일반적인 학문의 풍토와 구별된다고 할 수 있다. 역사적 변화, 시간에 따른 진보, 시대 구분에 대한 인식 등의 중요성을 부정하는 것은 아니다. 이 책의 구성을 공간을 중시하는 방식으로 설계했을 뿐이며, 이는 여러 시간과 장소에서 발생했던 에피소드들을 종합하고 과학적 탐구의 지리학적 양상을 강조하는 것을 통해 이 책의 핵심 주장이 마련되었다는 것을 의미한다. 공간이 과학의 형성에 영향을 준다는 부인할 수 없는 사실을 설명하는 데 있어 모든 것을 관장하는 유일한 공식과 같은 것은 전혀 존재하지 않는다. 그런 것을 언급하는 자체가 이 책이 추구하는 기본 정신에 위배된다. 상이한 장소와 시간에서, 그리고 다양한 상황과 지리적 스케일에서 공간은 여러 가지 방식으로 과학에 흔적을 남기기 때문이다.

우선, 이 책의 제2장에서는 과학 지식이 출현하는 장소에 관한 문제를 검토할 것이다. 실험실에서부터 동물원, 야외현장, 박물관, 병원, 여인숙에 이르기까지 과학 현장이 광범위하게 존재하는데, 그런 현장을 기반으로 과학적 탐구의 모습이 갖추어지게 되는 과정을 통해 장소의 중요성을 확인하게 될 것이다. 그리고 대중의 반대를 회피하거나 은밀한 탐구를 목적으로 과학이 비밀리에 행해졌던 숨겨진 공간 또한 논의의 대상이다. 과학적 탐구의 위치로서 인간의 신체를 검토하는 작업 또한 살펴볼 것인데, 이 범위는 의학 연구에만 국한되지 않을 것이다. 측정 도구로서 인간의 신체가 활용되는 경우도 있기 때문이다. 이를 통해 과학적 주장은 보편성을 가지고 있는 것으로 보이지만, 실제로는 상황에 좌우된다는 사실을 발견하게 될 것이다. 마찬가지로 선험적인 것으로 여겨지는 이론은 본질적으로 체화된 것이라는 사실 또한 분명해질 것이다. 과학의 장소 대다수에서 과학의 다각적 성격이 드러나는 것도 주목해야 한다. 과학이라는 하나의 라벨링으로 다양한 활동이 구별되지 않게 된다는 점을 생각해 보면, "과학"을 상상된 단일성으로 의심해 볼 만하다. 따라서 상이한 공간에서 다른 종류의 과학이 실행된다는 가정에 대해 면밀히 검토할 필요가 있다.

그다음 제3장에서는 보다 광범위한 지역 스케일로 논의의 중심을 옮길 것이다. 여기에서는 과학적 노력의 실천과 결실이 지역의 문화와 정치, 국가의 스타일 등에 영향을 받는 양상을 살필 것이다. 유럽의 과학이 등장하는 데 있어 명확한 지역적 패턴이 존재했던 것을 확인하며, 특정한 과학 활동이 무슨 이유로 특정 지역에서 특정 시점에 등장했는지를 살필 것이다. 이를 통해 "영국 과학", "프랑스 과학", "러시아 과학"에서 지리적 형용사의 중요성을 확인할 것이다. 역사적 사건으로만 알려진 "과학혁명"에 대해서도 지리학적 고찰이 가능하다. 같은 방식으로 도시와 지방 같은 조금 더 국지적인 맥락의 중요성도 강조하여 살필 것이다. 산업혁명 시기의 맨체스터 과학, 19세기 중반 찰스턴의 자연사와 같은 것들을 통해 말이다. 새로운 개념과 실천양식이 여러 곳에서 상이한 방식으로 받아들여졌던 사실도 관심이 가는 부분이다. 수용과 활용의 공간만큼이나 저항과 무관심의 공간을 통해 과학의 문화를 살피는 것도 중요하기 때문이다. 이와 같은 지역적 스케일 분석을 통해서 과학적 이론과의 조우, 그리고 그에 따른 수용과 폐기에서 지역 특수성의 역할을 파악할 수 있게 된다.

마지막으로 제4장에서는 유통의 문제를 중심으로 논의가 이루어질 것이다. 시간과 공간을 넘어서 발생하는 표본과 기구의 이동성을 살피고, 먼 곳에 존재하는 것에 대해 신뢰할 만한 정보를 수집하기 위해 고안된 전략을 분석하며, 지식이 장소 간에 이동하는 방식도 고찰할 것이다. 신뢰의 확립, 측정의 표준화, 연구자에 대한 훈련 등 "이곳"과 "저곳" 사이의 차이를 없애고자 하는 모든 노력들에 주목한다. 지도나 그림처럼 관찰 보고서의 신뢰성에 대한 의문을 극복하고 시간과 공간을 고정시킬 목적으로 마련되었던 기술도 면밀히 살필 것이다. 이를 통해 객관적인 발견으로 여겨졌던 것이 실제로는 판단, 협상, 통제의 결과였다는 사실을 파악하게 된다. 그리하여 과학적 지식의 성공적 확산에는 원거리 앎(knowing-at-a-distance)의 정착 전략이 필요했다는 것을 살펴볼 것이다.

지금까지 서술한 것만으로는 과학의 지리학 범위를 한정할 수는 없다. 이 책에서 펼쳐지는 주장들은 16세기와 20세기 초반 사이의 역사적 사건을 기초로 마련되었다. 고대 및 중세의 과학, 그리고 21세기 과학에 대해서는 그들 나름의 지리적 서술이 가능할 것이다. 이 책의 목적은 과학적 탐구에서 지리의 중요성을 논의할 수 있는 사례들을 모아 제공하는 것일 뿐, 모든 것을 포괄하여 조사하는 것은 아니다. 이 책이 독자의 상상력을 자극하여 과학의 문화라는 미개척 분야에 대한 학문적 모험의 의지를 북돋우고, 보다 많은 미답(未踏)의 과학 공간에 대한 연구가 지속될 수 있기를 바란다.

장소 :

과학의 현장

과학적 활동의 실천을 통하여 의미가 (재)생산되고, 과학 지식이 전파되는 곳의 범위는 상당히 넓다고 할 수 있다. 우리는 과학이 수행되는 몇 장소에 대한 이미지를 떠올림으로써 이러한 과학 현장의 다양성을 포착할 수 있다. 이 장소들이 발산하는 여러 가지 분위기를 생각해 보자. 연금술사의 작업실은 폐쇄 공포증을 일으킬 만한 암흑 속에서 용광로가 불타오르고 증류기는 악취를 풍긴다(그림 3). 이런 분위기는 밝게 꾸며진 임상시설의 모습이나 스크린이 깜빡거리는 현대 의학 연구실과 완벽한 대립을 이룬다. 넓게 개방되어 통풍이 잘 이루어지는 야외조사 활동의 공간(그림 4) 또한 곰팡이 냄새를 풍기는 아카이브 골방과 빽빽하게 들어선 진열대의 모습을 보이는 박물관과 대조된다(그림 5). 관리가 잘된 동물원과 식물원의 전시시설은 병원이나 보호자 수용시설의 처방의 공간과 상당히 다른 상태를 보인다. 지금까지 서술한 것이 과도할 정

그림 3 다비드 테니르스 2세의 1649년 작품 "실험실의 연금술사"에는 당시 연금술사 작업장에서 풍기는 분위기가 잘 묘사되어 있다. 여기저기 흩어져 있는 책, 풀무를 사용하고 있는 마스터, 뒷배경에 위치한 여러 명의 조수들, 다양한 유리병과 장비들로 어지럽혀지고 폐쇄공포증을 유발할 것 같은 공간의 모습이 나타나 있다.

도로 단순화된 묘사일 수도 있지만, 실험실, 정원, 박물관, 천문대, 병원 등 과학의 현장들이 상당히 다양한 형태, 크기, 배치로 나타나고 있는 것만은 사실이다. 그래서 시각, 청각, 후각 등을 포함해 과학의 장소가 발산하는 여러 가지 감각적 경험을 전달할 수만 있다면, 상투적인 묘사라도 충분히 상상력을 자극하는 수단으로 활용될 수 있다.

공간의 설정은 여러 가지 방식으로 과학의 수행에 영향을 끼친다. 우선, 장비와 기기의 배치는 어떠한 방식으로든 인간 행동에 대한 규율로 이어진다. 이러한 장소는 보통 특정 행동을 유발하거나 억제할 목적으로 만들어지고, 경우에 따라 진입 또한 공식적·비공식적 메커니즘을 통해서 섬세하게 통제되기도 한다. 이 공간들 안에서 학생들은 각자가 속한 과학 공동체의 일원으로 사회화 과정을 겪는다. 이들은 그곳에서 제기할 수 있는 의문, 문제에 대처하는 방법, 용인되는 해석의 관례 등을 학습한다. 과학적 지식으로 용인되는 것, 과학적 지식을 습득하는 방법, 주장을 검증하는 수단에 대한 결정도 여기서 이루어진다. 연구 전통에 대한 핵심 가치, 신념, 관습을 과학의 현장에서 습득하기도 한다. 자택의 스튜디오 공간에서 여러 가지 각(角)을 생각해냈던 존 디부터 케임브리지의 트리니티 칼리지 암실에서 광학 실험을 수행했던 아이작 뉴턴, 보르네오 섬에서 동식물 분포의 지도를 작성했던 알프레드 러셀 월리스, 아우슈비츠에서 인종 위생학 실험에 열중했던 요제프 멩겔레까지 지식

그림 4 조류학자 조셉 휘터커가 1905년 튀니지 사하라 사막에 설치한 야영지의 모습으로 헨릭 그롱볼이 촬영했다. 휘터커는 기후적인 그리고 사회적인 이유로 위와 같은 곳을 과학적 탐구의 이상향으로 생각했다.

창출의 장소 특수적인(site-specific) 조건은 모두가 달랐다. 산출된 지식이 본래의 장소로부터 공공의 영역으로 이동하는 방식도 마찬가지였다.

과학의 다양한 지리적 속성을 바탕으로 다음과 같은 여러 가지 의문을 제기해 볼 수 있다. 창출되어 널리 통용되기까지 지식의 확산은 어떤 영향을 발휘할까? 창출 위치의 특수한 환경으로부터 교류 활동의 공공

그림 5 17세기 초기 약제사 프란체스코 칼졸라리의 박물관. 치료의 잠재성을 가진 이국적 물건들이 빽빽하게 들어선 박물관 컬렉션의 모습을 보여 준다.

영역까지 지식은 어떻게 이동할까? 구체적 과학의 공간들이 동질하지 않다면, 그것들의 내부 구조는 어떤 모습일까? 지식 창출의 특혜적인 장소에 접근이 가능한 이들은 어떤 사람들일까? "내부자"와 "외부자"의 구별은 젠더, 계급, 지위, 민족, 명성 등과 관련되어서도 나타날까? 지식 창출 영역의 문턱을 넘을 수 있는 이들 사이에 업무 분담은 어떻게 이루어질까? 과학 추구의 현장으로 선택된 장소는 왜 중요할까? 그런 공간에서 사적인 것과 공적인 것 사이는, 즉 전문가의 공간과 외부 세계 사이는 어떤 관계가 적절할까? 이러한 질문들은 과학에 대하여 공간은 부수적일 수 없다는 것을 암시하고, 우리가 발굴해 내야 할 과학 지식 생산의 지리적 요소에는 물리적 측면과 인지적 차원 모두가 중시되어야 한다는 점을 강조한다.

지식 생산의 현장은 다양하게 존재한다. 기본적인 유형 분류를 통해 이러한 장소들을 살펴보고자 한다. 이 방식은 한 가지 제안에 불과하며, 소개되는 사례들 간에는 상당한 중첩이 있다는 점을 미리 밝혀둔다. 본 장에서는 다양한 현장에서 과학적 탐구를 자극하는 여러 가지 힘의 작용 중 일부를 포착하여 소개할 것이다.

1. 실험의 건물들

과학 활동은 일반적으로 실험실과 같은 전문화된 장소에서 행해진다. 이는 과학자가 사용해야 하는 장비와 관련이 깊다. 예를 들어, 망원경, 현미경, 펌프, 레토르트, 시험관, 정밀기구 등이 마련되어 있어야 하기 때문이다. 그러나 지정된 공간에 과학적 탐구를 위치시키는 것은 설비

운용의 요건 때문만은 아니다. 이와 관련하여 훨씬 더 폭넓은 차원의 역사가 존재하며, 실험 공간에 대한 고찰을 위해 실험실 이전의 역사를 간략히 살필 필요가 있다.

서구의 전통 사상에서는 사회로부터의 격리를 보편적 지식 획득을 위한 전제 조건으로 여겼다. 예언가와 점술인은 보통 외딴곳에 물러나 있다가 지방성과 특수성이 없는 통찰력을 가지고 사회로 돌아왔다. 역설적이게도, 점술가는 모든 곳(everywhere)에서 진리인 지식을 추구하기 위해 어떤 곳(somewhere)에 기거하며 아무 곳에도 존재하지 않는(nowhere) 지혜를 찾으려 노력했다는 의미이다. 이런 관례는 일반 사회 경계 밖에서 성인(聖人)만이 참된 진리를 추구할 수 있다는 신념을 기초로 형성되었고, 수도사의 고독한 삶과 정확히 일치한다. 그러나 수도원, 은신처, 황야의 자연, 산꼭대기 등 중세시대의 영적인 지식과 관련된 장소는 실험 과학과 어울리지 않았다. 고독에 대한 이상화는 여전했지만, 변화에 적합한 새로운 공간을 조성해야만 했다. 그렇다면 지식 생산의 장소가 어떻게 수도원에서 실험실로 옮겨지게 되었을까?

실험실이라는 새로운 공간이 기존의 공간 배치로부터 파생되는 과정에 대해 이해하기 위해서 그 사례로 템스 강변 제방에 위치한 모트레이크의 한 가정집을 잠시 살펴보아도 좋을 것이다. 이곳은 엘리자베스 시대 최고의 자연 철학자 존 디가 살았던 곳이다. 겉보기와 달리 상류층의 일반 가옥과는 전혀 달랐다. 이상한 소음과 악취가 그의 집에서 새어 나왔기 때문이다. 이곳을 통해 지식 생산이 가정의 영역으로 옮겨져 간 당시의 모습을 목격할 수 있다. 그는 개인 작업 공간을 가족의 공동 영역으로부터 분리하여 조성했고, 그곳을 연금술 장비와 초자연적인 활동 공간으로 활용하였다. 가정 내에 이러한 은신처 같은 공간을 마련했던 것은 엘리자베스 시대 가옥의 변화와 밀접하게 연관된다. 중세 시대의 주거지는 칸막이가 없는 공공 공간의 모습을 띠고 있었지만, 이 이후로 가옥의 구획화가 점진적으로 나타나기 시작했다. 특히 상인과 "전문직" 계급을 중심으로 가정에서 개인 공간을 마련하여 은신과 고독의 기회를 찾기 시작했다. 16세기에는 뒤쪽 계단과 지하실이 가옥 건축에서 혁신적으로 등장했고, 이러한 변화는 존 디의 공간적 요구를 충족시켜 주었다. 가옥이 사회구조의 건축적 표현이라는 점을 근거로 했을 때, 이는 가정의 실험실을 세계와 자아가 분리하는 과정의 표출로 해석할 수 있다.

한편, 존 디가 자신의 가정에 연금술 공간을 마련한 것은 그 자신에겐 힘겨운 일이었다. 우선 그와 그의 아내 제인 사이에 긴장 관계가 형성되었다. 가정에서 남편과 아내의 역할이 변화하기 시작했던 때였기 때문이다. 간단히 말해, 제인의 가정 관리 영역 안에 존의 실험 활동이 속하게 된 것이다. 존의 증류장치 비용은 가정 경제에 부담으로 작용했고, 수많은 하인과 존 디가 고용한 조수들 때문에 가족의 프라이버시를 유지하는 데 어려움도 많았다. 그리고 앞서 언급했던 것처럼 고독함은 학문 프로젝트에서 필수 요소였는데, "실험실 삶"의 등장으로 존 디는 사적 영역의 필요성과 가정 및 공적 삶 요구 간의 협상에 휘말릴 수밖에 없었다. 제인조차도 존의 실험 공간에 접근이 허락되지 않았다. 그곳은 천사 같은 힘이 자연 철학 업무와 교섭하는 성역과도 같았기 때문이다. 도서관과 개인 실험실 사이를 분주하게 움직였던 당시 존 디의 모습은 실험 공간이 등장했던 초창기의 상황을 아주 잘 드러낸다.

이와 같은 은밀한 (대체로 지하실에서 수행되었던) 작업이 초자연적 과학에만 국한되었던 것은 아니다. 영국에서 과학의 출현은 17세기 중반과 후반 사이에 이루어졌는데, 이 당시 선구자들의 대부분은 자신 또는 후견인의 집에 실험실을 마련했다. 런던 펠맬에 살았던 로버트 보일을 생각해 보자. 보일은 그의 삶의 마지막 20여 년을 펠멜에 위치한 그의 누나 캐서린 집에서 보냈다. 보일의 실험실은 지하에 있었지만, 거리로 직접 통하는 출입구가 있었다. 이러한 배치는 상당히 중요한 함의를 가진다. 고독함은 보일에게 매우 중요한 요소였지만, 그를 비롯한 왕립학회 회원들은 과학 지식을 공공의 문제로 인식했다는 사실을 드러내기 때문이다. 소란스러움은 불만스러운 것이었지만, 보일은 과학 지식에 대한 공공적 요구에 적응해가고 있었던 것이다. "지식"이란 지위를 성취하려면, 주장은 올바른 장소에서 생산되어야 했고 적합한 대중에게 평가를 받아야 했다. 물리적 공간이든, 사회적 공간이든 과학이 어디서 수행되는지의 문제는 주장의 검증 및 수용 여부에 핵심 요소였다. 그렇기 때문에 보일의 실험 장소는 사적 공간인 동시에 공공 공간이어야만 했다.

당시에 새롭게 등장했던 실험의 현장은 결코 오늘날의 공공 공간과 동일한 것으로 여길 수는 없다. 물론 그 당시의 사회적 규범에 따라 "젠틀맨"은 접근이 가능했다. 그러나 가장 중요했던 것은 "실험계 인사"로 불렸던 사람들이다. 경험적 발견을 확증하는 데 그들의 존재는 필수적이었기 때문이다. 실험실이란 물리적 공간을 점유하는 것은 과학 담론을 점유하는 것과는 확실히 구분되는 것이었다. 실험실의 사회적 공간은 여러 가지 방식으로 다양하게 형성되어 있었다는 의미이다. 사회적 공간은 나름의 문화적 지형을 가지고 있었다. 보일과 같이 지식을 전파할 수 있는 인물과 장비를 다루었던 수행원들 사이에는 엄청난 차이가 있었다. 후자는 장인의 역량을 지니고 있었지만, 그들은 과학 지식을 생산할 사회적 지위는 갖추지 못했다. 이는 학자와 기술자 사이에 인식론적 간극이 존재했었다는 것을 의미한다. 그들은 서로 다른 사회공간을 점유했고, 이는 17~18세기 영국 사회의 근간이 되었던 여러 가지 이원론의 (철학자와 장인, 지도자와 하수인, 정신과 이성, 영혼과 신체 등의) 공간적 표현으로 이해될 수 있다. 일반인들은 실험의 신뢰성을 인지적으로나 사회적으로 인증할 수 있는 사람들과는 상이한 지식 공간을 점유했다. 그와 같은 경계는 물리적 공간에서는 확인할 수 없었지만 실험실의 심상지도(心想地圖)로 분명하게 표출되었다.

공공 영역에서는 지식의 검증 때문에 과학의 공간성에 관한 또 하나의 중요한 문제가 발생했다. 과학자의 사적 영역에서 일어난 실험의 "성공"은 온전한 지식을 수립하기에 충분조건이 되지 못했기 때문이다. 그와 같은 수준의 인식적 지위를 획득하려면 관련된 실험계 인사의 승인을 받아야만 했다. 실험의 "시도"와 "시연" 사이의 간극이 여기서 생겨났다. 사적 공간에서 공공 공간으로 성공적인 이전이 이루어질 때에만 과학적 주장은 지식의 지위를 누릴 수 있었다. 개인의 추측은 대중 시연을 통해서 공개적 확증을 취득할 수 있었다. "시도"에서 "시연"으로, 즉 탐구에서 검증으로의 전환은 과학적 발견의 맥락에서 정당화의 맥락으로 이전시키는 것과 같았다.

때로는 공개의 작업만으로 실험적 주장을 안정화시키지 못하고, 극적인 표현수단이 필요했다. 이런 측면은 마이클 패러데이가 빅토리아 시대에 왕립연구소의 청중 앞에서 보여줬던 스펙터클의 일화에서 찾아볼 수 있으며, 이는 원전(原電) 산업에서 계속 이어져오고 있다. 1830년부터 1840년대까지 이어진 패러데이의 금요일 저녁 퍼포먼스는 초대를 받은 이 앞에서만 진행되었고, 어떠한 예술적 장치 없이 "자연스러운" 분위기에서 진행되었다. 패러데이는 발표력을 키우기 위해 웅변 강습을 받기도 했는데, 이와 같은 무대 뒤에서의 노력 덕분에 "자연"에 대한 강연을 효율적으로 수행할 수 있었다. 원전 경관의 경우에도 겉으로 드러나는 매끄러운 모습이 그 이면에 존재하는 너저분한 것들을 가리기 때문에 아주 효과적인 시연이라 할 수 있다. 누군가 예측 불허의 자연을 "결점이 없어 보이는 두꺼운 벽 안에" 가두어 버렸다고 이야기했던 것처럼, 이런 방식들을 통해 극장과도 같은 실험 공간의 모습이 표면화되었다.

그러나 시연의 광경은 냉소의 대상이 되기도 하였다. 공공장소에서 시연되는 실험에 관객의 눈을 속이는 기술들이 손쉽게 활용될 수 있었기 때문이다. 그래서 18세기의 자연 철학자들은 드라마틱한 흥행 요소를 즐기기 좋아하는 "기술자"들과 거리를 유지하려고 하였다. 세심한 장치의 구성이 요구되는 주도면밀한 실험의 장소조차도 야바위꾼들의 속임수로 손쉽게 모방될 수 있는 것이었다. 이처럼 실험의 시연은 속임수와 학문적 권위 사이에서, 그리고 극장 무대와 학계 사이의 중첩되는 공간에 위치해 있었다. 그러나 실험의 시연으로 인해 실습을 통한 학습이 정착되었고, 수치와 언어 기호 중심의 기존 교육을 보완할 수 있게 되었다. 이러한 변화와 협상은 근대 대학의 물리학 실험실의 공간 배치에도 영향을 주었고, 실험실은 학생을 위한 강의 및 시연의 공간과 교수의 연구 설비로 적절한 곳이 되었다.

1870년대 케임브리지대학 산하에 설립된 캐빈디쉬 연구소, 그리고 그보다 10년 먼저 글래스고에서 출범한 윌리엄 톰슨의 실험실을 그 예로 언급할 수 있다. 캐빈디쉬의 설립은 새로운 물질적, 학문적 공간의 창출로 이어졌고, 이는 성공회 신학과 수학을 학풍으로 여겼던 케임브리지의 전통과 확연히 구별되는 것이었다. 실제로 실험실은 케임브리지대학의 미개척 분야로, 기술적인 부분에 치우친 특색 때문에 기존 사회 구분의 경계와 도덕 질서에 위협으로 여겨졌다. 이런 상황에서 영국 학계에 실험 물리학이 도입되었고, 새로운 물리학 실험실에 대한 수요도 증가하게 되었다. 군사 작전에서와 마찬가지로 물리학의 영토 확장은 교육 개혁으로도 이어졌다. 케임브리지 과학지리에 변화를 일으켰던 요인을 이해하려면, 새로운 공간 설립에 대한 제임스 클락 맥스웰의 노력도 살펴볼 필요가 있다. 그는 19세기의 스코틀랜드 출신 물리학자였고 전자기학 전문가이기도 했다.

맥스웰은 공장 스타일의 작업실이 당시 대학의 풍조에 배치된다는 사실을 너무도 잘 알고 있었다. 그래서 그는 실험실을 지배적인 학문의 문화와 조화를 이룰 수 있도록 길들여야만 했다. 스코틀랜드 출신이었기 때문에 그는 전자기학 및 열역학 실험실을 원하는 개혁가들과 수학 중심의 전통 교육과정을 고수하고자 하는 보수주의자들 사이에서 중재의 역할을 할 수 있었다. 후기 계몽주의 시기의 전형적인 스코틀랜드 지식인들과 마찬가지로, 맥스웰은 형이상학을 마음속 깊이 신봉하고 있었고, 이를 이용하여 대수학과 기하학 사이의 연결고리로 활용하고자 했다. 그리하여 그는 정확한 계산을 증명할 수 있는 시설을 원했고, 이것을 계산과 측정에 관한 신의 영접으로 여겼다. 이러한 방식으로 맥스웰은 신과 재물, 철학과 공장 사이의 전략적 제휴 관계를 마련한 것이다. 이를 고려하였을 때, 고딕 양식의 캐빈디쉬 출입문에 새겨진 성경의 시편 문구는 그다지 놀라운 것이 아닐 것이다. 이 새로운 실험실은 케임브리지대학의 학문 영역에 대한 공간적이며 상징적인 침투를 의미하는 것이었다. 예를 들어, 예배당과 강의실은 실험실에 공간을 내줘야만 했는데, 이후에 이곳에서 행해지는 전자기술 연구는 사회통치를 변화시켰다. 물리학 실험실이 학문으로 인정받아감에 따라 그 과정에서 전신의 발명이 있었고, 이것이 결국 세계 지리의 변화를 자극했기 때문이다.

맥스웰의 노력이 성과를 볼 수 있었던 것은 전례가 있었기에 가능했다. 스코틀랜드 출신인 그는 글래스고의 (켈빈 경으로도 알려진) 윌리엄 톰슨에게서 영감을 받았다. 톰슨은 맥스웰이 그렇게 갈구하던 강의실 문화와 공장의 기술 사이의 관계를 결속시킨 인물이었다. 글래스고 대학은 스코틀랜드의 5대 중세 대학으로, 옥스퍼드와 케임브리지의 "수도원 같은" 문화를 뛰어 넘기에 유리한 위치에 있었다. 제임스 와트의 증기기관과 아담 스미스의 정치경제학이 글래스고에서 이루어낸 가장 중요한 학문적 성과로 알려져 있고, 이는 그곳의 진보성을 상징적으로 보여 준다. 톰슨이 언급했던 것처럼, 글래스고는 신산업질서의 기구들을 조직적으로 지원하였다. 또한 톰슨은 전자기학 분야에서 화려한 시연으로 이목을 끄는 능력을 지니고 있었고, 대학이란 거룩한 공간에 모셔진 구습(舊習)이 그의 학문적 결단을 자극하였다. 이를 바탕으로 글래스고에서, 그리고 후에는 케임브리지에서 물리학 실험실이 새로운 문화 질서의 공간적 표현처럼 등장할 수 있었다(그림 6).

지금까지 "실험의 건물들"을 살피며 실험실과 관련된 미시지리학의 다양성을 목격하였고, 동시에 실험 공간이 여러 가지 의미를 내포한다는 사실도 확인하였다. 실험실이 공연장과 같은 역할을 하는 경우도 있었고, 지식으로 안정화시키기 위하여 지식을 공공의 영역으로 옮겨 드라마틱한 연출이 필요하기도 하였다. 실험의 공간에서도 공연장처럼 자연에 대한 여러 가지 연출이 수행되었다. 실험실이라는 작은 세계에서 기술과 과학자의 노하우를 바탕으로 세계의 모습이 조작, 통제, 재구성

그림 6 글래스고대학의 내정(內庭). 자연 철학 강의실은 탑 모양 건축물 사이의 공간 1층에 위치했다. 윌리엄 톰슨은 산업계와의 밀접한 관계를 바탕으로 물리학 실험실을 설치하였으며, 이 사건은 스코틀랜드대학 교육의 급진적 이정표로 여겨진다. 실험실 공간의 확보는 톰슨의 교육개혁 프로그램의 핵심 요소이다.

되었다. 자기력선(磁氣力線)과 같이 눈에 보이지 않는 것들은 실험실 기구를 통하면 명백한 것이 되었다. 동시에 앎의 새로운 방식들을 도입하기 위해 실험실의 설치는 결정적 조치로 인식되었다. 따라서 실험실은 문화적 의미를 지닌 상징공간과도 같았다. 그러나 지식의 현장으로서 실험실은 출입문의 한계를 넘을 수 있는, 즉 지리적으로 혜택을 받은 자가 존재할 때만 작동할 수 있었다. 실제로 그런 사람들의 역할은 아주 중요했다. 외부인의 신뢰를 누리는 사람들만이 실험실 내부에서 발생하는 주장의 신빙성을 검증할 수 있었기 때문이다. 이들은 실험 지식이 "이탈(disembedded)"하여, 즉 본거지를 떠나 보다 넓은 공공의 영역으로 옮겨질 수 있게 하는 매개체와 같은 역할을 하였다.

2. 축적의 캐비닛

과학적 노력이 이루어진 장소는 실험실에만 한정된 것은 아니었다. 이와 동시에, 보다 정확한 표현으로는 이에 앞서 박물관 및 아카이브와 같은 축적의 공간도 있었다. 이곳에서는 표본과 샘플이 수집되어 당시의 표준에 따라 정리되었다. 이러한 공간의 목적은 실험으로 자연의 세계를 조작하는 것이 아니라 분류하여 정리하는 것이었다. 실험실의 드라마는 시연의 연출로 이루어진 반면, 박물관의 연극적 성격은 모든 종류의 것들을 축적, 배열, 분류, 전시하는 방식으로 표출되었다.

박물관 문화의 원류는 "골동품 캐비닛"에서 찾을 수 있는데, 이는 16세기 젠틀맨 수집가들이 여러 가지 골동품을 쌓아 두었던 벽장을 의미하였다. 희귀한 것일수록 그리고 원거리의 물건일수록 더욱 비밀스러운 곳의 "경이(驚異)로움의 더미" 속에 소장될 가능성이 높았다. 이와 같은 수집 습관은 고상한 취미로 여겨졌고, 개화된 가정의 표식과 같은 역할을 했으며, 이러한 취미로 소장품 소유자의 취향을 드러내는 것은 이를 통해 "개인 정신의 창"을 보여 주는 것으로도 이해되었다. 이처럼 과시적 소비와 마찬가지로 수집품은 사회적 지위를 드러내는 기능을 하였다.

수집의 충동은 또 다른 종류의 과학 지식을 추구하는 장소인 박물관을 낳았다. 박물관에서는 독특한 것들을 바탕으로 다양한 자연의 질서를 수집, 분류, 재현했고, 이로써 그곳은 사실에 대한 과학적 갈망을 충족시켜 주는 곳이 되었다. 중세 스콜라 철학자인 알베르투스 마그누스가 13세기에 "독특한 것들에 대한 철학은 없다."고 주장했던 것과는 달리, 영국의 수필가, 정치가, 철학자로 알려진 프란시스 베이컨은 그의 1620년 저서 『신(新)오르가논』에서 "독특한 자연사" 및 "단일 사례들"의 축적에 대한 중요성을 논했다. 베이컨은 그러한 것들을 당시까지 자연 철학자 사이에 유행했던 선험적 사고, 즉흥적 일반화, 연역적 추론을 타파하기 위한 필수적인 것으로 여겼다. 경이로움이라는 것은 입을 벌린 얼빠진 모습, 허무한 칭송, 해로운 놀람, 경건한 두려움 등에 지나지 않을 수 있지만, 이에 골동품이 더해지면 과학적 작업이 되었다. 즉, 수집은 가치와 근거가 있는 앎의 방법 중 하나였던 것이다. 경이로움은 사물에 대하여, 그리고 그것에 대한 인간의 반응에서도 동시에 존재했다. 키 작은 종족, 카멜레온, 구슬로 만든 벨트, 산술 도구, 터키의 검, 동방의 신발, 박제 도도새, 유명인의 메달 등이 나란히 놓여 있는 17세기 박물관 전시를 가정해 보자. 이와 같은 병렬 배치가 이상하게 보일런지도 모르지만, 그것은 수집의 조건, 언어학적 연관성, 역사적 상황에 따라 정리되었던 것일 수도 있다. 이처럼 수집의 장소로서 박물관은 자연 및 민간 역사의 표본에 규칙성을 부여하고 정리하는 방식으로 과학 활동 증진에 중요한 역할을 했다.

박물관은 스튜디오의 형태로 시작되었으나 17세기 말에 이르러 갤러리의 모습이 되어갔다. 이러한 내부적 지리의 변화는 박물관에 적합한 장소의 종류에 커다란 영향력을 행사했다. 과학적 탐구와 인간 교류의 장으로서 박물관은 사회적으로나 청각적으로 종합의 공간이었다. 박물관은 개인과 공공의 영역을 연결했지만, 동시에 어떤 학자가 말했던 것처럼 "침묵과 음향 사이에 위치하고 있었다." 조용한 상태의 연구 활동이 갤러리의 속삭임에 자리를 내어주게 되면서 학자적 대화가 이루어지는 예의 바르고 점잖은 교류의 장이 박물관에 생겨났다(그림 7). 개인적 친분과 사회성, 그리고 가정과 공적 영역 사이의 관계가 협상을 통해 재조정되었고, 사회화된 프라이버시와 은둔의 공손함이 동시에 박물관에서 나타났다. 이런 이유로 옥스퍼드의 애시몰리언 박물관이 1680년대 후반 대중과 여성에게 공개되었을 때, 무지함이 고상한 학습 공동체의 경계를 침범했다고 우려를 표하는 사람들도 있었다.

갤러리는 더 이상 정적인 심사숙고의 장소가 아니었고 관람객들이 오가는 이동의 공간이 되었다. 이곳에서는 참된 지식을 추구하는 데 있어서 사색보다 활동적인 삶을 더욱 중시하는 변화가 나타났다. 이와 관련된 신체의 움직임, 지적인 교제, 정돈된 전시는 상품, 정보, 대화의 끊임없는 유입과 유출로 말미암은 것이었다. 그러나 멀리서 또는 가까운 곳에서 밀려들어온 진열품들은 큐레이터에 의해 신뢰하기에 적절한 방식으로 재구성되어 배치 및 전시되었다. 즉, 실세계의 사물들이 전시되었다 하여도 그러한 것들은 분류, 위치, 계보 등에 따라 재구성된 현실이

그림 7 페란테 임페라토 가문의 성(城) 내부에 위치한 16세기 박물관. 연구의 고독함과 대조되는 이 그림은 진기한 물건들의 장소이자 남성 간 대화 공간으로서 박물관의 모습을 그리고 있다.

었다. 그래서 박물관은 언제나 해석적 실천의 장소였고, 자연 세계에 대한 재해석을 통해서 진열품의 공간적 배치가 이루어졌다.

빅토리아 시대 전성기 대영제국은 해외 원정을 통해서 전대미문의 수준으로 세계 곳곳의 자료를 축적하여 정리하는 것에 몰두했다. 왕립지리학회, 왕립아시아학회, 왕립학술원, 대영박물관 등의 제도화된 기관을 중심으로 대영제국의 수집 욕망이 전 세계로 퍼져갔다. 이와 같은 열정의 결과로 세계의 지리는 캐비닛 규모의 전시와 파일 크기의 아카이브로 축소될 수 있었다. 그런 곳에서 행정 관료와 일반 대중은 "즉흥곡 전집"과도 같은 대영제국의 모습을 접했다. 지구 곳곳의 정보를 수집, 재조직, 재생산함으로써 빅토리아 시대 아카이브는 세계적 지정학 관계의 모습을 형성하는 것에도 나름의 역할을 했다. 실제로 끝을 알 수 없었던 박물관의 자료 수집은 식민통치에 필요했던 감시의 차원에서 진행된 것이었다.

박물관은 지식 주장을 펼치는 수단이기도 했기에 박물관의 공간성은 종종 투쟁의 장이 되기도 했다. 1786년 필라델피아에서 설립되어 일반 대중에게 공개된 찰스 윌슨 필의 자연사박물관에서는 북아메리카 표본을 유럽 중심인 카롤루스 린네의 기준에 따라 분류하는 것을 두고 심각한 논쟁이 발생했다. 신생국과 구세계가 동식물 표본의 우월성을 두고 문화적 충돌이 있었던 것이다. 그러나 필은 아메리카 본연의 분류학적인 기준에 대한 선호에도 불구하고 린네 시스템을 채택할 수밖에 없었다. 그의 박물관으로 유럽 분류학 지배 영역이 확장됐던 것으로 이해할 수 있지만, 그곳의 공간성은 종속적 성격만으로는 이해될 수 없었다. 자연사박물관의 상업적 운영으로 농부, 상인 등 일반인들이 혜택을 받았고, 이런 점에서 필의 박물관이 새로운 민주주의 국가에 교육적 활력을 불어넣은 역할을 했다고도 평가할 수 있다.

앨피어스 하이엇은 1870년 보스턴의 대중 박물관에서 큐레이터로 고용되었을 때 종(種)의 진화를 보여 줄 수 있도록 소장품을 정리했다. 여기에서부터 그는 그의 스승 루이스 애거시의 창조론에서 완벽하게 벗어났다고 볼 수 있다. 애거시는 "박물관에서는 하나님의 뜻이 드러날 수 있도록 동물의 왕국을 전시해야 한다"고 주장했던 바가 있다. 그와 반대로 하이엇은 종의 진화가 나타날 수 있도록 광물학, 식물학, 고생물학, 동물학, 지리학, 인류학 등의 기준을 활용해 전시품을 재배치하였다. 이것은 사소한 변화가 아니었다. 박물관은 미국의 대학교육에서 중요한 학습장으로 변화했기 때문이다. 예를 들어, 하버드대학의 비교동물학 박물관은 기존 강의실을 대체하며 학습의 핵심 장소가 되었다. 1930년대 후반 뉴욕에 위치한 미국 자연사박물관에서는 영장류의 진화에 대한 윌리엄 킹 그레고리와 헨리 페어필드 오즈번의 상반되는 관점이 서로 다른 전시관에 소개되었다. 그레고리의 "인류의 자연사관"에서는 서로 다른 인종 사이의 진화론적 연속성이 강조되었던 반면, 오즈번의 "인류시대관"에서는 유인원 조상설을 반박하고 평행 진화를 강조하며 다양한 인종을 구분되는 "종"으로 묘사했다. 두 과학자 사이에 상반되는 사회적, 정치적, 종교적 신념이 박물관의 2층과 4층에서 동시에 전시되었던 것이다. 이와 같은 방식으로 박물관은 큐레이터의 가치관대로 목소리를 내며 그들의 상상된 지리를 드러냈다.

그래서 박물관은 큐레이터의 지식 주장을 반영하는 지도로 간주될 수 있다. 영국 비교해부학의 권위자이며 런던의 자연사박물관 초대 관장인 리처드 오언은 박물관 건물의 기원을 유기체의 진화에 비유해 표현했다. 1881년 연설에서 오언은 이 건물의 구조가 생물의 형태론적 진화를 반영한다고 말했고, 실제로 자연사에 대한 그의 신념을 기초로 건물 내부에 표본을 배치했다. 이와 비슷한 사례는 런던의 제르맹 스트릿에 위치한 지질박물관에서도 있었다. 이곳에서 빅토리아 시대 초반의 지질학 전시품 배치는 로데릭 머치슨이 주창했던 층서학 관점을 정착시키고 유지하기 위해 마련되었다. 전시품이 그들이 생각하기에 "적절한 장소"에 놓아졌기 때문에 갤러리의 배치는 지질학 지식의 지도와도 같았던 것이다.

인류학에서도 거의 비슷한 역사가 있었다. 19세기 말 미국에서 박물관 공간은 프란츠 보아스의 관점과 오티스 메이슨, 그리고 그의 후견인 존 웨슬리 파월의 견해 차이를 반영했다. 메이슨과 파월은 진화론적 내러티브로 특정 민족의 발명품을 설명했지만, 보아스는 부족의 관점을 중시했다. 메이슨과 파월의 관점에서 박물관의 목적은 인류학, 과학, 인간 문화의 진화를 보여 주는 것이었다. 반면, 보아스는 분류학적 체계, 일방향적 진화론, "물신론"에 불만을 품었으며, 박물관이 인류 문명의 상대성과 다양성을 확인하는 곳이길 바랐다. 어떤 인류학 관점을 옹호하느냐에 따라서(인류학 vs. 민족지), 그리고 사상의 주안점에 따라(시간성 vs. 공간성) 박물관 공간의 관리 방식에 차이가 나타났다. 인류학 거장 사이의 명확한 대립이 박물관 전시의 배치에 영향을 주었고, 박물관의 미시지리학은 인류에 관해 대립하는 사고방식을 반영했던 것이다.

이와 같은 이야기들은 보다 넓은 범위에서 이데올로기적인 함의를 가진다. 아우구스투스 피트-리버스는 빅토리아 시대 옥스퍼드대학에서 인류학 박물관을 구성할 때 인간 사회와 문화의 점진적 발전을 반영할 수 있도록 무기, 도구 및 도기(陶器), 종교 물품 등을 전시했다. 단순함에서 복잡성으로, 기본에서 정교함으로의 발전은 피트-리버스의 인류학적 신조에서 핵심을 이루는 것이었다. 증거가 미약한 상태에서도 그는 망설임 없이 추측성의 주장을 감행했다. 점진적 발전에 대한 그의 인류학적 입장은 정치적 견해를 반영하는 것이기도 했다. 피트-리버스는 제도의 정체성과 지속성에 대한 확고한 신념, 그리고 급진적 사회변화에 대해서 상당한 반감을 가지고 있었다. 점증적(漸增的) 진화로 국가, 가족, 언어가 발전한다는 것이었고, 정치적 혼란이 계속되었던 19세기 후반 영국에서 그의 박물관은 대중 사이에서 싹트기 시작했던 변혁적 움직임에 대한 경고를 표현했던 것이다. 피트-리버스는 자연과 사회에서 건너뛰기라는 것은 불가능하다고 생각했으며, 박물관을 통해서 온건의 유익함과 교육의 가치를 제시하려 했다. 점진적 발전을 자연사, 사회제도, 기술변화에 대한 당시의 질서로 여기며 그는 "이런 지식을 박물관에서 적절한 배열을 통해서 가르쳐야 한다."는 주장을 펼쳤다.

박물관 내부의 지리에 따라 전시관을 조직한 대표적인 사례로 1892년 에든버러 아웃룩 타워에서 패트릭 게데스의 주도로 계획한 "사회학 실험실"을 꼽을 수 있다(그림 8). 이 건축물은 새로운 형태의 박물관으로 계획되었고, 그 안에서 조경학, 역사학, 사회학을 종합하는 방식으로 도시 및 지역 연구가 장려되었다. 게데스의 동료가 말했던 것처럼, "지리학 사원" 같은 이 건축물의 핵심은 내적 공간성을 지휘하는 것이었다. 그리하여 그곳은 다양한 이야기들이 계층구조로 조직화되었다. 꼭대기에는 카메라 암실을 설치한 "전망대"가 있어 에든버러 도시 전체를 관찰할 수 있었다. 그 아래에는 에든버러관이 있었는데, 이곳에는 도시계획, 지도, 건축 유산 등을 포함한 도시 모형이 전시되었다. 그리고 맨 아래의 1층과 2층에서는 유럽과 세계에 관한 이야기를 다루었다.

타워의 내부 지리는 방문객들이 도시로부터 지역을 거쳐 세계를 조망할 수 있도록 설계되었다. 이것은 지식에 대한 게데스의 철학을 공간적으로 표현한 것인데, 그는 사회개혁 사상과 인본주의 세계관에 심취해 있었으며, 일반인들에게 지역에 대한 이해와 정치 변화에 대한 참여를 독려하고자 하였다. 아웃룩 타워에는 세계의 총체성에 대한 건축가적 감상, 교육 혁신에 대한 신념, 직접적인 세계 경험이 서적에 대한 무조건적 신봉을 대체해야만 한다는 확신, 지역의 특수성은 세계적 변화의 산물이라는 믿음이 담겨져 있었다. 전시관에는 계층적 분류 체계가 부과되어 있었고, 이로써 세계는 포섭된 모습의 지역 간 관계로 구성된다

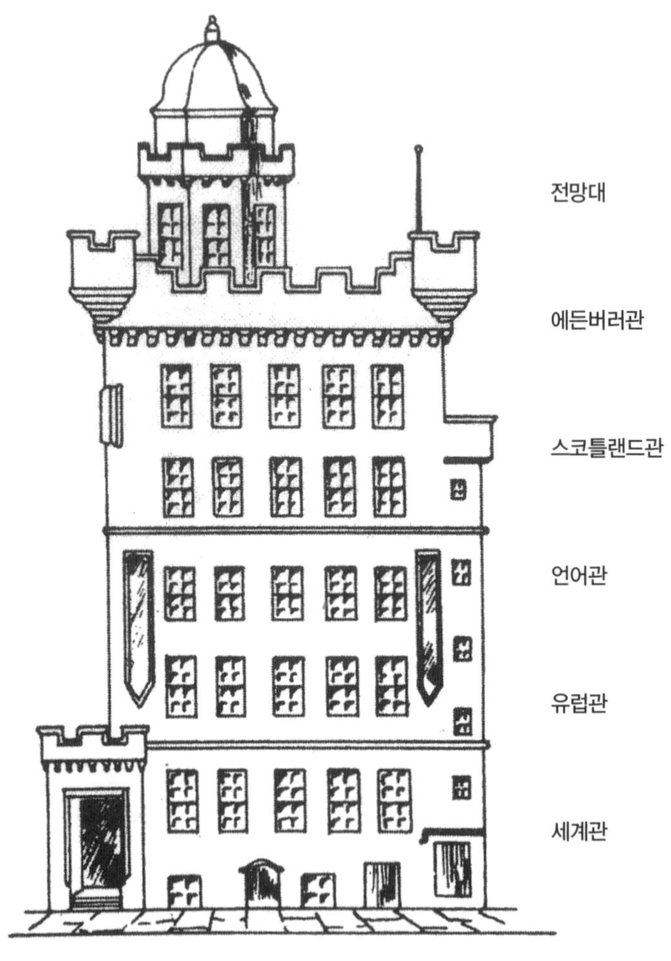

그림 8 에든버러 아웃룩 타워의 도식. 패트릭 게데스의 뜻에 따라 이 사회학 연구소는 구별되는 동시에 연결성을 가진 지리적 공간들로 조직되었고, 각각의 공간에서 방문객들이 도시, 지역, 국가, 세계를 조망할 수 있도록 하였다. 이처럼 아웃룩 타워는 공간 학습의 도구로서 다양한 스케일에서 세계의 지리를 반영토록 했다.

는 인상을 주었다. 게데스는 아웃룩 타워가 지리학 백과사전과 같은 역할을 할 수 있기를 원했고, 그곳에서 그가 개혁하기를 바랐던 세계를 구축하였다.

그러나 박물관을 단순히 큐레이터 선호의 거울로만 이해하는 것에는 문제가 있다. 박물관은 단순한 지도책이 아니었고, 큐레이터, 학계, 후원자, 일반대중 사이의 투쟁의 장이기도 했다. 박물관에 대하여 각각의 이해당사자가 서로 다른 열망을 가지고 있었기 때문이다. 그리고 박물관 공간의 물질성도 "되받아치는" 영향력을 행사했다. 19세기 후반과 20세기 초반 사이에 베를린의 인류학계에서 그와 같은 일이 일어났는데, 이곳에서는 대상에 대한 연구가 대학 외부인 왕립 민족학박물관을 중심으로 수행되었다. 당시 독일의 인류학계에서는 문화 유물에 대한 수집 욕구가 상당히 강했고, 이는 물품 획득을 위한 글로벌 네트워크의 형성을 통해 충족되었다. 개별 품목들은 골동품에 불과하며 그것들을 하나의 시리즈 안에 놓아야 인류학적 가치가 생긴다는 확고한 신념 때문에 그와 같은 수집 욕구는 이론적으로도 정당화될 수 있었다. 그리고 인간의 물질문화에 대한 전체적인 개관을 통해서만 최고의 인류학을 성취할 수 있다는 확신 속에서 끊임없는 표본의 수집이 이루어졌다. 이러한 사상의 결과로 베를린 박물관들에서는 통제되지 않은 채 끊임없이 수집품이 축적되었으며, 이 수집된 것들이 결국 질서 없는 혼돈의 상태에 이르렀을 때 박물관의 한계가 드러났다. 결국 박물관이 지향했던 인류학의 목적은 어마어마하게 쌓인 수집품으로 인해 지속될 수 없었다. 이에 따라 다른 곳에서 발전한 인류학적 개념과 사고가 대안으로 등장했고, 큐레이터들은 수집품을 다루는 새로운 방법을 채택해야만 했다. 이처럼 학문적 변화와 공간적 제약이 동시에 작용했고, 역설적이게도 특정 학풍의 성립과 발전의 요람이 되었던 곳이 그 학풍의 무덤이 되어 버리고 말았다.

박물관 내부의 지리가 과학의 인지 형태에 영향을 준다면, 박물관의 겉모습만으로도 그것을 가능하게 했던 사회의 모습을 이해할 수 있다. 박물관 건축은 현실적 문제에 대한 구조적 대응으로만 구성되지 않는다. 건축은 공간 위에 펼쳐진 상징적 글쓰기이다. 즉, 과학적 탐구의 건물은 종종 석재, 장소, 계획 등의 수단을 통해서 보다 광범위한 문화의 영역에서 과학의 역할을 명시한다. 예를 들어, 박물관 건축을 통해 종교의 색채가 드러날 수 있다. 사우스 켄싱턴에 위치한 알프레드 워터하우스의 자연사박물관은 "자연의 대성당"으로 일컬어졌다. 고딕 양식을 재현하여 1881년 개관한 이 건물은 "과학의 사원"이란 별칭으로도 불리며, 같은 종류의 건축물 중 세계에서 가장 훌륭한 것으로 알려져 있다(그림 9). 이러한 찬사는 성직자의 사회적 권위를 약화시켜 과학 엘리트층에게 넘겨 주려 했던 빅토리아 시대 후기의 노력과 관련이 있으며, 리처드 오언의 자연신학에 대한 열망이 이 건물에 담겨 있다. 결국에 헉슬리를 중심으로 이 과학 공동체가 형성되었으며, 헉슬리는 "신교회론"의 "주교"를 자처하며 "창조를 위한 찬송가"와 함께 "평신도"를 위해 설교했고 "기독 과학"에 참여하며 "과학의 성직"을 받아들였다. 이런 상황 속에서 건축의 상징은 문화를 둘러싼 마찰의 요소가 될 수밖에 없었다.

후기 빅토리아 사회에서 건축물은 문화적 마찰을 일으켰지만, 미국에서 박물관은 1900년을 전후로 "사물 중심"의 학습법을 확산시키는 역할을 하였다. 이때는 시카고의 필드 박물관, 미국 자연사박물관, 하버드 대학의 피바디 박물관 등이 설립되었던 시기이며, 사물도 서적만큼 지식을 보유한다는 사상이 미국 지식인들 사이에 널리 퍼져 있었다. 박물

그림 9 켄싱턴의 자연사박물관은 성당 형태의 건축양식을 가지며 과학의 사원 같은 분위기를 풍긴다. 착색 유리창과 예배당 같은 분위기로 이 건물은 "동물의 웨스트민스터 사원"으로 불리기도 하며, 입구에서는 경건하게 모자를 벗는 방문객의 모습도 종종 목격된다.

관의 표본을 단순히 스펙터클로 바라보지 않고 과학적 탐구의 대상으로 여겼다는 점을 강조하며 당시 박물학자들은 남북전쟁 이전의 사람들과 자신들을 구별하였다. 이렇게 그들 스스로를 대단하다고 가정함으로써, 자연의 근본질서를 이성적인 조사를 통해 밝혀낼 수 있는 것으로 믿었다. 필라델피아의 고생물학자 에드워드 드링커 코프는 당시의 변화를 다음과 같이 기술했다. "중세가 대성당의 시기였다면, 현재는 거대한 박물관의 시대로서 만물에 대한 지식이 확대되고 있다." 이처럼 사물과 사물의 가치를 중시하면서 미국 박물관에서는 물건을 마구잡이로 습득하려는 문화가 생겨났고, 박물관은 20세기 과학의 문화경제의 선봉에 서게 되었다.

그러나 이런 승리의 분위기는 오래 지속되지 못했다. 박물관이 누렸던 인지적 권위가 이후에 근대적인 연구중심 대학으로 옮겨졌기 때문이다. 동시에 사물의 의미는 고정되지 않고 배치에 따라 변한다는 것을 자각하게 되면서 박물관의 과학적 중요성은 약해졌다. 그럼에도 불구하고 19세기 말의 박물관은 시각화된 백과사전식 지식의 실험장이었던 것만은 부인할 수 없는 사실이다.

지금까지의 논의를 토대로 박물관이 과학적 탐구의 역사적 전개에서 다양한 역할을 수행했다는 사실은 분명해 보인다. 과학의 생태계에서 독특한 영역을 차지하게 된 박물관은 여러 종류의 사물들이 축적되고, 그 사물들이 역사 단계별로 "적절한 장소"에 놓여지는 공간으로 형성되었다. 이러한 방식으로 박물관 문화는 "관찰"의 역사에서 중요한 역할을 하였다. 사람들은 박물관에서 세상을 바라보는 방법, 과거를 평가하는 안목, 표본 사이의 관계를 시각화하는 역량을 습득할 수 있었다. 그러나 전시품이 아무리 뛰어나다 하더라도, 그리고 축소된 모형에서 생동감이 느껴진다 할지라도, 박물관 자체가 결코 세계가 되지는 못하였다. 박물관은 자연의 거울도 아니었다. 그것을 직접 관찰하기 위해서는 수집가의 캐비닛이란 갇힌 공간을 벗어나 밖으로 향하고 야외의 개방된 공간으로 나가야만 했다. 즉, 과학적 노력을 위한 또 다른 형태의 장소가 있었다는 말이다.

3. 현지조사 활동

세상 그 자체가 실험실이라는 사상, 즉 밖으로 나가서 직접적인 경험을 하는 것이 자연을 탐구하는 최선의 길이라는 사고는 말 그대로 자명한 주장이 아닐 수 없다. 프랑스 해부학자 조르쥬 큐비에가 19세기 초반 알렉산더 훔볼트의 과학 여행을 논하며 과학 여행자의 스타일을 "정적인 과학자"와 명확히 구분한 바가 있다. 그에 따르면, 여행자는 여러 곳을 지나치며 수많은 것들을 연속적으로 보기 때문에 "몇몇의 순간만을 포착할 수 있다"고 언급하며 현지조사 활동가의 관찰 결과는 "파편화되고 휘발성이 강하다"는 주장을 펼쳤다. 반면, 책상과 한 몸처럼 지내는 과학자는 다양한 샘플을 펼쳐서 비교·분석하고 신뢰할 만한 결과를 산출할 수 있다고 강조했다. 실험실 과학자가 보다 고차원의 공간을 점유할 수 있다고 믿었던 것이다. 다양한 것들을 작업대에 올려놓고 자연의 질서를 재배열하면서, 이를 전체적으로 이해할 수 있는 기회는 실험실에서만 얻을 수 있다고 확신했기 때문이다. 탁상공론 과학자들은 차분한 비교와 상관관계의 이해를 통해 파편화되고 불확실한 주장을 펼치는 현지조사자보다 우월하다고 이해했던 것이다. 큐비에의 관점에서, 닻을 달고 바다로 나가는 것은 절대로 발견을 위한 최상의 항해가 될 수 없는 것이었다. 그는 연구자란 작업실에 머물러야 하며 이런 상황에서만 세계의 질서를 발견할 수 있다고 믿었다.

큐비에의 편파적인 설명이 어떠한 가치가 있는지 모르겠지만, 그의 주장에는 개방 공간의 과학자와 폐쇄 공간의 과학자의 특성에 대한 상반된 인식이 존재함을 발견할 수 있다. 어떤 이가 평했던 것처럼, 전자는 "지표 위를 지나며" 얻는 지식으로 "자연에 통달하고 이해"하는 반면, 후자는 "고정되고 움직이지 않는 시선"을 인지적으로 우선시한다. 한편, 큐비에의 주장은 매우 아이러니했다. 정적인 과학자들의 신뢰성을 보장하는 야생의 자연으로부터 부재가 바로 현장 과학을 옹호하는 사람들이 가장 강력하게 반박하는 주장이기 때문이다. 현지조사자들은 부재가 아니라 존재가, 거리를 두는 것보다 근접성이 주장의 신뢰성을 보장하는 것이라고 믿는다. 공간을 따라 이동하는 그들의 직접적인(때로는 영웅담이 가미된) 경험, 이에 동반되는 신체적 노력과 고됨이 바로 그들이 전해야 하는 과학적 이야기에 대한 확증인 것이다(제4장 참조). 표본을 해부해서 진열하는 것은 유익한 것이지만, 그들의 입장에서 자연을 있는 그대로 접할 수 있는 것은 현지에서만 가능한 일이다. 작업대에서 가상의 세계만을 보여 주어도 충분한 가치가 있다 하더라도 현실의 사물을 완벽히 대체할 수는 없다는 이야기다.

큐비에와 훔볼트의 논쟁만이 유일한 에피소드는 아니었다. 19세기 중반 에든버러대학에서 알프스 산지의 빙하를 연구했던 제임스 데이비드 포브스는 "빙하에서 상당 기간 동안 머물러야"만 빙하 물질에 관한 순수한 과학 지식을 획득할 수 있다고 주장하였다. 빙하의 직접 경험을 통해서야만, 풍문이 이성적 지식이 될 수 있다는 의미였다. 그러나 케임브리지대학의 수학자 윌리엄 홉킨스는 전혀 그런 방식으로 이해하지 않았다. 그는 빙하의 이동에 대한 지식은 물리학 법칙과 에너지, 고체, 액체 등에 관한 실험을 통해서 추론할 수 있다고 생각했다. 과학적 앎의 적절한 방식을 두고 논쟁이 있었던 것이다. 논쟁은 오명 씌우기로 점철되기도 하였다. 포브스와 같은 현지조사 활동가와 아일랜드 태생의 물리학자 존 틴들은(빙하 운동에 관한 견해는 포브스와 달랐지만 먼 곳에서 영웅적 근엄성을 표출하는 남자다운 열정에 대한 의견은 서로 공유하는 바가 같았다) 반대편 진영의 학자를 탁상공론 이론가라고 부르는 데 망설임이 없었다. 모험의 수사는 현지조사 과학의 문화에서 지배적이었고, 모험성은 연구에 권위를 부여하는 것이기도 했다. 한편, 실험실 과학자들은 모험을 통제되지 않은 야생성에 불과하다고 여겼고, 이는 올바른 과학에서 요구되는 정밀함과 거리가 멀다고 판단했다. 이들에게 흥미와 물리학은 전혀 다른 문제였던 것이다.

두 가지 논쟁에서 나타나는 것처럼 현장 과학을 추구하는 사람들 사이에서 위치는 주장을 정당화하는 핵심 요소로 여겨졌다. 그들에게 어디서 과학이 수행되는가의 문제는 주장에 대한 신빙성의 중요한 구성요소였다. 이는 신뢰성을 지역성의 문제로 파악했다는 의미이다. 그러나 "현지"가 정확히 무엇을 의미하는지에 관해서는 불분명했으며 모호성과 비일관성이 가득했다. 실험실이나 박물관 같은 실내의 공간과 비교해 개방 공간을 정의하고, 경계 짓고, 감시하는 것에는 어려움이 많았다. 바로 이런 점 때문에 현지에서는 다른 과학의 공간과는 다른 방식의 점유가 이루어졌다. 우선 현지 연구자는 주민보다는 방문객에 가까웠다(물론 실험실 세계는 이러한 성향과는 정반대). 이는 연구자가 현지조사 지역에 거주하는 정착한 사람이 아니었다는 의미이다. 그들은 여행객, 야영객, 대원, 예술인, 사냥꾼 등 일시적 체류자 같았다. 현지에서의 변화무쌍한 인문지리적 속성 때문에 그곳에서 맺을 수 있는 사회적 관계 또한 매우 불안정했다. 이러한 방식으로 현지답사는 실험실의 안정성을 유지하려는 공식적, 비공식적 규율을 벗어난 다른 종류의 사회학적 속성을 지니고 있다.

그리고 현지는 사회적 삶의 구조가 재생산되기도 하고 동시에 불안정하게 되기도 하는 공간이었다. 여기에서도 존재와 부재 사이의 모호성은 상당히 중요하다. 아마추어가 야외 과학 활동에 참여한다고 가정해보자. 고고학적 발굴에서부터 식물학 조사에 이르기까지 모든 분야에 타고난 사람이라 하더라도 그런 사람의 존재는 실험실 기준의 엄격함을 요구하는 사람들로 인해 인식적으로 적합하지 못한 사람으로 간주된다. 어느 곳보다도 현지는 전문가와 아마추어 사이의 경계가 불분명하지만, 자격을 갖춘 전문가의 인증을 받을 때만 "아마추어 지식"이 순수한 과학으로 받아들여지는 것도 사실이다.

이러한 애매한 위치는 여성의 현지조사 활동에서도 나타난다. 한편, 현지는 대담한 남성의 활동 무대로 그려지는 경우가 많았고, 그들의 극기(克己), 회복력, 실용주의, 민첩성 등을 미덕으로 칭송하는 영웅적 서사가 많았다. 그런 수행성은 주장을 지식으로 정당화하는 데 보탬이 되었다. 자연에 대한 통찰력을 성취하는 데 있어서 현지 활동은 풋내기 과학자가 통과의례로 거쳐야하는 신성한 의식으로 여겨지기도 했다. 이러한 가치들이 여성들에게 항상 매력적이었던 것은 아니다. 야외 현장은 지질학이나 자연지리학 같은 몇몇의 빅토리아 시대 과학에 적합한 것이었고 이런 학문의 영역에서 여성에 대한 배제가 나타났다. 또 다른 한편으로, 여성은 해외 현지 활동을 통해 국내 현지 활동의 엄격함을 회피할 수 있었다. 게다가 여성의 원정 경험은 국내에서 애매한 평가를 유발하기도 했다. 메리 킹즐리가 1895년 두 번째 "검은 대륙" 여행에서 돌아왔을 때(1897년에 출간된『서아프리카 여행』참조), 언론에서는 킹즐리를 해외 원정의 시련을 "남성처럼" 견뎌낸 "고독한 영국 여성"으로 그리며 감탄, 신선함, 기적의 용어를 사용하여 그녀의 귀국을 환영하였다. 쉽게 말해, 그녀의 해외 활동은 고국에서 일상적 여성 행동거지의 범위를 넘어선 것이었다. 그녀는 여장부이기도 하였지만, 정상을 벗어난 예외적인 여성이기도 하였다.

빅토리아 시대 잉글랜드 여성들은 현지조사 클럽 운동에 열정적으로 참여하며 당시의 아마추어 과학 증진에 이바지하였다. 1831년 스코틀랜드에서 결성된 베릭셔 자연주의자 클럽에서는 가입 권한이 남성과 여성 모두에게 부여되었는데, 이는 적어도 부분적으로는 자연질서에 대한 낭만적인 감수성의 표현이었다. 이러한 공동체는 자연주의자들의 숭배의식이 활발하게 나타난 장소만큼이나 혁신적인 사회관계의 실험의 장소였다. 같은 맥락에서, 젠더 관계의 관례를 넘어서 현지로 나간 중산층 여성들은 전문적인 식물학자가 아닌 아마추어 "식물 애호가"로 그려졌다. 이처럼 아마추어/전문가의 양극성은 과학 활동에서 여성의 가시성을 억제하는 수단으로 작용했고, 여성에게 자연사는 고상한 취미에 불과하다는 인상을 강화시켰다.

알프레드 러셀 월리스 또한 19세기 말레이군도에서 성공적으로 현장 탐사 활동을 수행하면서 다른 종류의 양면적 상황을 겪었다. 그는 찰스 다윈과 함께 자연선택설의 공동 발견자로 알려진 인물이다. 그의 현장 경험이 엄청난 발견으로 이어졌고 그의 탐험이 늠름한 도전으로 기록되었지만, 동양에서 월리스가 보낸 시간은 식민주의 시대의 상인, 정부 관료, 의학 전문가, 성직자의 네트워크에 영향을 받지 않을 수가 없었다. 영국의 사회구조는 식민지로 이식되는 과정에서 변화를 겪었다. 예를 들어, 중산층과 상류층 사이의 관계는 고국보다 유동적이었으며 월리스에게 이러한 사회적 유동성은 긍정적으로 작용하였다. 또한 남미에서의 훔볼트가 그랬던 것처럼, 월리스는 유럽의 식민주의자들이 엮어온 사회경제적 교류의 시스템도 적극적으로 이용하였다. 또한 그의 원정이 대담했던 것은 사실이지만, 고립무원의 상태로 진행되었던 것은 아니다. 월리스는 현지인들이 가질 수 있는 불신의 우려를 불식시키고 그가 원하는 정보를 얻기 위해서 그들과의 친분, 의리, 신뢰 관계를 형성하고 유지해야만 했다. 여기에서 영웅적인 개인의 모습은 올바르지 못한 것이었다. 월리스의 현장 과학은 사회적 활동이었으며, 그가 습득한 지식은 개인적 관찰과 믿을 만한 현지인의 증언, 그리고 식민지의 하부구조가 복합적으로 작용하여 만들어진 것이었다.

구속적 성격과 해방의 가능성 모두를 표출하는 사회적 유동성으로 인해 현장연구 활동은 개인과 직업의 정체성 사이에서 재협상의 공간을 형성한다. 그리고 현장에서 과학자의 정체성은 재구성된다. 젠더 역할에서 탈피, 사회 관습의 위반, 모호해진 아마추어/전문가 경계, 영웅주의 신화의 약화 등에서 알 수 있는 것처럼, 현장에서는 접경지의 사회성과 변방의 심리가 나타난다. 현장의 인문지리적 성격 때문이기도 하지만 자연지리적 요소 또한 나름의 영향력을 갖는다. 현장은 본질적으로 불안정성을 가진 과학 활동의 장소이고, 바로 이 점 때문에 현실적 이성(practical rationality)과 기능적 상상력이 현장에서는 아주 중요하다. 현지 상황은 현지 해결책을 필요로 하는 현지의 문제를 낳는다. 그런 상황 때문에 과학은 불가피하게 국지적 실천이 되고, 훌륭한 과학자라면 재치 있는 장인처럼 능숙하게 처리해야 한다. 그런 적성이 실험실에서는 부적절하다는 의미가 아니다. 현장에서는 반복을 기대하기가 어렵고, 환경은 쉽게 통제될 수 없기 때문에 즉흥적인 창의성이 크게 요구되기 때문이다. 그러나 현장 활동이 아무리 혁신적일지라도, 현장 연구의 기술은 대체로 본래의 장소(본국)에서 습득된다. 예상치 못한 것을 다루는 역량은 일상에서 관습적인 방식으로 형성되기 때문에 현장 과학자는 "본거지에서 사고와 활동 습관을 지닌 채 여행을 떠난다"라고 할 수 있다. 현장 지식을 습득하는 것뿐 아니라 발견한 것들을 가지고 의사소통하는 과정에서도 일상적 습관은 중요한 역할을 한다. 공동의 용어를 사용하고 공유된 문화 자원이 있을 때에만 현장 경험이 표현될 수 있다. 그래서 과학 여행자에게는 언제나 본고장(homeland)이 존재하게 된다(그림 10).

과학이 문화적 실천이라는 사실은 현장에서 명백하게 드러난다. 직접적 경험, 일상적인 임기응변, 수행적 이성(performative rationality)이 높이 평가되는 곳이기 때문이다. 그리고 현장에서 과학자의 자질은 현장을 다루는 능숙함과 현실적인 추론의 우수성으로 판단된다. 이성은 탐구의 전통을 구성하는 관습 및 실천과 분리되지 않고 그것들에 뿌리를 내리고 있다는 점을 다시 한 번 상기할 필요가 있다. 이론과 실천은 대립하는 용어가 아니라 호혜적인 관계에 있는 것으로 파악할 필요가 있다. 탐구의 전통은 이론과 실천을 동등하게 반영하고, 이런 관계는 형식적인 추론의 규칙으로 축소시키기 어렵다. 전통적인 절차, 관습, 수행, 즉 지식 산출의 현실적 조건으로부터 완전히 자유로운 과학 이성은 존재하지 않는다. 이런 연유로 "견습"은 현장과학에서 필수적이었다. 우연의 상황에 대처하는 법을 기성학자 아래에서 실습을 통해 습득할 수 있기 때문이다.

현지는 개방된 공간이고 통제하기 어려운 성격을 가지고 있기 때문에 현장 연구자 사이에서는 실천과 능숙한 솜씨가 중요하다. 현장을 단

그림 10 1849년 윌리엄 테일러의 스케치로 식물학자 조지프 돌턴 후커가 식민지 조공으로 히말라야 현지인에게 진달래과 식물을 받는 장면을 그렸다. 본국에서 기인한 후커의 제국주의적 근성이 해외 현지답사에서도 나타난다. 제국주의적 근성의 발로로 그는 세계로 뻗어 있는 식민지 과학의 네트워크 중심에 큐 왕립식물원을 조성했다.

순히 "저기에 있는" 장소로 당연시하는 것은 그릇된 사고이다. 장소는 연구자의 활동에 의해서 "현장으로" 간주된다는 의미이다. 학계의 많은 경우에서, 현장을 정의해야 한다는 주장으로 인해, 그리고 그 자체의 "탐구의 현장"으로 정당화하기 위해 현장은 언제나 정치적으로 협상된다. 몇 학문 분야에서는, 특히 인류학에서, 현장활동을 학문 고유의 실천으로 간주하여 이에 집착하는 경향이 나타난다. 이런 과정에서 특정한 형식의 지식이 중시되고 다른 것들은 배제되기도 하며, 연구의 대상까지도 사전에 결정된다. 인류학에서 현지조사를 핵심으로 제도화한 인물은 브로니슬로 말리노프스키였다. 빅토리아 시대 젠틀맨-학자들은 현장으로 나서는 것을 근엄하지 못한 것으로 여겼는데, 말리노프스키는 그런 세계관으로부터 탈피하는 변화를 이끌었다. 그가 트로브리안드 군도에서 이용한 현장 연구방법은 인류학에서 정통성을 가진 것으로 여겨진다. 현장의 가치를 높게 평가하면서 새롭게 등장한 전문가들은 구시대 젠틀맨-자연주의자의 권위를 무너뜨릴 수 있었다. 여기에서부터 현장연구는 "[인류학자라는] 부류의 핵심 의식절차"가 되었다.

학문적 프로젝트와 내러티브도 현장의 중요한 구성요소가 된다. 과학의 장소로서 현장의 존재는 과학자들의 이야기로 결정된다. 이는 모든 현장에 적용되는 내용이지만 사회과학 분야에서 가장 잘 나타나는데, 바로 연구자(the researcher)와 연구대상(the researched) 간의 관계가 매우 극적으로 나타나기 때문이다. 연구자는 연구대상이 되는 개인들을 추상적 집단으로 범주화하는 권력을 가지고 그들에게 슬럼거주자, 하인, 중산층 근본주의자, 이주노동자 등의 라벨을 붙일 수 있고, 이 과정에서 경계가 설정되어 연구대상으로의 포함/배제의 여부도 결정되기 때문이다. 즉, 현장연구의 정치는 재현의 정치 방식으로 나타난다. 사회과학의 현장연구에서 발생하는 지식 주장들은 매우 지역적이라고 할 수 있는데 이는 다음 두 가지 이유에서 그러하다. 첫째, 수집된 정보는 특정 지역에 관한 것이다. 둘째, 사회이론으로 설명하고자 하는 것들은 연구자가 현장 자료에서 추출한 분석적 범주(analytical categories)를 바탕으로 마련된다.

현장을 통해서 연구자는 정치적 임무를 떠맡기도 한다. 예를 들어, 19세기 후반 도시 현장연구는 종종 도시의 사회적 약자를 대변할 목표로 마련되었다. 좀 더 최근에 급진주의 사회과학자들은 빈민가 "탐험"을 통해서 해방의 지리학을 지향하는데, 이러한 연구는 소외된 도시민의 지위를 향상시키고 그들을 억압과 빈곤의 악순환에서 해방시킬 목적으로 계획된다. 이런 시나리오에 따른 현장연구는 종종 정치적 해방을 향한 서막, 역사의 한 장면으로 간주되기도 한다. 이 경우 "본거지"와 "현장" 간의 일상적 구분을 "내부인"과 "외부인"의 문제로 단순화시키는 것이 어렵기 때문에 관계는 더욱 복잡해진다. 결국 현장이라는 것은 친숙한 동시에 낯선 공간이라 할 수 있다.

따라서 현장은 예상과 달리 전혀 명백하지 않은 과학 활동의 장소가 된다. 현장연구는 모호성으로 가득하고 프로젝트의 성격에 따라 달리 구성된다. 그럼에도 불구하고 현장연구는 과학을 연구하는 적절한 앎의 방식으로 작동한다. 본거지를 떠나 현장에 거하는 것이 진정한 지식의 산출을 위한 필요조건이라면, 이것은 역사를 거치며 이루어진 협상의 결과에 따라 그 학문 분야에서 현장 과학의 자리가 정립되었기 때문이다. 이러한 종류의 과학에서는 공간적 실천을 기초로 지식에 대한 인지적 검증이 이루어진다. 그래서 현장연구는 과학자의 주장을 지표 위에 올려놓는 행위라 할 수 있다.

4. 전시의 정원 : 동물원과 식물원

정원은 아카이브와 현장 사이에, 그리고 박물관의 세계와 자연의 세계 사이에 놓여 있다. 식물학과 동물학 탐구의 장소로서 정원은 서로 다른 목적과 실천들이 뒤엉켜진 복잡한 공간의 역사를 지니고 있다. 정원은 다층적 공간으로 그것의 의미는 수많은 변화를 겪었고, 각각의 변화에는 이전의 의미로 연상되었던 것들의 흔적이 남아 있기도 했다. 정원은 외벽에 둘러싸여 있지만 확장성을 가지며, 개방되었지만 한계를 지니고 있으며, 자연적이지만 관리가 이루어지는 곳으로 광활한 야외와 고립된 캐비닛 사이의 장소를 차지한다. 에덴동산을 조성했던 조물주가 최초의 정원사가 아니었던가? 그곳은 인간이 조물주와 함께 거닐던 영적인 장소였다. 인간 삶에 죄악이 찾아 들었을 때 인간은 정원의 즐거움과 완벽함에서 추방되었다. 그 이후로 기독교 전통에서는 모든 정원사가 태초의 낙원을 복원하기 위해 황무지와 대결하는 것으로 그려졌다(그림 11). 오래 전부터 정원은 휴양과 회복의 장소로 여겨졌고, 영적인 행복이 유지될 수 있도록 사색과 명상이 수행되는 옥외의 사원처럼 이해되기도 했다. 동시에 정원의 존재는 혼돈과 대립하는 질서를, 황야에 반대되는 경작을, 자연과 구별되어 예술을 재현할 수 있는 것으로 파악되었다. 정원의 경계는 이성과 불합리성 사이의 구분을 표시하는 것이기도 했다. 전시 공간으로서 정원은 에덴동산의 원시적 조화를 복원하는 방식으로서 질서 잡힌 만물의 모습을 보여 주기 위한 것이었다. 그래서 놀랍지 않게도 정원은 종교의 메타포와 영적인 상징의 마르지 않는 저장소와 같았다. 정원은 천국의 한 가지 "종류"로, 그곳에서 나무는 그리스도를, 나뭇가지는 성인을 상징했다.

그림 11 에덴동산을 재현한 존 파킨슨의 1629년 작품으로 17세기에 정원사들이 재창조하길 원했던 지상낙원의 모습이 나타난다. 정원 가꾸기는 과학적인 동시에 의학적이고 신학적이기도 했던 활동이었다.

상술한 의미의 요소들은 과학을 추구하는 분위기 속에서 변화하기 시작했다. 초창기 정원사들은 잃어버린 아담의 힘을 되찾길 희망하며 옛 지혜의 회복을 갈망했던 반면, 과학 여행자들은 새로운 지식을 추구했다. 유럽에서는 르네상스의 결과로 신성화된 현실 도피처로서 정원의 개념이 빛을 잃었고, 생생한 백과사전으로서의 장소로 정원에 대한 비전이 재설정되었다. 여러 가지 식물을 세계 도처에서 수집하였고, 채집한 것들은 정원 자체의 분류법에 따라 명명된 다음 적절하다고 여겨지는 곳에 배치되었다. 초창기 식물원은 낙원을 재생산한 것인 동시에 근대 과학 발생의 중요한 장이기도 하였다. 신대륙과 조우하며 과거의 분류체계가 흔들렸고, 타락의 시대 이후 처음으로 에덴동산의 풍성함은 회복될 수 있을 것 같았다. 예를 들어, 17세기 작가 에이브러햄 카울리는 아메리카로부터 잃어버린 천지창조의 모습을 회복할 수 있으며, 흩어져 있는 전 세계 식물을 직소 퍼즐을 하는 것처럼 한 장소에 맞추면 에덴동산은 재창조될 수 있을 것이라 믿었다. 이처럼 초창기의 근대적 식물원은 신학과 과학 모두의 이해를 충족시켰다. 근대의 식물원은 1540년대 중반 이탈리아의 파도바와 피사에서부터 설립되기 시작했고, 영국에서는 1621년 옥스퍼드에 처음으로 소개되었다.[1]

이러한 모습은 17세기 중반 존 트레이즈캔트의 정원에 아주 잘 나타나는데 "노아의 방주"로 널리 알려진 이곳은 노아에 대한 성경의 이야기와 자연사 사이의 관계가 강화된 형태로 나타난다. 이 연관성은 의

---

1 유럽 도시에서 초창기 식물원의 설립 시기는 다음과 같다. 1561년 취리히, 1564년 리옹, 1566년 로마, 1567년 볼로냐, 1579년 라이프치히, 1587년 레이든, 1592년 몽펠리에, 1593년 하이델베르크, 1605년 기센, 1635년 파리.

도적으로 낙관적으로 그려졌다. 노아의 방주를 통해 야훼가 만물에 대한 인간의 우월성을 회복시켰다는 점에 착안하여, 만약 그것을 복제하면 신뢰할 수 있는 지식을 얻기에 최적의 환경이 될 것이라 믿었다. 결국 노아의 방주는 신의 박물관이었고, 그곳은 신의 뜻에 따라 배치된 것이었다. 트레이즈캔트 같은 정원의 정원사들은 후세의 노아와 같이 영적이고 과학적인 복구 활동에 참여한 것으로, 그렇게 함으로써 태만과 비행의 결과를 되돌리려고 하였다. 에덴동산과 솔로몬 성전처럼 성경에 등장하는 장소와 마찬가지로 노아의 방주도 17세기의 이상적 지식 공간의 모습으로 제시되었다. 실제로 솔로몬 성전은 신의 사회를 재건하는 방식에 대한 영감을 제공하는데, 그곳에서는 근면과 협동을 통해 참된 지식을 추구하는 것이 가능하다고 여겨졌다. 그리고 그런 곳에서 아담의 타락으로 인한 경험적 결과가 돌이켜질 수 있을 것으로 믿었다. 지식을 얻는 장소가 지식의 진실성을 담보한다는 인식이 명확하게 드러나는 대목이다.

한편, 표본의 급격한 증가로 정원의 내부 지리가 재고찰되기 시작했다. 정원의 배치는 세계 지도를 그리는 것과도 같았다. 네 곳의 대륙은 말 그대로 정원의 "사분 구역"에 배치되었다. 존 힐은 1758년에 출간한 그의 저서『잉글랜드 식물원의 사상』에서 식물원을 "세계의 네 지역으로 구분하고 각각은 유럽, 아프리카, 아메리카, 아시아의 식물"로 채우도록 권했다. 18세기 프랑스에서 식물원의 조경은 한 역사학자의 말처럼 "여러 가지 기후와 지형 환경의 시뮬라크르"를 조성하는 방식으로 이루어졌다. 정원에서 지리적 식재(植栽)는 세계 식물 생태계의 우아함과 조화를 재현하기 위한 것이었다. 하지만 항상 동일한 방식으로 배치가 설정된 것은 아니었다. 원형, 정방형, 정방형 속에 포함된 원형, 그리

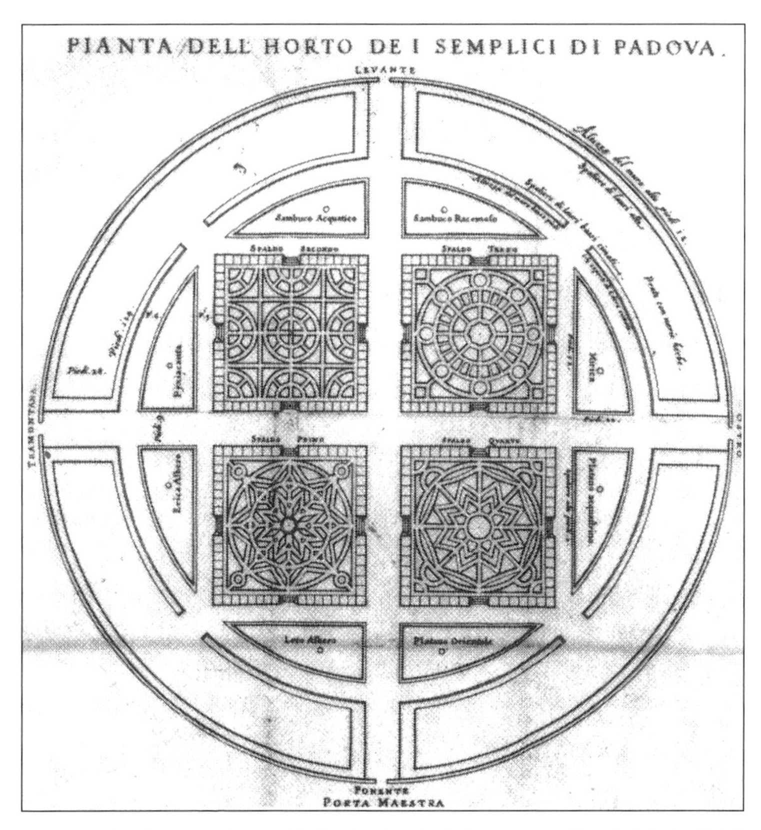

그림 12 지롤라모 포로의 1591년 파도바 식물원 설계도. 포로는 파도바에서 전 세계가 한곳으로 모여져야 한다는 주장을 펼쳤다. 그래서 이 설계의 목적은 네 개의 대륙으로부터 표본을 모아 정원의 적당한 장소에 위치시키는 것이었다.

고 이외에 여러 가지 방식으로 배치되었다(그림 12). 어떤 방식으로든, 자연 질서의 방탕함은 대칭적인 재구성에 의해 체계적으로 길들어졌으며, 자연의 임의성은 계몽주의적 이성 아래에 정돈되었다. 정원은 또한 전 세계를 축소시킨 것이었고, 이를 프란시스 베이컨은 “사유화된 보편적 자연의 모델"이라 기술하기도 하였다.

기하학적 정확성과 대칭성에 대한 열망은 식물원에서 두드러지게 나타나는 특징이었다. 이것은 타락 이후의 혼돈과 혼란의 모습과 달리, 야훼가 에덴동산을 질서 정연하게 꾸몄다는 믿음을 반영했던 것이다. 그러나 이러한 연상 작용이 성경과의 관계 속에서만 나타난 것은 아니었다. 17세기 프랑스의 정형원(formal garden)에서 나타났던 정교한 기하학적 배치는 중상 자본주의의 경제적 번영을 표현하기 위한 것이었다. 당시 프랑스에서는 엘리트 계층의 소비문화가 급성장했고, 정원은 과시적 소비 또는 허세적 전시의 수단으로서 소유자의 사회적 지위까지 표현되었다. 이렇게 되는 과정에서 인간에게 자연은 신성한 창조의 영역에서 속세의 재산권 문제로 변화하였다. 그리하여 정형원은 식물 표본을 수집하는 장소인 동시에, 소유자의 사회적 지위와 구매력에 대한 표식으로 여겨졌다.

정원은 낙원을 되찾을 수 있었다. 정원의 장식을 통해 경제력을 화려하게 표현할 수도 있었다. 그리고 또한 정원은 성서의 표본에 담긴 의학적 효능을 드러냄으로써 성서의 타락으로부터 벗어나게 하는 필수적인 것으로도 간주되었다. 존 이블린은 17세기 중반에 의학적 색채가 없다면 정원 가꾸기는 허무한 일이라 언급했던 적이 있다. 최초의 약재정원(physic garden)은 약학대학에서 번성하였다. 비양심적인 약품과 뿌리작물의 유통업자로부터 약사를 보호하기 위한 이유도 있었다. 대학에서는 "약초" 분야의 초빙교원을 고용해 식물의 치료 효능과 오랫동안 잊힌 약용식물의 지식을 복원하고자 하였다. 약용식물학의 기능은 식물의 "장기(長技)"를 해석하여 각각의 식물이 치료할 수 있는 신체 기관을 찾아내는 것이었다. 예를 들어, 호두는 뇌와 비슷하게 생겼다는 이유로 호두가 머리에 효능이 있는 것으로 이해하였으며 두부 상처 치료에 적합한 물질로 여겼다. 식물은 쉽게 이동될 수 있다는 장점으로 인해 약초에 대한 지식 추구의 범위가 해외에서 새롭게 유입된 식물들로까지 확대되었다. 이러한 방식으로 약용식물학 연구는 이것을 다루는 이들에게 자연과 사람을 다루는 권력을 부여하였다. 그리하여 전 세계의 여러 가지 식물을 한곳에, 즉 정원에 모으는 것은 약용식물학계에서 권력을 획득하는 가장 좋은 방법이 되었다.

지금까지 논한 바와 같이 식물원은 다채로운 공간이었다. 에덴동산에 대한 갈망이었고 세계의 식생지리를 재생산하는 곳이었다. 사회적 지위나 생물의학적인 권력이 정원에서 표출되기도 하였다. 그리고 세련된 장식의 전시 무대로부터 고귀한 영광의 상징, 신성한 명상의 사원, 유용한 자연철학의 극장에 이르기까지 식물원의 역할은 철저하게 국가의 요구에 따른 것이었다. 그렇기 때문에 식물의 세계를 논하는 데 있어서 정치적 메타포가 동원된 것은 놀랄 만한 일이 아니었다. 요한 레인홀드 포스터, 에버하르트 짐머만, 알렉산더 훔볼트 같은 계몽주의 자연 과학자들은 식물 관련 단체를 정치적 조직으로 여겼고, 그들은 국가 관료들이 정치적 계산을 하는 것과 유사한 연구방법을 사용하였다. 식물 세계의 사회경제적 특성도 그들의 관심사에 포함되어 있었다.

이러한 정치적 유사성은 도시 정원(metropolitan garden)이 식물학적 제국주의의 중심이 된 18세기와 19세기 제국 시대에 특히 활발하게 번창하였다. 1750년대 설립된 큐 왕립식물원은 식생 전리품의 유입으로 번성할 수 있었다. 18세기 식물학자이자 과학 관료였던 조셉 뱅크스는 큐 왕립식물원을 위해 전 세계를 대상으로 원예작물 약탈을 감행하였다. 식물재배로 인한 경제적 이익은 여러 가지 방식으로 발생했다. 암스테르담에서와 마찬가지로 왕립식물원에서 재배되는 작물은 식민지로 수출되었고, 정원은 국가의 상업적 번영에 기여하였다. 1780년대 중반부터 왕립식물원은 소위 "뱅크스" 제국이라 불릴 정도로 식물의 획득 및 교류에서 세계적 네트워크의 중심에 서게 되었다. 수천의 종자, 식물, 건조 표본들이 상업적 이익을 위해 약탈되었지만 이 중에는 이국적 호기심에 의해 수집된 것들도 있었고, 이는 왕립식물원이 전 세계를 포괄하는 데이터베이스를 구축하는 데 보탬이 되었다. 동아시아부터 태평양, 동인도제도, 중앙아메리카에 이르기까지 복잡하게 뒤엉킨 식물 무역의 체제가 뱅크스의 식물 제국으로 인해 생겨날 수 있게 되었다. 대마 종자, 차나무, 뽕나무, 옻나무, 유동나무, 섬유식물, 감귤, 아보카도를 비롯해 수없이 많은 식물들이 섭취, 처방, 염색, 장식 등의 목적으로 들어왔다. 뱅크스는 외교관, 해군 장교, 선교사, 무역업자 등과의 관계를 이용하여 자바의 육두구 나무와 망고스틴, 광동, 타히티, 태즈메이니아, 뉴기니의 다양한 식물들, 인도의 종자를 왕립식물원에 모을 수 있었으며 그는 이를 통해 세계의 식물 갑부로 등극할 수 있었다. 왕립식물원은 제국도시 중심부와 식민지 주변부 사이를 오가는 식물 유통의 통제를 통해 제국주의적 금융과 과학의 수도로 거듭났다. 이곳의 원예 산업을 지원하기 위해 왕립식물원의 위성 시설이 자메이카, 세인트 빈센트, 세인트 헬레나, 캘커타, 시드니 등에 설치되었고, 이 나라들로 왕립식물원에서 훈련된 큐레이터가 파견되기도 했다.

식물원은 제국의 행위자가 되면서 실험과 계몽의 장소로서의 역할도 수행하였다. 열대작물을 온대기후에 적응시키는 작업은 중요한 과학적 탐구의 문제가 되었다. 제국의 성공과 과학의 진보, 두 가지 모두를 도모할 수 있는 것이었기 때문이다. 왕립식물원은 대영제국에서도 중요한 교역의 장소였기 때문에 식물 순화에 대한 실험도 이곳에서 이루어졌다. 이 프로젝트는 새로운 산업 질서에 적합하도록 자연을 재생산하는 것이었다. 뱅크스와 그의 동료들로 인해서 다양한 종류의 대마와 아마, 나무와 줄기, 과일과 야채는 지구 곳곳에서 장소의 이동을 겪었고, 이렇게 이동하는 식물들을 새로운 기후에 적응시키는 작업도 필요하였다. 이 작물들의 첫 기착지가 왕립식물원이었기 때문에 유용한 지식을 추구하는 데 있어서도 이곳은 중요한 위치를 점하게 되었으며, 뱅크스의 영향으로 계몽주의 식물학의 원형이 이곳에서 싹텄다. 뱅크스는 이를 자랑스럽게 여기며 "큐 왕립식물원에서 우리의 왕은 리허성의 중국 황제와 똑같은 나무 그늘 아래서 위안을 얻고 화초의 우아함에 감탄"했다는 기록을 남겼다. 이런 기쁨 자체가 식물의 이전과 성공적 적응을 증명하였다.

이러한 탐구의 대상은 식물에 한정되지 않았다. 동물의 이동에서도 매우 유사한 경향을 살펴볼 수 있다. 새로운 기후 조건에서 동물이 적응하는 방식에 대한 이해는 근대적 동물원 창립 운동의 선결조건이었다. 동물을 식물원에 사육하는 문제는 아주 오래된 풀리지 않는 딜레마였다. 토마스 아퀴나스는 아담이 동물에게 이름을 부여했기 때문에 동물은 에덴동산에서 추방되었다고 생각하였다. 반면, 배질과 아우구스티노는 동물의 존재 때문에 아담과 이브가 행복했다고 주장하였다. 이처럼 식물원에서 동물의 부재를 원한 사람도 있었고, 모든 창조물이 같은 곳에 기거해야 한다고 믿는 이들도 있었다. 후자의 경우 동물을 대륙의 재현 수단으로 사용하기도 하였다. 아프리카의 얼룩말, 아메리카의 라마처럼 말이다. 결국 큐 왕립식물원이나 베르사유의 식물원에서는 이국적 동물이 일부 사육되었다.

동물원에서는 동물의 길들이기와 현지 적응이 필요할 수밖에 없었기 때문에 동물원도 명백한 식민주의 프로젝트라 할 수 있다(그림 13). 식민주의와의 연관성은 영국, 프랑스, 오스트레일리아의 19세기 동물원에서 아주 잘 나타났다. 런던동물원 협회의 창립자인 스탬퍼드 래플스가 1824년 동양에서 제국주의적 탐험을 마치고 돌아왔을 때, 그는 유럽의 다른 국가들에 비해 영국이 동물 전시 분야에서 뒤떨어진 것을 발견하고 괴로워하였다. 당시 영국은 찬란한 세계제국이었지만, 영국에서 외래 동물 전시는 전람회장의 여흥, 사소한 엔터테인먼트 수준에서 일반인들의 흥을 돋우는 방식으로만 존재했다. 대륙에 견줄 만한 "웅장한 기관"은 전무했다는 의미이다. 이와 같은 문화적 수치를 만회하고 제국주의 권력의 장엄함에 걸맞은 품위를 갖추기 위한 목적으로 1828년 리젠트 파크 동물원이 설립되었다. 외래종을 순화시켜 영국의 공원에 (그리고 식사 메뉴에) 적응시키는 것의 필요성을 강조하며 동물원의 존재에 대한 합리화가 이루어졌다. 대영박물관의 해부학자 리처드 오언과 런던의 자연과학자 프랭크 버클랜드는 "탐험과 모험"이라는 만찬을 조직하여 동물 순화에 대한 그들의 지지를 표명했다. 만찬에는 캥거루 찜, 온두라스 칠면조, 시리아 돼지, 일본식 해삼 수프 등의 별미가 등장했고, 이것은 미각지리학의 실험과도 같았다. 그럼에도 불구하고 과학자들을 대상으로 한 만찬의 광고에서는 동물원은 마치 분류학상의 데이터와 같이 소개되었고, 식사비용 등 부수적인 것들에 대한 언급은 일절 존재하지 않았다. 이처럼 동물원은 응용자연사와 린네식 동물과학 사이에 중첩되는 공간에 존재했다. 그리고 동물원에 전시된 방대한 표본으로 인해 영국에서 생태학적 제국주의(ecological imperialism)의 성립이 주목받기도 하였다. 동물원은 제국주의적 수사의 장소였고, 그곳의 동물은 세

그림 13 이시도르 조프루아 생 틸레르는 동물순화원 온실에서 유지니 황비와 황태자를 수행하고 있다. 이와 같은 장면은 정원의 제국주의적 성격을 상징적으로 드러낸다.

계 속에서 영국의 생태지리학적 우월성을 상징하였다. 세계는 과학적으로나 미각적으로나 영국을 위해 존재하는 것처럼 보였다.

파리의 동물 컬렉션도 마찬가지였다. 여기에서는 3대에 걸친 동물학자 가문 조프루아 생 틸레르 집안의 역할이 아주 중요하였다. 에티엔은 1790년대 파리 자연사박물관에서 동물쇼를 시작했고, 그의 아들 이시도로는 동물 순화원을 운영하였으며, 손자 알베르는 이 기관의 원장직을 물려받아 거의 30년 동안 순화원을 관리하였다. 이곳의 다채로운 컬렉션은 북아프리카에 영향을 미친 프랑스의 식민주의적, 외교적, 상업적 활동을 반영하는 것이었다. 실제로 순화원은 나폴레옹 3세의 제국주의적 후원을 받으며 번영을 누렸다. 그리고 영국에서처럼 이곳에서도 순수동물학과 응용동물학 사이의 긴장관계가 존재하였다. 효용성과 과학, 그리고 자연주의자의 요구와 일반 대중의 유흥 사이의 상대적 비중은 시대를 달리하여 변화하였다. 어떤 것이 중요하든, 외래의 동물을 사육하고 다루는 것은 농업 및 산업 발전, 과학의 진보, 상업적 번영에 보탬이 되는 것으로 여겨졌다.

프랑스 과학계에서는 오랫동안 동물 순화에 관심을 가지고 있었다. 적응, 유전, 진화 등의 문제가 밀접하게 관련되어 있었기 때문이다. 순화원은 본래 왕립 약재정원으로 설립되었고, 19세기 중반에 이르러 1854년에 설립된 동물순화학회의 실험장이 되었다. 새로운 환경에 오랫동안 성공적으로 적응하면서 습득된 특성에 대해서도 유전이 발생한다는 학설, 즉 생물변이설을 증명하기 위한 것이었다. 순화원에서 거의 50년 동안 관리관을 역임했던 조르주 루이 드 뷔퐁은 자연사박물관의 동물학 교수 장 바티스트 드 라마르크와 함께 대표적인 생물변이설 옹호론자였다. 티베트의 야크, 알제리의 야생 양, 앙골라의 염소, 이집트의 따오기, 칠레의 라마 등의 동물들이 동물원이라는 공간에 수집되고 적절하게 전시되면서 프랑스 과학의 발전을 자극하였다. 동시에 이는 식민지 운영의 찬란함을 보여 주었으며, 방문객에게는 세계를 아우르는 상상된 사파리를 즐기며 경험할 수 있는 기회가 되었다(그림 14).

멜버른 동물원의 탄생에서도 순화는 중심적 역할을 하였고, 영국 출신으로 멜버른 신문《아거스》의 편집장이었던 에드워드 윌슨이 핵심 인물이었다. 윌슨은 파리의 순화 프로젝트에 대해 아주 잘 이해하고 있었고, 이 프로젝트가 추구하는 이상에 깊은 감명을 받았다. 그리고 1850년대 후반부터 영국 식민지들을 대상으로 새로운 동물과 식물의 도입을 요구하는 대중문화 캠페인을 시작하였다. 윌슨은 특히 오스트레일리아

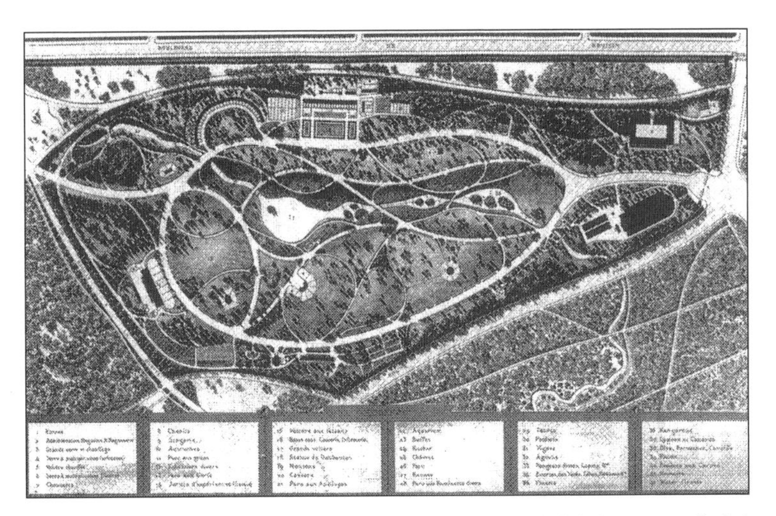

그림 14 1860년 파리에서 개장한 동물 순화원의 계획도. 순화원에서는 모로코의 야생 양, 앙골라의 염소, 타베트의 야크 등 여러 가지 외래 표본을 전시하며 프랑스제국의 풍부한 동물자원을 과시했다. 동물 전시를 통해 "대중적 효용성"만을 드러냈지만, 이곳의 주요 관심사는 외래 동물의 환경 적응을 확인하는 것이었다. 이처럼 순화원에서 수행되는 과학적 탐구는 제국주의적 실용성의 문제와 불가분의 관계에 있었다.

사람들도 영국인들이 누리는 조류 감상의 기쁨과 사냥의 스릴을 경험할 권리가 있다고 믿었다. 그리고 그는 대영제국의 생태학적 풍부함을 멀리 떨어진 식민지로 재분배하지 못하는 것을 치욕스럽게 생각하며 식민지에서도 순화 학회를 설립하자는 캠페인을 벌였다. 그의 노력으로 실험농장과 동물학회가 1857년 오스트레일리아에서 설립될 수 있었고, 의사이자 정치운동가인 토마스 엠블링도 이에 동참하였다. 성과는 오래가지 못했지만, 이는 왕립멜버른동물원의 창립으로 이어졌다.

그러나 근대적 동물원의 설립을 계몽주의 이후에 나타난 순화에 대한 관심으로만 논의하는 것에는 문제가 있다. 우선, 동물쇼는 BC 2,500년경 이집트에서 존재했고, 톨레미는 BC 3세기 경 알렉산드라에 동물원을 설립하였다. 고대 로마에서는 비바리아라고 불렸던 동물원이 대중에게 공개되었으며, 아즈텍 문명의 황제 몬테수마는 조류와 동물을 사육했던 것으로 알려져 있다. 귀족 가정에서는 일상적으로 외래 동물을 수집, 전시하여 품격과 권력의 표식으로 활용했고, 16세기 동안에는 프라하, 칼스부르크, 콘스탄티노플, 카이로 등 유럽과 북아메리카의 번영하는 도시 중심부에서 동물쇼가 등장하였다. 루이 14세 시대의 베르사유 동물쇼가 "다른 무엇보다도 왕의 권력과 존엄에 대한 정치적 증거"라고 언급되기도 하였다.

이전의 것들과 비교하여 19세기 동물원의 시작이 순화에 대한 학문적, 상업적 관심에서 기인한 바는 상당히 크다. 동물 순화에 대한 지대한 관심은 당시에 중요했던 인류학적 현안과 관련이 깊은데, 좀 더 구체적으로는 외래 기후가 식민지로부터 이주한 사람에게 주는 영향이 중요한 학문적, 현실적 관심사였다. 이러한 연관성은 19세기의 주요 동물원에서 민족학적 전시가 성행했던 사실로도 확인된다. 동물을 우리에서 풀어 개방 공간에 전시하는 동물원 "파노라마"의 창안자로 알려진 칼 하겐베크는 1874년 "인류-동물학적" 전시를 함부르크 동물원에 소개했다. 그곳에서는 라플란드 사람들이 순록과 함께 관람객 앞에서 그들의 일상생활을 연기하도록 연출되었다. 이후 50년 동안 하겐베크는 70여 개의 인류학 공연을 기획하였다. 산을 배경으로 무대가 펼쳐진 미국 원주민 오그라라 수족의 의식 무용이 가장 인기를 끌었던 것으로 알려져 있다. 이와 유사하게 알베르 조프루아 생 틸레르도 동물순화원에 대한 대중의 관심을 높이기 위하여 누비아족의 행렬, 캐나다 이뉴잇족, 아르헨티나의 가우초를 전시하였다. 1906년 뉴욕동물원에서는 오타 벵

가라는 아프리카 피그미족 청년이 원숭이 우리에 전시되었다.

인간 주제를 과학의 "무대에 올리는 것"은 엄청난 결과들을 초래하였다. 우선 그런 일들이 식민 사회에서도 반복되었다는 것이다. 예를 들어, 인도에서 아시아학회는 1869~70년 일반산업박람회에서 민족학, 특히 원주민 전시 행사를 제안하였다. 박람회장에서는 원주민의 노동력을 사용할 의도도 이 계획에 담겨 있었다. 이 모든 것은 예기치 못했던 이중적 효과를 유발하였다. "인간의 유형"을 "표본"으로 전시함으로써, 유럽인이 가지고 있는 인종 관념의 정상성에 대한 의문이 일었다. 동시에, 유럽과 인도 두 곳 모두의 지식인 사회는 비이성적인 두 발 달린 동물과 거리를 두려고 하였다.

동물원은 실험실에 비유되었지만 극장의 면모도 지니고 있었다. 그렇게 함으로써 이상함, 이국적인 색채, 특이함, 기이함 등의 기준으로 설정된 인간과 동물, 관람객과 스펙터클, 보는 자와 보여지는 자, 이성과 야만 사이의 경계는 재협상되었다. 이 과정에서 동물원은 자연에 근접한 동물/인간 전시품과 자연 위에 있는 방문객 사이의 차이가 강화되는 공간이 되기도 하였다.

이러한 관점에서 동물원은 과학적인 동시에 극장다운 공간으로 등장했다고 할 수 있다. 1940년 뉴욕동물학회에서 전시된 아프리카 평원은 사파리 시뮬레이션에 지나지 않았다. 멧돼지부터 얼룩말에 이르기까지, 이들에 둘러싸인 부족 마을은 모험의 감정을 일으키기 위해 연출되었다. 야생 공원의 존재는 진귀한 종(種)에 대한 연구가 자연 서식지에서 수행되어야 한다는 과학적 주장에 입각해 정당화되었다. 이를 위해 광활한 보호구역에는 투명한 철제 펜스가 둘러져야만 하였다. 이러한 모습으로 동물원에서는 현장 연구소와 야외 경기장의 기능이 융합되었다.

동물의 왕국에 질서를 부여하고, 정해진 길을 따라 전시를 조직하며, 감질 맛이 날 정도로 아주 근접한 거리에서 맹수의 우리를 전시함으로써 19세기 동물원은 야생에 대한 인간의 승리를 표명하였다. 동물원은 "위협적인 자연의 혼돈에 인간 사회 구조를 덧칠하여 재현하고 이를 기념하는 곳"이라고 말해지기도 했다. 야생 동물을 가두어 보여 주는 것은 자연 질서에 인간 권력이 작용하는 것을 상징하였다. 이는 동시에 주변부 영토에 대한 제국도시의 통제, 식민지에 대한 제국의 지배를 의미하기도 하였다.

식물원과 동물원은 과학계에서 아주 독특한 영역을 점유한다. 정원은 실험과 전시의 공간이자 대중에게 개방되는 공간이었음에도 불구하고, 실험실 및 박물관에서와는 확연히 구분되는 탐구 문제들이 있었다. 제국의 행위자, 명상의 안식처, 예술의 공연장, 권력의 상징, 약재의 보고, 지식의 지도 등, 정원은 그 무엇이었든 간에 과학 지식에 대해 나름의 독특한 공간 형성 작용을 수행하였다.

5. 진단과 치료의 공간

박물관, 정원, 동물원과 마찬가지로 병원도 과학과 대중문화의 세계에 속하며 이들 사이에 위치한다. 그러나 이곳의 관심은 전시보다는 진단에 있으며, 물건을 축적하는 것보다 보살핌을 제공하는 것이 중요했다. 병원이 긍정적인 이미지를 누리게 된 시간은 지난 1세기에 불과하다. 20세기 이전에 건강관리는 가정에서 이루어졌고 병원은 극빈과 위험의 장소로 멸시되었다. 그곳은 나약하고 버림받은 사람들로 가득한 곳이었고, 수용자들은 낯선 사람의 보호 아래 있을 수밖에 없었다. 실제로 프랑스와 이탈리아에서 병원은 교정(敎正)의 목적을 가진 장소였다. 거지, 경범죄자, 매춘부 등이 병들고 노쇠한 사람들과 공간을 공유했다. 18세기 말까지도 병든 사람들을 위한 병원(hôtel Dieu)과 사회적으로 버림받은 자를 위한 병원(hôpitaux généraux) 사이에 구분이 없었다. 근대 병원의 역사는 수도원의 의무실, 빈민구호소, 전쟁터의 부상병 치료 막사, 전염병자 수용소까지 거슬러 올라갈 수 있다. 그러나 근대의 병원은 기존과는 다르게 정신적 훈육, 강제노동, 감금, 무정한 적선, 병자의 치료가 적절히 혼합된 자체적으로 전문성을 가진 공간을 필요로 하였다.

동시에 근대 병원은 타락과 부패의 이미지를 벗기 위해 노력해야만 하였다. 병원을 역병을 전파시키는 곳으로 비판하는 사람들의 공포를 해소시켜야만 했기 때문이다. 18세기 후반의 파리의 병원에는 최대 여섯 명까지 공유하는 침상이 있었으며, 전염병자, 출산 직전의 임산부, 죽어가는 사람 등을 분리하려는 노력도 거의 없었다. 이러한 부정적 이미지를 해소하고 전염병의 사이클을 중단시킬 목적으로 병원을 50년마다 철거하자는 의사들의 과격한 제안도 있었다. 1870년대 중반까지 병원은 장점보다 단점이 많은 것으로 여겨졌다. 클로로포름 마취제를 빅토리아 시대 의학에 소개했던 제임슨 심슨은 그와 같은 암울한 상황을 설명하려고 "병원의 비위생(hospitalism)"이란 개념까지 만들었다. 그는 병원의 수술환자는 "워털루전투의 영국 병사보다 훨씬 더 높은 확률의 사망 가능성에 노출되어 있다"고 말한 적도 있다. 빅토리아 시대 외과의사는 톱밥으로 덥힌 테이블에서 피로 뒤범벅된 옷을 입고 시술하였으며, 고름 짠 손은 수술 후에나 씻었기 때문에 부유한 환자가 몸이 아플 경우 병원에 가지 않고 집에서 머물렀던 당시의 상황은 그다지 놀랍지도 않은 것이었다.

병원 공간에 대한 의미가 사회적 판단에 따라 변화했던 것처럼 병원의 건축에도 이러한 질병 이론의 변화가 반영되었다. 19세기에는 질병을 독성 기체 발산의 결과로 가정했던 독기(毒氣)이론(miasmic theory)이 유행했기 때문에, 병동과 병동 사이의 공기 흐름이 병원 건축의 중요한 문제가 되었다. 예를 들어, 플로렌스 나이팅게일은 공기를 통해 이동하는 전염병이 병원 전체의 공기를 오염시킬 수 있다고 확신하였기에 환기에 많은 신경을 썼다. 1859년 『병원노트』에는 그녀의 확신을 입증하는 암울한 통계가 기록되어 있었다. 그리고 병원은 독기에 대한 대처, 공간 개방, 환자 격리 등을 우선순위로 하여 설계되었다. 나이팅게일 병동이라 불리었던 곳의 설계는 공기 정체를 방지하고 공기 순환을 최대화하기 위해서 마련되었다. 이 설계에 입각하여 병동은 직사각형의 모양으로 지어졌으며, 병동의 양쪽 모두에 창이 설치된 상태로 불필요한 장비는 모두 제거되었다(그림 15). 나이팅게일 병동의 원형은 남북전쟁 이후 아메리카로 급속히 퍼져갔고, 1875년 존 쇼 빌링이 존스홉킨스 병원에 소개했던 연립주택 형태의 평평한 파빌리온을 가장 유명한 예로 들 수 있다. 하지만 이러한 설계는 세균이론(germ theory)이 등장하면서 필요 없거나 적절하지 않은 것으로 이해되었다. 병원은 더 이상 위험한 병균의 수렁으로 여겨지지 않았지만, 그 대신 감염 병균을 찾아내고 추출하여 처리하는 전문가의 장소로 변화하였다. 이런 변화는 병원이 진단실과 치료 기술을 보유한 과학의 성소로 승격되었음을 의미했다. 그리고 부유한 이들도 기꺼이 치료를 받기 위해 병원을 방문하였다. 평평한 파빌리온의 모습은 사라지기 시작했고 이는 곧 타워 형식으로 대체되었다. 문화적 측면에서 일반 대중은 고도로 발달된 과학 기술의 세계

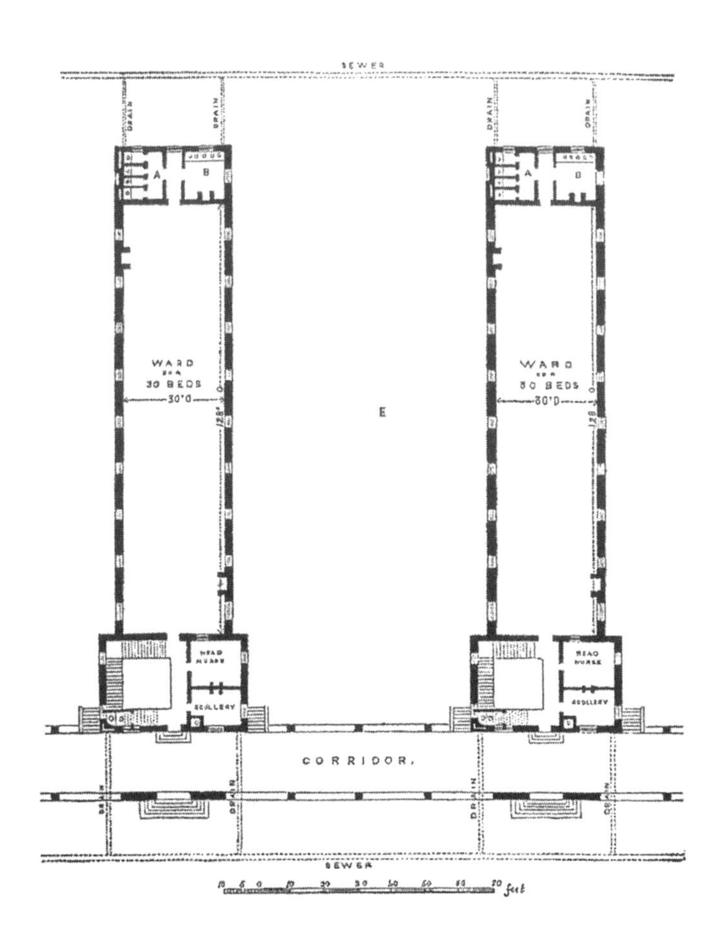

A. Ward Closets.
B. Bath and Lavatory.
C. Lift in Scullery.
D. Private Closet.
E. Ornamental Ground.
Ward Windows to be 4 ft. 8 in. in the clear.

그림 15 전형적인 나이팅게일 병동의 계획도. 여기에는 독기이론에 대한 플로렌스 나이팅게일의 확고한 믿음이 반영되어 있다. 공기의 정체를 방지하기 위해 공기 순환을 최우선으로 하는 공간 배치가 나타났고, 두 개의 병상마다 창문을 설치하여 빛과 통풍에 대한 요건도 충족시켰다. 이와 같은 모습은 벽으로 직접적인 자연 통풍을 억제했던 18세기의 관례와 완벽한 대조를 이룬다.

를 병원을 통해 접할 수도 있었다. 병원이 의학의 세계에서 지식의 신경 중추와 같은 역할을 수행하기 시작한 것이다.

병원 내부에서 의학 관리의 대상은 독기와 세균에만 국한되지 않았다. 환자들 또한 다양한 형식의 처벌적 규제의 대상이 되었다. 병원은 주변 문화의 가치를 구현하는 정신의 장소이기도 했기 때문이다. 예를 들어, 자선 단체의 후원 아래 있었던 병원은 후원 기관이 추구하는 정신적 이상향을 표현하기 시작하였다. 그러한 환경에서 환자들은 종종 교정과 교화를 필요로 하는 "정신이 나약한 사람"으로 다루어졌다. 그래서 의학적 처방과 동시에 정신적 교화도 병원에서 수행되었다. 엄격한 규칙이 공동체의 병동에서 환자 개인의 행동을 지배하였다. 중심화된 감시와 정신적 순종의 훈련을 위해 환자에게 의학적 및 도덕적 치료를 동시에 제공할 수 있는 엄격한 건축물 구조도 필요하다고 생각되었다. 기둥으로 받쳐진 지붕의 현관과 아치로 출입구를 근사하게 만들었지만, 환자들이 있는 부속건물은 평범하고 단조로웠다. 일반인이 볼 수 있는 정면의 외관은 기부자의 관대함을 칭송하면서, 환자들이 수용되는 곳에는 질서와 규칙성의 덕목을 주입하였다(그림 16). 이처럼 치료의 근본으로서 정신적 수양의 의학적 효과가 건물에 드러날 수 있도록 병원을 설계하였다. 병원의 벽은 말이 없지만, 그곳은 의사와 환자 사이의 관계 방식, 방문객에게 요구되는 행위, 권한을 가진 사람이 누구인지, 그리고 의학적 및 정신적 권력이 거하는 곳은 어디인지 등을 드러낼 수 있도록 설계되었다. 이와 같은 암묵적 메시지를 읽지 못하는 사람들을 위해 런던의 세인트 토마스 병원의 모든 병동 벽면에는 "청결이 위안을 주고, 절제로 건강을 되살린다"고 쓰여 있는 현판을 설치하였다. 이런 방식으로 의학은 개인의 신체를 통제하면서 사회적 신체를 관리하는 역할

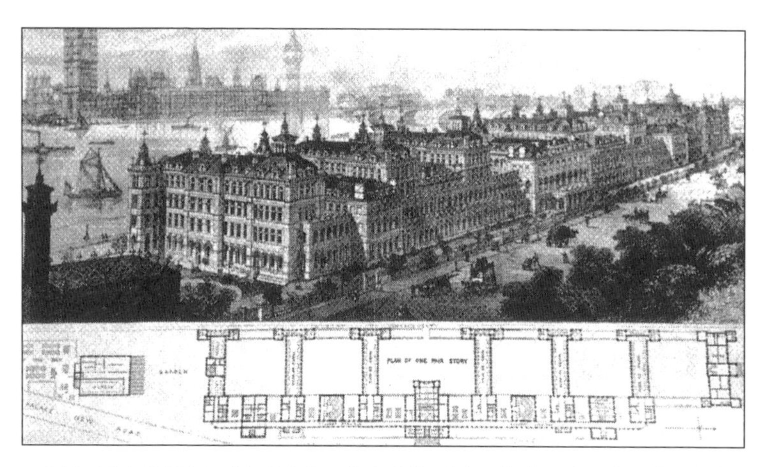

그림 16 런던 세인트 토마스 병원의 모습과 계획. 이와 같은 웅장해 보이는 신고딕 양식 병원 외관의 내부 병동에는 의학적, 정신적 질서와 규칙성이 표현되었다.

을 하였다. 그리고 병원 공간의 미관은 언제나 의학의 핵심 가치와 믿음을 명확히 표현해 왔다.

전술한 바와 같이 병원은 도덕적 가치를 전달하는 수단이기도 하였지만, 새로운 윤리적 딜레마가 생겨나는 곳이기도 하였다. 응급실을 생각해 보자. 100년 전만 해도 사고 피해를 입은 환자들은 병원으로 이송되지 않았고 가정 공간, 종종 부엌에서 치료가 이루어졌다. 의학적 "응급"의 개념은 한 세기 전만 해도 의학 용어에 해당되지 않았다. 오늘날 심장마비 환자는 구급대원 팀의 도움을 받아 병원으로 급송되고, 이 과정에서 흉부압박, 인공호흡, 그리고 각종 전기장치를 이용한 처치를 통해서 환자의 기술적 생존을 확보하려 한다. 응급처치에 특화된 다양한 장비를 갖추며, 연구실 스타일로 조성된 응급실 공간에서 당직 의사는 소생술의 지속 여부에 대한 윤리적 문제에 봉착한다. 이 문제는 의료기술과 관련되지만, "올바른" 일은 의학적, 금전적 계산으로만 판단할 수 없다. 도덕적 판단의 필요성도 존재하며, 이는 판단이 이루어지는 현장 조건에 좌우된다. 의사가 어떤 사람인지의 문제도 협상의 과정에 있다. 예를 들어, 어떤 말도 할 수 없는 응급 환자 앞에서 의사는 삶과 죽음의 접경지에 위치한 "치료자"라는 자신의 모습을 접하게 된다. 이와 같이 응급의료의 공간은 특정한 의학적, 정신적 선택이 이루어지는 윤리적 실천의 공간이라 할 수 있다.

과학 지식과 의료 장소로서의 병원이 현재에는 당연한 것으로 받아들여지지만, 병원이 그러한 기능을 획득한 것 역시, 역사를 가지고 있다. 적어도 부분적으로는 후기 계몽주의 유럽에서 출현한 이 변화들은, 보다 넓은 영역에서 자연철학의 변혁을 반영한 사건이었다. 현대의학은 프란시스 베이컨과 존 로크 같은 인물들이 주창하던 영국의 경험 철학에서 영감을 받아 성립되었다. 18세기 프랑스 철학에서 로크의 제자 꽁디악이 주장했던 이론에 대한 경험의 승리는 카바니스로 이어졌으며, 그는 병원의 가치가 근대적 의학 교육과 연구에 있다고 주장하며 터무니없는 추측으로 가득한 "구식 의학"을 맹비난했다. 1700년대 중반부터 에든버러에서는 존 러더퍼드의 의학 강의가 시작되었고 강의만을 위한 병동도 설립되었다. 그리고 버려진 시체들이 병원으로 끊임없이 유입되면서 해부학 강습도 이루어질 수 있었다. 19세기 후반에 이르러 침상 진단, 의대 학생들을 위한 실습병동, 영안실의 일상적 방문 등이 확고하게 자리 잡았다. 이 모든 것은 현장에서 직접적인 경험을 통해 환자의 증상을 해석하면서 의학 지식이 축적되었다는 사실을 보여 준다. 타진(打診)과 같은 의료기술의 표준, 1816년 레낙의 청진기의 발명, 병력(病歷) 기록의 사용 등은 그와 같은 경험의 산물이었다. 침상은 학생들이 질병의 징후를 포착할 수 있도록 훈련하는 진단의 공간이 되었다. 따라서 병원에서 습득하고 적용되었던 지식은 기술적 노하우, 현장에서의 지혜, 직접적 경험, 정신의 관리를 포괄하는 보다 광범위한 치료 조직의 부분이었던 것으로 파악할 수 있다.

병원의 내부가 독해 가능한 문화 공간이라는 것은 정신병자 수용소에서 가장 잘 나타난다. 역사적으로 수용소만이 광기(狂氣)의 공간은 아니었다. 중세의 정신병자는 들판과 숲속에서 발견할 수 있었고, 교도소와 유사한 공간에 감금된 경우도 있었으며, 때에 따라서는 구호소나 사이비 종교시설에 수용되기도 했다. 수용소는 제도 공간의 다층적 성격이 표면화되는 곳이었다. 우선, 수용소는 관리와 통제의 명령으로 지배되는 감시의 장소였다. 일반 병동과 다르게 수용자 시설은 협소한 개인 공간으로 구성되어 있었고, 철저한 감시가 가능하도록 조직되었다. 건축적 배치는 장소마다 달랐다. 1655년 독일 프르덴 바하의 계획은 십자가 모양이었고, 18세기 후반 프랑스의 살페트리에르 수용소에는 중앙 광장을 둘러싸고 독방들이 들어서 있었다. 이들과 달리 1810년 글래스고에 세워진 정신병자 수용소는 원형 교도소의 모습으로 건축되었다. 모든 곳은 교도소 같은 감시에 방점을 찍고 있었다. 수용소의 공간 내부 관리는 사회 질서를 반영해 수용자들을 공간적으로 조직하였다. 프랑스혁명의 시대 동안 살페트리에르에서는 "교정 가능"과 "교정 불가"의 양분된 분류체계로 수용자를 격리하여 배치하였고, "백치", "도주자", "내분을 일으키는 자" 등을 위한 특수 공간도 마련되었다. 이처럼 수용소는 의학적 치료 장소이자 사회 정책의 공간이었다.

수용소는 과학적 공간이기도 했다. 19세기 초반까지 정신병자에게는 난방이 제공되지 않았다는 사실을 돌이켜 보자. 이것은 말 그대로 비인

그림 17 1676년 베들레헴(베들렘) 병원의 웅장한 모습. 이와 같은 호사스러운 앞면의 뒤편에는 공포의 경관이 자리 잡고 있었다. 대부분의 수용자들은 감금되어 있었고, 통로는 유흥의 목적으로 방문한 사람들이 안전하고 자유롭게 다닐 수 있도록 설계되었다.

간적인 의학 원칙에 입각해 시행되었다. 인간을 동물로부터 구분하는 핵심 특징인 이성이 정신병자에게는 없다는 것이었고, 그들은 짐승과 같이 추위를 느끼지 못하는 것으로 간주하였다. 동일한 이유로 의료적 통제를 위해 족쇄, 쇠사슬, 재갈, 구속의자 등 구속기구를 정신병자에게 사용하는 것을 "이성적인" 활동으로 여겼다. 중세시대에 감금의 목적은 악귀를 쫓아내는 것이었지만, 17세기에는 정치적 질서를 유지하기 위한 것으로 변하였으며 계몽주의 시대에는 "비이성적인" 것을 교화시키는 수단이 되었기 때문이다. 어떤 이유였던 간에 수용소는 과학적, 정신적 치료의 장소였다. 1676년 영국에 지어졌던 악명 높은 베들레헴(베들렘) 병원처럼 호화로운 외형의 내부에는 공포의 경관이 존재하였다(그림 17). 어떤 기관에서는 구금을 대체하여 "충격요법"이 선호되기도 하였다. 18세기 중반 조지 3세의 치료로 유명세를 떨쳤던 프랜시스 윌리스는 눈을 통제하는 최면술로 정신병자를 치료할 수 있다고 호언장담하였다. 여기에서는 프랑스, 독일, 이탈리아 등과 마찬가지로 권위를 동반한 정신적 훈련이 시행되었다. 바른 행동은 호의로 보상했고, 징벌의 공포를 주입시켰으며, 환자를 온화한 방식으로 망상에서 벗어나게 하고자 하였다. 이처럼 치료는 감정과 지적인 기능에 동시적으로 작용하였다.

수용소는 감시와 과학적 치료의 공간이었지만, 최소한 18세기 후반까지는 공적인 유흥의 장소 역할도 수행했다. 일상적으로 베들렘이라고 불리는 곳에서 관람객은 페니 한 냥을 지불하고 유희의 목적으로 병동을 돌아다닐 수 있었다. 때로는 활동 스포츠 관람의 형식을 갖추고 있기도 하였다. 예를 들어, 1753년의 한 목격자는 방문객들이 수용자들로 하여금 "미쳐 날뛰도록" 자극했다고 전하였다. 그러면 수용자들은 사슬 소리를 내고, 문을 망치로 두드리거나 분노, 불만, 동정 등의 표현으로 비명소리를 질렀고 수용소는 아수라장으로 변했다. 이와 같은 혼돈의 상황으로 인해 제정신의 방문객은 수용소가 비이성적인 "타자"들의 공간이라는 것을 더욱 확신하게 되었다. 이처럼 수용소는 서커스장의 모습도 가지고 있었다. 위대한 "이성의 도시"였던 계몽주의시대 에든버러에서는 정신병자 수용소가 도시의 남서부 외곽 지역에 클러스터로 형성되어 있었다. 자선단체의 빈민수용 시설을 포함하고 있었던 그 시설은 지식층으로 가득 찬 고귀한 도시로부터 제거되었던 것이다. 이처럼 비이성적이라고 여겨졌던 사람들을 사회적으로 배제하고 지리적으로 고립시키는 것은 이성의 시대를 성립시키는 데 결정적인 역할을 하였

그림 18 터스컬루사에 위치한 주립 정신병자 수용소. 광대한 초원 한가운데 위치한 수용소의 모습은 존 코널리의 원칙을 반영한다. 그는 기분을 좋게 하는 외부 환경을 정신, 심리 치료의 중요한 부분으로 여겼다.

다. 바꾸어 말하자면, 계몽된 사고는 미개의 공간들을 창출하였고 이들은 사회의 바깥으로 내몰렸다.

19세기에 이르러 지옥과도 같은 연상 작용을 일으켰던 정신병원은 다른 이미지로 대체되었다. 학대가 남아 있기는 하였지만, 존 코널리와 윌리엄 브라운 같은 정신과 의사는 정신병원을 사회 진보적 기관으로 선전하였다. 넓혀지고 통풍시설을 갖추게 된 병원의 내부는 화랑과 음악당이 어울릴 수 있도록 우아하게 꾸며졌다. 외부적으로는 높은 곳에 위치하며 넓은 산책로가 있는 우아한 정원에 둘러싸여 있었다(그림 18). 내부 디자인만큼이나 외형 지리도 중요하다고 생각되었다. 《정신과학의 수용소 저널》은 정신의학계의 전문화 및 자정화 노력의 일환으로

19세기 중반에 창간되었는데, 이곳에 빈번히 실렸던 논평들을 살펴보자. 정신과 의사가 "정신 이상자"를 치료해야 한다고 강력히 주장하면서 그런 사람들에 대한 의학적 치료와 정신적 치료를 종합하고자 하였다. 이와 같은 "의학-정신 담론"의 맥락에서 넓은 마당과 정원은 환자들의 혼란스러운 감정을 제거할 수 있는 수단으로 여겨졌고, 이를 위해 농촌의 환경이 선호되었다. 반(反)도시적 수사가 지배적이었던 이유는 도시가 의학-정신 수양에 부적절한 것으로 여겨졌기 때문이다. 고요함과 평온함은 수용소 내부에서 추구하던 정신적 상태였으며, 그렇기 때문에 자연 경관이 처방의 수단으로 사용되었다. 이러한 환경을 추구하는 데 있어서 담당 행정관은 토양과 암석의 형태부터 수분 공급과 기후 상태에 이르기까지 의학과 정신상태 용어를 토대로 이러한 요소들을 평가하였다. 1856년 《정신과학의 수용소 저널》의 투고자 한 명은 "척박하고, 차가우며, 단단한 토양은 결코 정신병자 수용소에 적합하지 못하다"고 주장한 바가 있다. 다시 말해, 수용소의 지리적 위치는 공간의 배치만큼이나 정신 건강 회복에 중요한 영향을 주는 것으로 받아들여졌다. 노팅엄의 카피스 정신병원 관리자는 자연 경관은 "상상적인 불만"과 "우울하고 괴로운 생각"을 해소하는 데 도움이 된다고 주장하였다. 여기에서 다시 한 번 의학 지식은 내부의 심리학과 외부의 지리학 사이의 연결성을 가정하는 보다 넓은 도덕적 질서에 위치하였다. 도덕적 판단, 심리적 상태, 의학적 치료가 복잡하게 얽혀 있었던 것이다.

6. 과학 지식으로서의 신체

치료의 공간들은 병원이나 수용소 같은 건축물에 한정되지 않는다. 신체도 과학적 진단의 장소이다. 예를 들어, 에드워드 제너는 우두(牛痘)에 노출된 낙농인이 천연두에 면역을 가진다는 사실을 발견하였고, 1796년 천연두 예방을 위해 사람들을 일부러 우두에 감염시켰다. 동물의 몸 또한 과학 지식의 공간이다. 1억만 마리의 동물이 매년 과학 실험에 사용된다고 알려져 있다. 실험실, 야외, 우주선 등에서 동물은 약리학, 화장품, 의료 상품과 기기를 테스트하기 위해 사용된다. 토끼는 독물학(毒物學) 실험에, 붉은 털 원숭이는 수술 실험에, 쥐는 소아마비 연구에, 말은 폐기종 연구에 이용된다. 가장 대단한 것으로 보이는 것은 초파리인데, 20세기 전반기 동안 컬럼비아대학에서 실험유전학의 발전을 위해 초파리가 집중적으로 사용되었다.

기본적인 수준에서 신체는 과학적 노력의 공간이라고 말할 수 있다. 많은 곳에서 신체는 실험 연구의 대상이었다. 때로는 무시무시하고 비밀스러운 곳에서, 어떤 때에는 치료를 위해 공개된 장소에서 이러한 일이 수행되었다. 신체 공간은 여러 가지 방법에서 주목해 볼 만하다. 과학적 지식은 보통 육체의 형상이 없는 영적이며 선험적인 것으로 여겨졌다. 그러나 앞으로 살필 것처럼 과학은 근본적으로 체화된 것이기에 과학 지식과 실천의 지리학에서 가장 국지적인 스케일로서의 신체에 주목할 필요가 있다.

앞 절에서 병원을 진단의 공간으로 고찰했기 때문에, 이 주제의 연장선상에서 신체를 의학 실험의 장소로 생각해 보자. 의학에서 임상실험은 항상 사회적 공간에서 실행되었고, 이런 점 때문에 수행되는 실천에는 항상 의미가 부여된다. 여성에게 행해진 복용 피임약 테스트를 예로 살펴보자. 실험의 결과가 "여성 신체"에 영향을 미치는 약효로 제시되었던 것 이외에도, 여성의 신체가 과학의 장소로 결정되었던 맥락이 있었고, 이는 연구 프로젝트 자체의 성격에 상당한 영향을 주었다. 최초의 실험은 1950년대 초반에 임신을 유도할 목적으로 불임 여성을 대상으로 실행되었다. 그러나 프로게스테론이 배란을 억제한다는 사실을 발견하면서 피임약에 대한 대규모의 임상실험이 진행되었다. 2차 세계대전 이후까지 자식 없는 부부는 바람직한 것으로 여기지 않았던 당시 상황 때문에 이 프로젝트가 가능하였다. 그 후 10년 동안 많은 것이 변했고, 수백만 명의 여성들은 복용 피임약을 근대 세계에서 가족계획의 수단으로 받아들여왔다. 하지만 1955년 또 다른 예비 연구의 대상이 되었던 푸에르토리코 여성들의 상황은 확연히 달랐다. 푸에르토리코는 미국의 식민지 인구 정책을 이미 오랫동안 경험했었고, 1950년대 미국의 여러 주에서 피임약의 사용은 불법이었다. 하지만 당시 미국에서는 푸에르토리코가 공산화될 수 있다는 불안함이 팽배해 있었고, 이러한 상황은 푸에르토리코를 실험의 이상적인 공간으로 만들었다. 왜냐하면 피임약은 세계지배를 위한 인종주의적 투쟁에서 필수적 무기로 여겨졌고, 당시 세계는 인구라는 시한폭탄을 지니고 있는 것으로 상상되었기 때문이다. 그리하여 생물학적 다산을 유발할 수 있는 여성의 신체는 생태학적 위기를 이끌 수 있는 것으로 간주되어 과학의 개입 장소로 여겨졌으며, 때에 따라서 문화적 마찰의 공간이 되기도 하였다.

인간의 신체는 훨씬 더 무시무시한 상황에서도 과학의 공간이었다. 민족위생학(racial hygiene)이란 완곡한 용어로 알려진 나치 독일의 기괴한 의학 실험을 돌이켜 보자. 인종혐오의 생물학 정치로 길들여진 문화에서 사람들은 "살 만한 가치가 없는 생명"이 존재한다는 관념에 사로잡혀 있었다. 노소(老少)를 가리지 않았던 지체 장애인의 안락사는 여러 민족 집단을 제거하려는 캠페인과 아주 잘 들어맞았다. 이와 같이 이미 존재하고 있었던 사회 정책의 연장선상에서 1940년대 다하우, 아우슈비츠, 부헨발트, 작센하우젠의 강제수용소에서 악명 높은 생체 실험들이 "나치 과학"의 이름으로 자행되었다. 이 타락한 공간들에서는 과학 지식의 생산을 구실로 희생자들에게 해수 섭취, 수족 이식, 극한 기온 인내 등의 소름끼치는 실험을 감행하였다. 얼음물에서 인간은 얼마나 생존할 수 있는가? 박테리아가 신체에 어떤 영향을 주는가? 새로 개발된 백신이 열병에 얼마나 효과적인가? 극도의 저기압에서 남성이 사망하는 데 얼마의 시간이 걸리는가? 병에 감염시킨 여성을 신약으로 치료하면 무슨 일이 발생할까? 이러한 질문들에 답하기 위하여 부헨발트에서만 실험으로 8,000여 명의 러시아인이 목숨을 잃었다. 이곳에서는 도덕적 암흑을 대가로 과학적 지식을 얻었던 것이다.

의학 실험의 맥락에서만 신체가 과학 탐구의 장소가 되었던 것은 아니었다. 프러시아 지리학자이자 과학 여행자 훔볼트가 1799~1804년 기간에 남아메리카 탐험을 하는 동안 자신의 신체를 연구 도구로 사용하였다. 확실히 그가 상당수의 표준 연구 기구들(크로노미터, 육분의, 복각계, 나침반, 기압계, 온도계, 우량계, 항공형 모터, 경위의, 색지움 망원경, 하늘의 푸름을 측정하기 위한 시안계 등)을 가져간 것은 사실이지만, 이러한 기구를 통한 계측이란 인간 감각기관의 범위를 확장하기 위하여 생겨난 것일 뿐이다. 17세기 윤리학자이자 도덕 철학자인 존 로크는 천사들을 현미경의 눈을 가진 축복받은 존재로 생각하였다. 그리고 다른 동시대의 사람들은 성경에 나오는 아담은 타락 이전의 시대에 살면서 안경이 필요하지 않았을 것이라고 말하였다. 역으로, 이는 시력을 돕는 광학 기구가 타락한 인류의 감각적 약점을 극복하게 하고, 자연 철학자에게 에덴에서와 같은 능력을 부여했다는 것을 의미한다. 로버트 훅은 그의 1665년 저서 『마이크로그라피아』에서 관찰자들이 도구를 사용하면 타락 이전 아담의 능력에 가까워질 수 있다고 주장하였다. 이와 같이 기구의 사용에서도 과학은 근본적으로 체화된 수행임을 알 수 있다.

훔볼트도 탐험지의 환경에 대한 지식을 얻기 위해 자기 신체의 신뢰성에 의존할 수밖에 없었다. 그는 피와 혈청의 분비에서 전류의 효과를 확인할 목적으로 자신의 몸에 (구체적으로 실험을 위해 고의로 등에 발생시킨 물집에) 전극을 가하였다. 이런 식으로 훔볼트는 자신의 신체를 도구로 활용하였다. 비록 만족스럽지 못한 결과를 얻었지만, 그는 이에 실망하지 않고 이를 뽑은 후에 생기는 구강의 빈 곳에 동일한 실험을 반복하였다. 그리고 남아메리카에서는 그의 동료 에메 봉플랑과 함께 자신의 신체를 가상의 라이덴 병처럼 사용하여 전기뱀장어의 방전을 실험하였지만, 이것 역시 결과는 좋지 않았다. 훔볼트와 봉플랑은 1802년 침보라소 산을 오르며 몸의 변화를 토대로 다양한 환경 조건을 (어지러움, 눈의 충혈, 호흡곤란, 입술 출혈 등) 기록하였다. 그러나 이것은 정확히 예상할 수 있는 것이었다. 왜냐하면 훔볼트 자신이 나중에 반추하였듯이, 신체는 대기 중 희소반응을 측정하는 "계량기의 일종"이었기 때문이다. 기압계의 기록은 그들이 이미 신체의 반응으로 경험한 사실을 재확인시켜 주었던 것에 불과하였다. 훔볼트에게 이 모든 것은 인생을 바꿔놓는 경험이었다. 과학 여행자로서 엄청난 평판을 쌓을 수 있었기 때문이다. 그러나 그가 평생 신체적으로 감내해야 하는 부분도 있었는데, 여행 후 훔볼트는 자신의 집 온도를 열대기후 수준으로 유지해야만 했기 때문이다. 열대지방이 그에게 미친 영향에 비하면 훔볼트가 열대 지방에 미친 영향은 아무것도 아니었다.

훔볼트 이외에도 신체를 라이덴병(축전기)처럼 사용했던 사람이 있었다. 18세기 전기 실험자들은 자신들의 몸을 자유롭게 도구처럼 사용했고, 때로는 타인의 신체도 동원하였다. 예를 들어, 1730년대에 프랑스 왕립정원의 관리관이었던 샤를 뒤페는 감전된 신체가 얇은 금속박(箔)을 끌어당긴다는 사실을 보여 주기 위해 자신의 몸을 명주실에 매달았다. 이는 동일한 실험을 위해 학생을 고용했던 한 영국인보다 더 나아간 행동이었다. 이들 이외에도 자신의 몸을 사용하여 가스의 환각작용, 태양광의 눈부심, 전기를 이용한 근육 자극 등의 실험을 수행한 사람들이 있었다. 하나의 유명한 사례로 17세기 왕립학회 연구원들이 양의 피를 케임브리지의 대학원생 혈관에 수혈한 일례가 있었다.

자신의 몸으로 실험하는 것은 종종 과학적 확증을 위한 결정적인 단계에서 이루어졌다. 그러한 경험은 말 그대로 직접적 입증을 위한 것이었다. 그러나 "실제 증거(the body of evidence)"로 호소하는 것은 보다 넓은 영역에서 검증의 문화와도 관련된다. 우선, 극적 환상의 시대에서 과학의 공공 시연은 허위와 속임수란 비판을 피하는 훌륭한 방법이었다. 그런데 모든 사람의 신체와 생각이 진리 판단에 적합한 것으로는 여겨지지 않았다. 단지 상류층만이 냉정한 이성으로 제어하기 어려운 신체를 다룰 수 있다고 간주되었다. 반면, 비천한 사람들은 우화적인 것을 좋아하고 진실성에는 관심이 없기 때문에 증인으로 믿기에 곤란하다고 생각되었다. 즉, 신체적 증거는 사회지리의 영향을 받았다는 것을 의미한다. 18세기 중반 프랑스 전기학자 놀레의 경우 "어린이, 하인, 하위 계층 사람 누구든" 실험의 영역으로 간주하지 않았다. "학습의 공화국"으로부터 거부당한 사람들의 신체는 신뢰받지 못했다. 자명한 증거는 언제나 사회적 산물이었고, 지식의 정당화를 위해 감각을 직접적으로 사용해야 한다는 것은 수사적 표현에 불과하였다. "직접 경험"으로 통용되었던 것은 실제로는 협상의 결과였으며, 믿을 만한 증인이 누구인지, 신뢰할 만한 보고서를 쓸 사람은 누구인지를 따질 때 사회적 지위가 중요하게 고려되었다.

멩겔레의 역겨운 실험, 훔볼트와 열대 세계 간의 체화된 조우, 18세기 신체에 행해진 전기 자극 실험은 서로 다른 윤리적 공간에서 진행되었지만, 신체가 실험의 현장이었다는 점에서 과학 지식은 신체적 형식을 취하고 있다는 점을 확인할 수 있다. 조금 더 생각해 보면, 훨씬 더 근본적인 수준에서 과학적 이성도 체화되었다는 것을 알 수 있다. 전통적으로 이성은 형상이 없고, 육체로부터 이탈하였으며, 선험적인 것으로 간주되었다. 사고의 과정과 사상의 결과는 순수하게 이성적인 작업으로 여겨졌고, 사상은 혼란스러운 물질세계를 초월하여 존재하는 것으로 보여졌다. 이러한 방식으로 앎은 삶을 떠나갔고, 두뇌작업은 육체노동과 분리되었으며, 정신은 신체에서 잘려나갔다. 그러나 몇 가지를 고찰해 보면 체화된 삶과 탈체화된 지식 사이의 구분은 쉽지 않은 것이 된다. 이렇게 파열을 일으키는 세 가지 이슈인 절제, 성, 위치적 상황을 간략하게 살펴보자. 모든 것은 불가피하게 체화될 수밖에 없는 지식 창출의 성격을 드러낸다.

아주 오래전에는 육체적 훈련과 지식 역량 사이에 긴밀한 연관성이 있는 것으로 믿어졌다. 두뇌와 복부, 정신과 위는 오늘날처럼 분리되어 있지 않았으며, 고대 세계와 중세의 크리스트교 전통에서 자기 절제는 진정한 지식 추구의 선결조건으로 여겨졌다. 신약성서에서 예수가 명상을 위해 금식하며 황야의 자연으로 떠났던 일화처럼, 금욕과 지혜는 같이 진행되는 것으로 믿어졌다. 통찰과 탐욕, 학문과 호색(好色)은 양립 불가한 것이었으며 육체의 정복과 절제된 소비는 깨달음의 선결조건이었다. 이러한 연상 작용을 자극한 것에는 통제되지 않는 성욕에 대한 두려움이 있었다. 과도한 욕구의 추구가 정신적 혼란을 초래할 수도 있다고 보았기 때문이다. 그래서 절제는 신성한 동시에 지적인 덕목으로 추앙되었다. 건강한 영혼과 명석한 지성은 육체적 절제를 필요로 했다는 의미이다. 그러나 여기에는 두 가지 아이러니가 나타난다. 첫째, 육체 이탈된 지식의 이상은 육체적 욕구의 엄격한 관리를 통해서만 이루어질 수 있었다. 이는 결국 신체에 집착해야 신체로부터 벗어날 수 있었다는 것을 의미한다. 둘째, 육체 이탈의 진리를 추구하는 종교는 진리가 육신의 형식으로 나타난다는 관념에 사로잡혀 있기도 했었다. 예수 그리스도를 생각해 보자. 그는 인간의 몸을 가진 신의 모습으로 세상에 나타났는데, 이는 진리가 육체화된 것을 의미하기도 했다. 그리고 참된 지식은 육체 이탈로 가능하다는 점을 입증하려면 철학자에게 절제된 소비라는 엄격한 육체적 훈련이 필요하였는데, 이는 참으로 아이러니한 상황이 아닐 수 없었다.

자연철학 왕국의 영토에서는 절제되지 못한 신체가 금지되었고, 이런 타자화는 여성의 신체에 대해서도 마찬가지였다. 과학적 지식추구의 유체이탈적 성격에 대한 수사에도 불구하고, 오랫동안 여성의 몸은 지식과 과학의 추구에 부적합하다고 "이해"되었다. 과학의 공간은 대체로 남성의 공간이었다. 여성이 과학에 참여하지 않았다는 말이 아니다. 근대 초기의 유럽에서는 귀족 태생이거나 뛰어난 역량의 여성에 대해서는 과학계에 들어오는 것이 허락되었다. 하지만 전반적으로 육체성을 이유로 여성은 자연철학의 영역에서 배제되었다. 토양, 공기, 불, 물의 네 가지 요소로 인간의 신체가 구성되었다는 고대의 관념에서 여성은 불의 요소가 부족하다고 여겨졌기 때문에 열등한 존재로 인식되었다. 한참 후 18세기에 이르러 여성의 해골은 불완전하고 뒤틀려 있다는 억측이 있었고, 두개골 모양으로 열등한 여성의 지성을 증명하려는 시도도 있었다. 진화론이 유행하기 시작했을 때에는 여성의 신체가 부진한 발달 상태에 있다고 주장했던 이들도 있었다. 그리고 이와 유사한 해부학적 담론이 유럽 밖의 사람들을 배제할 때에도 사용되었다.

이런 종류의 억측은 과학을 백인 남성의 영역으로 유지시키기 위하여 동원된 것이다. 흄, 칸트, 헤겔처럼 칭송받던 18~19세기 철학자들도 이러한 관점을 지지하고 있었다. 흄은 열대지방 사람들이 "인간 정신에서 높은 수준의 성취를 얻을 만한 능력이 없다"고 주장했고, 칸트는 동일한 지역 사람들을 심각하게 무기력한 인간으로 경시하였으며, 헤겔은 아프리카 사람들이 "감각적인 존재 그 이상으로 진보하지 못하였다"고 말했다. 여성의 배제와 관련해서는 영국의 천문학자이자 과학 철학자인 윌리엄 휴얼이 1834년 출간한 서적에서 "과학자"는(여성 과학자 메리 소머빌의 업적을 평가하면서도) "단 하나의 성을 염두"에 두고 만들어진 용어임을 논의한 바 있다. 40년 후 런던대학의 법의학 교수로 정신 진화론의 핵심 옹호자였던 헨리 모즐리는 그와 같은 입장의 폭넓은 함의를 "정신 속의 성(性)과 교육"이란 제목의 논문에서 밝혔다. 당시 빅토리아 시대의 과학자들은 지속적으로 "여성의 문제"를 논하였다. 다윈은 1871년 『인간의 유래와 성의 선택』에서 "남성이 여성에 비해 육체적으로나 정신적으로 훨씬 더 강력하다"고 서술하였다. 몇 해 전에 토마스 헉슬리도 "새로운 여성-숭배"에 대한 불편함을 표현하며, "여섯 명의 여성 중 다섯은… 진화가 인형 수준의 단계에서 멈추었다"라고 주장하였다. 조지 존 로메인즈는 심지어 남성과 여성은 심리학적으로 다른 종(種)에 속한다고 언급하였다. 그리고 수많은 이들은 여성의 아이 같음, "발달하지 못한 인간"으로서의 여성 등, 심각한 수준의 성차별 발언을 쏟아냈다. 19세기 말과 20세기 초 사이의 미국 철학자 스탠리 홀은 여성에 대한 교육이 모성애를 중심으로 이루어져야 한다고 주장하였다. 이의 연장선상에서 미국의 에드워드 클락은 그의 1873년 저서 『교육에서 성(性)』에서 여대생을 "미숙한 난소"의 값을 치르고 교육을 받는 "남성적인 처녀"로 언급하였다. 당시의 저자들은 생리학적 분업을 정당화하기 위해 생물학적 지식을 활용하려는 경향이 있었다. 그리고 이에 못지않게 흔했던 것은 여성 여행자의 신체와 정신에 영향을 미치는 열대성 기후에 대한 의료경고였다. 현장 과학에 몰두하거나 교육에 대한 열망을 가진 여성은 자신의 신체와 아이에게 위험을 초래하는 것으로 간주되었고, 퇴행적 진화를 유발하여 인종을 위협하는 존재로 여겨지기도 했다.

여성의 신체는 오랫동안 과학적 앎에 적절하지 않은 장소로 여겨졌다. 단지 특정 신체, 즉 백인 남성만이 육체 이탈의 지식을 창출할 수 있는 역량을 지닌다고 믿었다. "육체 이탈 지식"은 다른 성 간의 정신적 차이가 생물학적으로 결정된다는 관념까지 포함한다! 여성은 과학에서 배제되었을 뿐만 아니라 과학의 희생자이기도 했던 것이다. 이런 상태는 상당히 오랫동안 지속되었고, 지리학이라는 과학에서도 마찬가지였다. 영국에서는 1945년이 되어서야 여성의 왕립학회 가입이 허락되었고, 프랑스 과학 아카데미에서는 30년 후인 1979년이 되어서야 가능한 일이었다.

지식 획득의 선결조건으로서 엄격한 자기수양, 여성의 신체를 과학의 영역 밖으로 몰아내 배제시키는 것 등의 사실들은, 역으로 과학적인 지식에는 육체성이 있다는 것을 드러낸다. 과학 도구들이 섬세하고 정확한 방식으로 세상에 대한 인간의 "감각"을 돕는다면, 도구는 감각기관의 연장으로 이해할 수 있다. 20세기 화학자이자 철학자인 마이클 폴라니는 그와 같은 과학의 도구성에 대한 논의를 확고히 하며, 도구를 사용하는 것은 우리가 감각을 확대시키는 것이라 주장했다. 어떤 방식으로든 신체는 세계를 접하는 "기본 도구"의 역할을 한다. 1959년 저서에서 폴라니는 "도구를 신체에 동화시킬 때마다… 우리의 정체성은 변화를 경험하고, 우리 인간은 새로운 형식의 존재"가 된다고 하였다. 결국, "모든 정신적 성취에서 우리는 궁극적으로 신체라는 기계에 의존한다." 그리고 체화될 수밖에 없는 지식의 과정에서 추론할 수 있는 것이 몇 가지 더 있다. 신체가 공간에 위치하는 것이 명백하다면, 과학 지식은 위치를 가진 지식일 수밖에 없고, 이성은 언제나 상황적 이성이며, 탐구는 항상 국지적으로 수행된다는 것이다. 인간 신체의 특성, 그리고 활용되는 도구 때문에 인간이 생산하는 지식은 불가피하게 부분적이며, 그것은 언제나 특정 위치에서 바라보는 관점으로 구성된다. 그래서 과학은 인간의 특수성을 초월하는 것이 아니라 인종, 젠더, 계층 등 여러 가지 형식으로 인간의 특수성을 드러낸다. 여성의 무력함에 대한 빅토리아 시대 생물학자들의 판단은 그와 같은 주장의 논거가 된다. 신체는 과학의 장소이기 때문에 과학적 이해는 언제나 어딘가에서 보아지는 관점이며, 그것은 항상 지역적 지식이다. 결국 실험실, 박물관, 식물원, 야외 현장, 병원 등 어떤 곳에서 과학이 수행되든지 간에 육체의 특성을 드러내는 연구자가 이러한 공간을 차지할 수밖에 없게 된다.

7. 기타 공간들

지금까지 살펴보았던 장소들은 과학 지식을 창출하는 모든 현장을 포괄하지 못한다. 연구실, 박물관, 병원 등이 과학적 노력의 경관에서 눈에 띄는 랜드마크인 것은 분명하지만, 다른 곳들도 분명히 중요하다. 대성당을 예로 들어 보자. 중세시대 교회에서는 매년 부활절 날짜를 정했는데, 이것은 이론적으로는 아주 쉬운 일이었다. 그것은 춘분 이후 첫 번째 보름 다음의 일요일이었다. 그러나 실제에서는 아주 어려운 일이었다. 태양이 춘분점으로 돌아오는 때가 계산에서 가장 중요한 것이었기 때문이다. 어두운 빌딩에서 남북의 중선을 그린 다음 빌딩의 높은 곳의 구멍에서 나오는 빛으로 매일매일 태양의 정오 지점의 위치를 관찰하여 정하는 방식이 주로 사용되었다. 중세 시대부터 18세기까지 대성당은 이러한 목적으로 사용되었다. 그리하여 대성당은 천문학 관찰과 관계된 수학적 계산의 중요한 장소였다고 할 수 있다. 교황령 중심의 가장 오래된 대성당 관측소에서 계산이 이루어졌는데, 천체가 온전한 원의 형태로 이동한다는 가정과 같은 교조(敎條)적 표준 때문에 정확성에 대한 의문이 제기될 수밖에 없었다.

다른 과학 탐구의 장소는 그보다 훨씬 덜 안정된 곳이었다. 항해 과학 탐사에서 사용된 선박을 생각해 보자. 그것들은 (라 페루스의 아스트롤라베호, 쿡의 인데버호, 다윈의 비글호, 헉슬리의 래틀스네이크호, 위빌 톰슨의 챌린저호 등은) 과학의 연보에서 거의 신화와 같은 지위를 얻었다. 이 선박들은 과학 장비를 수송했을 뿐 아니라, 선박 자체도 과학 장비였다. 제임스 쿡의 뉴질랜드 항해를 예로 들 수 있는데, 이 배에는 식물학 장비가 적재되었고 예술가와 프렌치 호른 연주자까지 탑승하고 있었다. 쿡은 인데버호의 측지 위치를 추적하여 뉴질랜드의 해안 윤곽을 추론할 수 있었다. 이러한 방식으로 선박이 정박하지 않고도 해안선의 윤곽을 그릴 수 있는 하나의 탐사 장비가 되었다. 쿡이 항행(航行) 경로 계획에 사용한 계산 덕분에 그의 배가 남긴 해안선의 지도를 볼 수 있었다. 이러한 탐사 장비로서의 역량 때문에 배도 중요한 과학의 장소로 여길 수 있었다.

텐트 또한 이동하는 과학 탐구의 장소로 생각해 볼 수 있다. 일시적 연구소의 기능을 하며 텐트는 실험실과 야외현장 사이의 틈을 매워 준다. 그곳은 다른 역할도 수행하였는데, 인류학에서는 "캔버스 천 아래"를 경험하는 것이 전문가의 지위를 수여받는 통과의례와도 같았고 민족지 연구에서 권위를 높이는 것이기도 했다. 그리고 20세기 중반 로데시아(짐바브웨)에서 인류학자들은 텐트에 거주하며 식민지 관료와 정부 조사원들이 누리던 지위를 얻었다. 즉, 정치와 과학에서의 권위는 서로 영향을 주고받으며 강화된다. 그러나 이러한 관계는 장기적으로 역효과를 낳을 수도 있다. 민족주의가 등장하면서 인류학자는 정부의 스파이일 수도 있다는 의심을 샀고, 탈식민화 과정에 적합한 새로운 현장연구 기술이 만들어지기 시작했다. 텐트는 식민지 관료와 같이 연상되었기 때문에 정부로부터 거리를 두고 싶었던 인류학자들은 트레일러와 캠핑 자동차를 사용하기 시작하였다. 왜냐하면 이러한 것들이 정치적으로 중립적인 것처럼 보였기 때문이다.

배와 텐트는 과학 수행에서 엘리트 공간을 형성하였다. 전문 측량사나 민족지 연구자가 그곳에 일시적으로 머물렀기 때문이다. 궁정과 같은 엘리트 현장에서는 전문성보다 귀족의 계급성이 더 중요하였다. 16세기 후반 귀족 앞에서 펼쳐진 코페르니쿠스 이론에 대한 갈릴레오의 연기를 예로 들 수 있다. 이 사건은 근대 이탈리아 초기의 궁중 문화에서 수용되는 의사소통 방식으로 진행되었다. 궁중은 표현의 공간이었지만 기사도에 맞는 규정이 적용되었고, 이 때문에 갈릴레오는 자신의 의견을 표명하는 것의 한계에 봉착하였다. 그리고 궁중은 자연의 질서에 대한 것이 극적으로 상연되는 수행의 공간이기도 하였다. 17세기 전반 영국 궁정의 가장 무도회는 대영제국의 단결을 선언하는 도구로 사용되었다. 이런 종류의 정치적 연출법은 일반적으로 절대군주 권위에 따른 민족의 정체성을 보장하기 위해 지리적 요인에 의존하였다. 그래서 궁정에서는 나무, 산, 고대유물 등의 자연 지식이 동원되었고, 이는 정치 질서를 정당화하기 위한 것이었다.

엘리트 공간이 과학에 대한 배타적 독점권을 행사하는 것은 아니었다. 여러 형태의 공공 공간도 과학 지식의 생산과 확산에 중요한 역할을 수행하였다. 비록 이러한 공간이 학자들의 눈에는 잘 띄지 않았을지라도 일반 시민의 영역에서는 과학에 대한 대중화의 현장이었다. 철학적인 젠틀맨 계층과 겉으로만 그럴듯해 보이는 거장 사이의 경계를 그리는 것은 생각보다 쉽지 않다. 우선, (화학자 험프리 다비, 전자기학의 선구자 마이클 패러데이, 석수(石手)-지질학자 휴 밀러, 다윈의 “불도그”라 불린 헉슬리 등) 18~19세기 “대중화시키는 사람” 중 다수는 진지한 실험가이기도 하였다. 그러므로 엄격하게 구분하려고 하는 시도는 부적절할 수 있다. 보다 중요한 것은 현재에는 공공 공간 같아 보이지 않는 곳에서도 과학이 등장하여, 귀족 후견인이나 전문직 엘리트와는 완전히 다른 계층과 연결되었다는 점이다. 커피하우스와 여인숙을 예로 들어보자. 두 공간 모두 공공의 영역과 연결되어 있지만, 각각의 사회적 속성은 다르다.

커피하우스는 강연장, 살롱과 같이 "공공권역(public sphere)"을 만드는 중요한 장소였다. 공공권역은 사회적 상호활동으로 이성적 대화가 등장하고 정보의 교류가 이루어지는 영역을 말한다. 18세기 커피하우스는 부르주아 계층의 교류로 상업 자본주의가 발생한 장소였으나, 신문을 주요 매개체로 하여 이성의 공적 사용이 가능했던 공간이기도 하였다. 이러한 공간은 정치 기관과도 같았다. 또한 이곳은 왕정복고 시대의 과학이 전파되는 장소이기도 하였는데 예를 들어, 런던 커피하우스는 과학 강연과 실험 시연들을 유치하였고, 그런 가운데 이곳에서 기업가들과 그레셤대학 및 왕립학회 자연 철학자 간의 관계가 맺어지기도 하였다. 17세기 실험가 로버트 훅은 런던 커피하우스를 일상적으로 방문하였고, 그곳에서 로버트 보일, 헨리 올덴부르크, 다른 왕립학회 저명인사와 과학 토론에 참여할 수 있었다. 1680년대 플리머스의 커피하우스 한곳은 뇌손상의 치료 가능성 여부에 대한 토론을 후원하였다. 이와 같은 활동들에 견주어 커피하우스를 시민 아카데미(citizen's academy)로 불렀던 것은 그다지 놀라운 일이 아니었다. 당시의 시민 아카데미는 계급구분을 허물고 유용한 지식을 전파하였던 대중사회의 대학을 의미하였다. 이런 이유들 때문에 커피하우스는 전통과 절대군주에 적대적인 사람들의 집합소라는 의심을 사기도 하였다. 당시 어떤 논평에서는 커피하우스를 짐꾼이 정치인으로 변하는 세련된 선동의 온상으로 그리기도 했다. 그리고 조지 슈타이너는 커피하우스를 "담론, 공통된 여가, 의견의 차이" 등이 교류되는 "매우 독특한 역사의 공간"으로 묘사하였다.

이와 다르게 여인숙에서는 완벽하게 다른 사회적 분위기가 연출되었다. 우선, 커피하우스는 여성의 출입이 허용되었고, 여성적 분위기에 이끌린 고객들이 대부분인 곳이었던 반면, 여인숙은 닭싸움 같은 전통 스포츠가 열리는 공간이었다. 이렇게 두 종류의 공공공간은 시작부터 명확한 문화적 차이를 지니고 있었고, 시간이 지남에 따라 차이는 훨씬 더 커져갔다. 영국에서 마을 여인숙은 모든 계층의 사람들이 모여 음식을 섭취하고 술을 즐기는 곳이었는데, 1830년과 1850년 사이 약 20년 동안 전적으로 노동자 계층의 공간이 되어갔다. 그리고 이것이 초기 빅토리아 시대 잉글랜드에서 장인들의 식물학이 수행되었던 가장 중요한 환경이었다. 이 장소에서 이루어진 과학은 상당히 독특한 특성을 가지고 있다. 식물학의 장인들은 일요일 아침에 여인숙에 모여 식물학에 관련된 미팅을 가졌고, 이곳에서 지식의 공유, 표본의 교환, 식물학 교재 강독 등의 활동을 하였다. 교류는 대체로 실용적인 성격을 가지고 진행되었기에 꽃장수, 정원사, 약초 장수 등의 사람들에게 도움이 되었으며, 참석자들의 대부분은 린네의 분류학을 꿰찰 정도로 높은 수준의 지식을 지니고 있었다. 이러한 식물 애호가들은 여인숙을 통해서 원예 모임을 만들었고 돈을 모아 관련 도서를 구입하였으며, 여인숙 주인이 원하는 방식으로 식물 표본실을 조성하였다. 이러한 공간에서 취미로 이루어진 과학 공동체는 다른 수집가들과 접촉 및 상호적 자기보상을 통해 형성되었고 높은 수준의 전문성까지 보유하게 되었다. 그리하여 큐 왕립식물원의 후커와 같은 젠틀맨 계층 사람들도 표본과 기능을 획득하기 위해 이 공동체들을 찾기도 하였다. 이처럼 여인숙에서의 과학은 머리와 손, 철학과 장인 사이의 오래된 대립 관계가 도전받는 곳이었다. 이곳을 통해서 엘리트 과학 탐구 공간에 접근이 불가했던 일반 이익단체에게도 과학의 담론이 전파되었다. 이러한 관점에서 볼 때, 여인숙은 당시의 지배적인 과학계와 경합했던 문화공간이었다.

과학은 공공권역의 일부였으며 다양한 대중 공간에서 수행되었다는 것을 살펴보았고, 이를 통해 과학 지식이 생산되어 파급되는 공간에 대한 인식이 확장될 필요성이 있음을 확인하였다. 전술한 것보다 리스트를 훨씬 더 많이 늘릴 수도 있다. 도서관, 강연장, 살롱, 유치원, 관측소, 교회, 작업장, 예술가 스튜디오, 정비공 훈련소, 식자(識者)층 공동체, 목장, 조선소, 동물 보호구역 등에서도 과학의 수행과 전파가 이루어지기 때문이다. 이러한 공간들의 공통점은 만들어졌다는 것이다. "자리를 차지하는" 활동, 즉 인간의 실천을 통해서 장소가 형성되었다는 의미이다. 역으로, 장소들은 능동적인 방식으로 해당 공간에 적합한 인간 주체를 생성한다. 따라서 공간은 소멸, 무기력, 정체성으로 성격을 규정지을 수 없다. 그 반대로, 공간은 활기차게 변화하며 유동적이다. 공간은 사건들을 통해 생기를 가지며, 항상 생성의 과정에 있다. 그리고 과학 공간도 예외는 아니다.

* * *

우리가 일상적으로 "과학"이라 부르는 일은 수많은 현장에서 수행되는 여러 가지 활동들을 포함한다. 갖가지 공간에서 서로 다른 방식으로 자연은 경험되고, 사물은 인식되며, 지식에 대한 주장은 평가를 받는다. 지식을 창출하기 위해 동원되는 실천과 절차가 자리를 잡아야만 과학적 탐구가 인간의 활동으로 이해될 수 있다. 과학 지식은 언제나 과학 공간의 산물이다. 이를 부정한다면, 과학은 스스로가 이를 구성하는 부분인 문화로부터 이탈할 수밖에 없다.

지역 :

과학의 문화

글로벌화의 힘이 세계를 균질하게 만들고 있다. 그러나 우리가 살고 있는 지구는 여전히 고도로 차별화된 세계이다. 우리의 세계는 지형적으로, 기후적으로, 정치적으로, 문화적으로, 경제적으로 일련의 지역 모자이크로 나눌 수 있다. 그러나 이 지역들은 지표면상의 공간을 단순히 구획한 조각들이 아니다. 우리가 과학적 실천에 있어서 지역주의(regionalism)의 중요성을 대략적으로 파악하려면, 거의 모든 지도책의 전반부를 장식하고 있는 거대한 자연지역 지도를 적어도 두 가지 측면에서 새롭게 곱씹어 볼 필요가 있다.

첫째, 지역 간 차이는 단순히 물리적 자연의 제 양상으로, 또는 물질문화를 구성하는 관찰가능한 제 요소들로 환원되지 않는다. 모든 장소에는 (이미 1세기 전에 관찰되었던 바와 같이) “저마다 고유의 장소혼(genius loci)이 서려 있고, 시인이야말로 이를 가장 잘 해석할 수 있는 자이다." 모든 지역에는 저마다 고유의 뚜렷한 "지역 심리"가 있다. 이런 공언이 자못 신비스러울 수도 있겠다. 그러나 사상의 전통, 지적 교류의 경로, 언어 유산, 교육적 관행, 문화적 의사소통의 규칙, 종교적 믿음의 형태, 그리고 인간의 의식을 구성하는 다른 수많은 구성요소들이 지역의 정체성을 뚜렷이 생산하고 있다는 점에는 의심의 여지가 없다. 지역은 인류의 문화를 표현하는 매개물이자 사회생활을 형성하는 구성요소이기 때문에, 특정한 사회의 자아감(sense of selfhood)을 형성하는 데 중요한 역할을 한다. 둘째, 우리가 지역이라는 개념을 확장하여 "마음의 지리들"을 포함한다고 해도, 우리는 이들을 고정적이고 정태적인 실체로 간주해서는 안 된다. 지역은 "이미 주어진 것들"에 의해 해석적으로 봉인되어 있지 않다. 오히려 지역이란 그 지역이 당면하고 있는 경계 내부의 힘과 경계 너머의 힘이 야기한 산물이자 결과물로 이해되어야 한다. 경제 변동의 글로벌 동인으로 인해 세계는 불균등 발전과 사회적 다양성을 목격하고 있다. 이처럼 지역은 사회관계가 뒤엉켜진 회로를 통해 구성되며, 이는 상이한 스케일에서 작동하면서 국지적인 장소감, 권력, 그리고 지역 특색을 생산, 재생산한다.

위와 같은 고찰을 통해, 우리는 상이한 지역적 상황들이 과학적 노력의 실행과 내용에 영향을 주는 여러 방식들을 예상해 볼 수 있다. 후원 방식, 교수법 전통, 지식 전파 방식에서부터 의사소통 네트워크, 사회 조직화의 패턴, 신앙심의 표현 등에 이르는 모든 것들이 과학적 조사와 과학 지식의 수용에 대한 국지적 실천에 영향을 끼쳐왔다. 무엇보다도 이러한 지역적 특색은 단순히 과학적 조사의 "외부", 즉 "보편 과학"의 실행을 둘러싸고 있는 단순한 맥락으로 간주되어선 안 된다. 오히려 이와는 정반대로, 지역적 특색은 특정한 지역 환경에서의 과학적 실천과 그에 따라 생산된 과학적 지식에 심오한 영향을 끼쳐 왔다. 자연 연구자들의 설명은 후원자들의 이익을 반영하였으며, 자신들의 신앙심이 허락할 수 있는 범주 내에 국한되었다. 그들이 제시했던 과학 이론은 이데올로기적으로 활용될 수 있는 범위 내로 제한되었으며, 또한 당시의 지배적이었던 지적 문화와 이를 지탱하던 시스템에 의해 형성된 것이었다. 따라서 과학의 지역지리는 과학 지식이 어떻게 구성되는지, 진실에 도달하는 방식 중 어떤 것이 수용 가능한지, 그리고 어떻게 과학적 주장이 정당화되고 안정화되는지에 대해 매우 많은 단서들을 제공해 준다. 따라서 과학적 신빙성이란 자명하거나 확실한 것을 말하는 것이 아니다. 지역의 상황에 따라 과학적 정당성과 신뢰성은 상이한 방식으로 달성되어 왔다. 또한 이와는 별개로, 지역의 전통은 기술적, 이론적 혁신을 촉진하기도 하였고 반대로 가로막기도 하였다. 지역 문화에 따라 과학적 지식이 이해되는 방식은 달랐으며, 이를 사용하는 용도도 지역마다 달랐다. 그리고 특정 과학 이론이나 텍스트가 지니는 의미도 지역마다 달랐다. 결국 과학적 탐구 그 자체는 지역 환경에 따라 상이한 것들을 드러내왔다.

과학은 위와 같은 모든 방식을 통해 (국지적인 것에서 대륙적인 것에 이르는 모든 분석의 스케일에서) 지역적 특수성을 띠어 왔다. 따라서 우리는 "과학"을 특수한 공간-시간적 좌표 위에 위치시켜 이해할 필요가 있다. 송(宋) 왕조 때의 중국의 과학, 아바스 왕조의 칼리프 알 만수르의 후원을 받았던 아랍의 과학, 잭슨 대통령 재임 시의 미국의 과학, 또는 계몽주의 시기 후반기의 프랑스 과학 등에 대해서는 모두 일관성 있는 설명이 가능하다. 이와 마찬가지로 우리가 계몽주의 시기 스코틀랜드의 "에든버러 과학", 영국 빅토리아 시대 초반의 "런던 과학", 또는 미국의 남북전쟁 시기 "찰스턴 과학" 등으로 명명하는 것 또한 매우 신뢰할 만하다.

우리는 앞서 제2장에서 지식을 만들어 낸 몇몇 지점들을 살펴보았다. 이제는 논의를 지역의 수준으로 옮겨 과학 탐구에서 지리적 활동이 어떤 의미가 있는지 살펴볼 것이다. 물론 그렇다고 해서 과학이 뚜렷한 국제적 또는 간지역적(transregional) 특색을 보이지 않았다는 것을 함의하는 것은 아니다. 과학자가 런던, 리마, 리스본 중 어디에 있든 그들이 사용하는 원소주기표는 동일하다. 게다가 노벨상과 같은 문화 상품의 존재 그 자체가 우수함에 대한 어느 정도의 공유된 기준을 제시한다는 것도 분명하다. 그러나 과학의 국제주의(국제화)는 과학이 지닌 어떤 태생적 본질에 따른 불가피한 결과가 아니라 사회적 성취임을 분명히 염두에 두어야 한다. 과학의 국제화는 (그렇게 되어야 했기 때문에 이루어진) 지난 시간 동안 애써 성취해 온 결과이다. 따라서 정치적 경합이 인류 역사의 특징이었음을 고려한다면, 지난 반세기에 걸쳐 냉전과 같은 극단적 대립을 넘어서려는 시도를 통해 조직적 네트워크와 국제적 모임들이 형성되어 온 것은 반드시 그렇게 하지 않으면 안 되었기 때문이다. 이러한 시도는 19세기 동안 지식이 점차 파편화된 것을 막기 위해서 개최되었던 백과사전식 박람회와 학술대회의 연장선상에 있다. 그러나 국제 과학자 신조를 만들고자 했던 노력은 성취라기보다는 열망이라는 것이 증명되었다. 과학적 보편주의를 촉진했던 낙관론은 정치적 경합, 민족적 적대감, 상업적 경쟁, 군사적 이익 등과 같은 현실 정치의 요소 앞에서는 침묵하였기 때문이다.

우리는 이 장에서 과학이 어떻게 지역적으로 표현되었는지에 초점을 둔다. 지역적 요인 또는 지역 내 요인들이 과학 지식의 생산과 소비에 어떤 영향을 끼쳤는지, 과학 지식이 어떻게 지역마다 달리 수용되었는지, 그리고 과학이 어떻게 특정 지역에 조응하여 표현, 전파되었는지 이 장에서 집중적으로 살펴볼 것이다. 이어 제4장에서는 과학이 한 지역에서 다른 지역으로 어떻게 이동하는지, 그리고 근본적으로 국지적이었던 지식이 어찌하여 보편성을 획득하게 되는지에 대해서 알아볼 것이다.

1. 지역, 혁명, 그리고 과학적 유럽의 부상

유럽이 근대 과학의 요람이라는 생각은 오랫동안 서양이 자신들의 문화 정체성에 대한 인식에 있어서 가장 핵심적인 요소였다. 특히 "유럽의 과학 혁명"은 유럽의 지성사를 가장 뚜렷하게 드러내는 특징으로 이해되어 왔다. 어떤 이들은 이를 예수의 강림 이래로 인류의 의식에서 가장 큰 혁명이라고 기술한다. 다른 이들은 이를 절름거리던 정통 관행의 급진적 폐기라고 말하며, 또 다른 이들은 이를 스콜라적 권위에 대한 직접 경험의 결정적인 승리라고 논한다. 그러나 이 세 "특이성"을 다루는 것이 쉽지는 않다. 우선, "과학 혁명"이라고 부를 수 있는 어떤 단일한 사건이 있었다는 생각은 옹호론자나 역사가들의 입장에서 자의식적인 표지의 산물이다. 사실, 과학 혁명이라는 명칭은 자연적, 사회적 세계를 이해하고 다루는 데에 동원된 온갖 종류의 실천과 조치를 포괄하고 있다. 둘째, 모더니티의 갑작스러운 시작을 알린 거대한 "혁명"이라는 사고는, 중세에서 근대로의 부단한 역사적 이행을 정당화하는 것에는 실패하였다. 그리고 "유럽의" 과학 혁명이라고 할 때의 지리적 형용사야말로 매우 많은 것들을 은폐한다. 유럽이라는 통일된 실체에 대한 닫힌 상상은 외부의 영향력과 내적 다양성을 드러내지 못한다.

독립적인 유럽의 과학이라는 관념은 일련의 전략적인 배제를 대가로 해야만 지탱될 수 있다. 즉, 유럽이 중국과 이슬람의 과학적 발전에 빚지고 있다는 점이 적시되어야 한다. 중국의 연금술은 유럽의 의학 발전에 영향을 끼쳤다. 그리고 이슬람에서는 날마다 기도를 해야 하므로 "신성한 방위"를 알기 위해 측지학이 발전했는데, 이는 유럽의 천문학적 발전에서 중요한 역할을 하였다. 바그다드는 고대 그리스의 의학적, 과학적 업적이 번역, 전파되는 데 중요한 역할을 하는 등 문화 확산의 요람인 곳이었다. 아르키메데스의 수학 저술, 프톨레마이오스의 천문학 및 지리학 저술, 그리고 아리스토텔레스학파의 많은 철학적 저술들이 바그다드에서 코르도바에 이르는 서양 전역으로 퍼져나갔다. 또한 중세시대 아라비아의 수학과 아리스토텔레스의 물리학에 대한 알 비루니의 수정 모형 또한 이러한 영향의 사례이다. 이러한 모든 사례는 유럽의 독자적 과학 전통이라는 관념을 심각하게 침해하며, 독립적인 지리적 실체로써 유럽에 대한 생각이 거대한 지리적 상상에 불과하다는 점을 재차 확인케 한다.

그러나 유럽의 과학 혁명이라는 상상은 또 다른 점과 관련해서도 다루기가 어렵다. 즉, 이는 과학의 지역지리를 충분하게 고려하지 못하는 관념이기 때문이다. 볼테르가 영국해협을 건넜을 때 그는 또 다른 지성계에 진입했다는 것을 알아차렸다. 파리에서는 견고했던 모든 것들이 런던에서는 공기 속으로 사라졌기 때문이다. 볼테르는 1734년의 『철학 편지』에 "런던에 도착한 한 프랑스인은 … 자연과학과 다른 모든 것들에 있어서 [프랑스와는] 매우 다르다는 것을 알게 되었다. 그는 완전히 가득 찬 세계를 떠나 빈 세계에 도착했다. 파리의 사람들은 우주가 엽은 물질들의 소용돌이로 구성되어 있다고 생각하지만, 런던에서는 그런 것을 찾아볼 수 없다. 우리는 달의 압력이 해수의 조석을 일으킨다고 생각하지만, 영국의 사람들은 달의 인력이 해수를 끌어당긴다고 생각한다. … 더군다나, 프랑스에서는 태양이 조석에 관여하지 않지만, 여기에서는 태양도 조석에 마찬가지의 영향을 끼친다고 생각한다. 파리에서는 지구가 멜론과 같은 모양이지만, 런던에서는 양쪽으로 납작하게 눌려져 있다. … 사물의 본질 그 자체가 완전히 바뀌어 버렸다."라고 적었다. 볼테르의 경험은 산 넘어 저쪽 편에서의 진실이 이쪽 편에서는 거짓으로 간주된다는 16세기 프랑스의 수필가 미셸 드 몽테뉴의 경구가 옳다는 것을 보여 주었다.

볼테르의 통찰력 있는 글은 외국에서의 특정한 문화적 환경이 과학적 사유에 매우 다른 방식으로 영향을 끼친다는 점을 함의한다. 프랑스에서는 태양왕 루이 14세 치하에서의 정치권력이 과학적 탐사에 직접적으로 영향을 끼쳤다. 영국에서는 청교도 혁명의 도래와 젠틀맨 행동규약의 확산으로 인해 과학 지식이 사회에 흡수되면서 인식론적 분쟁의 종식을 이끄는 데 영향을 주었다. 독일어 사용권에서는 종교 교육 기관이 결정적인 역할을 하였다. 그 밖의 다른 곳의 상황도 매우 상이했는데, 결국 이러한 차이는 "과학적 유럽"의 부상은 특수한 역사적, 지리적 상황에서 나타난 것이었음을 말해 준다.

이제 16~17세기 유럽의 여러 지역들의 상황을 살펴보고자 한다. 이를 통해 우리는 초창기 근대 과학이 어떻게 지리-문화적 변수에 따라 형성되었는지를 대략적으로 파악할 수 있을 것이다. 당시에 여러 사업들이 장소마다 상이하게 실행되면서 과학을 형성하였고, 특정 지역 환경에서 과학 지식은 종교적, 정치적 사건과 밀접하게 연결되어 있었으며, 이 시기에 실행되었던 과학 탐구는 '지역적' 과학 탐구였다는 것이 분명하다. 여기에서 나의 목적은 이 모든 것들을 총망라하여 포괄적으로 살펴보려는 것이 아니다. 나는 이 시기 이탈리아의 과학, 이베리아의 과학, 영국의 과학을 통해 지역 환경이 어떻게 상이한 과학 탐구를 추동했는지를 가늠해 볼 것이다. 지역적 상황이 다르다면, 이야기 또한 다를 것이다.

1500년대에 이르렀을 때 이탈리아 반도는 지구상에서 가장 고도로 도시화가 진척된 곳이었다. 팔레르모, 밀라노, 베네치아 등의 문화 중심지를 포함한 "100개의 도시들"이 형성되었다. 이탈리아 반도는 은행이 가장 먼저 출현한 곳이었고, 사립 교육 및 도서 수집의 문화가 널리 발달한 곳이었다. 그리고 14세기 초반에 단테가 『신곡』을 완성한 이후, 토스카니 지방의 이탈리아어는 점차 공통의 문학 언어로 발전하게 되었다. 또한, 이탈리아는 고전 지식의 부흥을 일으킨 르네상스의 핵심부였고 볼로냐와 파도바에서와 같이 뛰어난 대학들이 등장했기 때문에, 유럽에서 초창기 과학이 번성하는 데 가장 탁월한 영향을 끼칠 수 있었다. 이 결과 1600년에 이르렀을 때 천문학, 비행학, 지리학, 수학, 기계학 분야의 논문들은 라틴어가 아닌 이탈리아어로 유통되고 있었다. 한편, 이와 동시에 예수회(1540), 금서목록(1543), 트리엔트 공의회(1545)와 같이 정통 교회의 교리를 수호하기 위한 제도가 설립됨에 따라, 이탈리아는 과학 탐구를 실행하기에 불안정한 곳이 되었다.

이러한 환경에서 군주의 후원은 (특히 과학 지식을 기술적으로 응용하기 위한) 과학 탐구 형성에 매우 중요한 역할을 하였다. 피렌체의 정치계에서 유명한 상인이자 지도자였던 메디치 가문과 같은 유력 가문들은 명성을 얻거나 자기 과시의 목적뿐만 아니라 상업적 목적을 위해서 과학에 투자하였는데, 이들에게 과학은 일종의 문화자본과도 같았다. 후원을 얻고자 했던 자연철학의 지망생들은 이미지와 신분에 사로잡혀 있던 바로크 통치자들에게 영예를 가져다줄 수 있는 과학적 재능을 선보일 수 있어야 했다. 이는 새로운 과학적 작업들을 수행하였지만 탁월한 명성을 얻지 못했던 사람들에게 특히 그러했다. 천문학은 바로 이러한 분야에 해당되었다. 당시 학계에서 천문학은 오랜 세월에 걸쳐 형성되었지만 철학적 권위는 결여된 분야였다. 지적 신뢰성은 학술적 우수성뿐만 아니라 통치 귀족의 계급적 지위에도 뒷받침되었기 때문에, 지식의 창출은 사회적 양상과 밀접하게 연관되어 있었다. 물론 경쟁력이나 역량 그 자체가 중요치 않은 것은 아니었다. 군주들은 평범한 것들에 대한 후원에는 관여하지 않았다. 그러나 지적으로 우수하다고 판명된 업적은 개인의 능력과 군주의 은혜 간의 복잡한 상호작용을 통해 생성된 것이었다. 수학적 계산 능력, 관찰의 능숙함, 이론적 통찰력 그 자체는 지식 창출 작업에서 정당성을 부여받는 데 충분치 않았다. 중요한 것은 궁정에서의 지위와 명성이었다.

따라서 갈릴레오가 자신이 발견한 화성의 위성을 "메디치의 별"이라고 명명함으로써 메디치 가문의 후원을 얻어내는 데 성공했을 때, 그는 자기 자신을 베네치아의 파도바대학에서 토스카니 지방 대공(大公)의 궁정 속으로 이동시킨 것이며, 자신의 천문학을 지성계 위계의 상층부로 옮긴 것과 같았다. 수학적 탐구를 위해 후원을 얻어낸 것은 그 자체로 놀랄 만한 업적이었다. 그러나 이는 예기치 않은 결과를 가져왔다. 1610년에 대공에게 있어서 "수학자이자 철학자"로 변모했다는 것은 로마의 영향력이 훨씬 강력했던 상태로 되돌아가는 것을 의미하였다. 아리스토텔레스학파의 정통에 대한 모든 새로운 도전은 로마 교황의 주의 깊은 감시의 시선을 끌어들이는 것이었다.

17세기 이탈리아의 궁정 문화가 단순히 과학적 노력이 실행되었던 지역적 맥락에 불과한 것은 아니었다. 이탈리아 궁정에서 받아들여졌던 논쟁 방식은 과학적 활동의 실행 방식에 직접적인 영향을 끼쳤다. 갈릴레오에게 미친 파급력 또한 매우 컸다. 논쟁적인 주제들은 마치 극장의 무대와 같은 곳에서 다루어졌는데, 이는 갈릴레오로 하여금 논쟁을 즐겨 하도록 만들었다. 영국에서라면 적절치 못한 것으로 간주될 만한 것이었다. 영국의 과학계에서는 경험적인 고된 작업은 미덕으로 여겼지만, 사람들의 이목을 끄는 것은 허무한 것으로 간주되었기 때문이다. [이탈리아에서는] 궁정에서의 과시 덕분에 비싼 가격표를 붙일 수 있었으나, [역설적이게도] 갈릴레오는 그가 그토록 얻기 바랐던 교황의 정통성 아래 대가를 치러야만 했다. 코페르니쿠스주의가 유죄 판결을 받은 것은 1616년이었고, 갈릴레오가 재판에 회부된 것은 1633년이었다. 장기적으로 볼 때 이 사건은 이탈리아에서의 지적 자유를 쇠퇴시키게 된 원인이 되었다(그림 19). 이른바 과학과 종교 간의 전쟁에 관한 이 고전적 사례를 이해함에 있어서 지역 문화의 특수성이 각별히 중요하다는 사실이 드러난다. 갈릴레오와 교회의 충돌은 과학과 신학의 필연적인 대결로 간주되어서는 안 된다. 그것은 특정한 지역적 환경 속에서 벌어진 종교적 권위와 새로운 앎의 방식 간의 구체적 투쟁이었다.

갈릴레오의 사건은 당시 모든 이탈리아 과학을 대표할 만한 것이 결코 아니었다. 예를 들어 예수회 수사(修士)들은 관측천문학을 계속 이어나갔고, 코페르니쿠스 논쟁이 건드리지 못했던 전기, 의학, 수리학, 자연사 등의 분야도 계속 발전되어 갔다. 이러한 위업은 예수회 수사들이 그토록 높이 평가했던 실용과 근면의 미덕에 크게 빚진 것이었다. 마찬

그림 19 조반니 바티스타 리치올리가 1651년에 출간한 『신(新)알마게스트』의 표지 그림. 이 삽화는 튀코 브라헤의 이론과 무게를 재었을 때 코페르니쿠스 체계가 더 가벼움을 보여 준다. 이런 종류의 작품들은 17세기 로마 교황의 통치권에서 아리스토텔레스의 과학이 영속될 수 있게 하였다. 볼로냐에서는 특히 예수회 수사들이 관측천문학을 계속 발전시켜 나갔지만, 코페르니쿠스의 이론과 관련된 사안을 다루는 것은 기피했다.

가지로 궁정의 후원이 이탈리아 반도 전역에 걸친 과학적 노력을 흡수한 것도 아니었다. 이탈리아는 정치적으로 분열된 채로 남아 있었고, 피렌체, 로마, 나폴리, 베네치아 등에서의 상황은 제각각 달랐다. 각 지역은 교황권과 상이한 관계를 유지했다. 특정 지역 내에서도 어떤 곳은 상인들이, 또 어떤 곳은 성직자들이, 다른 곳은 도적떼가 지배했다. 이처럼 지역의 내적 구성도 상이했었다는 점을 고려한다면, 사변적 이론들이 곳곳마다 상이하게 흡수되었다는 사실은 놀랍지 않다. 로마의 경우, 아리스토텔레스적 정설과 성서의 해석을 둘러싼 종교개혁에 따른 불안이 존속하고 있었다. 베네치아는 대학들이 이교도들을 받아들임에 따라 유럽의 지적 자유의 불균등한 지리에 있어서 가장 두드러진 곳이 되었다.

이탈리아에서는 다른 새로운 지식의 위치들이 등장하면서 과학적 노력의 지위가 변화했다는 점 또한 중요하다. 이 가운데 16세기 후반 이탈리아의 파도바, 피사, 볼로냐에서 등장한 해부학 교실이 가장 뛰어났는데, 여기에서는 시체를 공개적으로 해부하는 활동이 (특히 축제 기간에 맞추어) 이루어졌다. 일반적으로 시체와 관련된 신성모독의 죄는 그 사회적 의미를 역전시킴으로써 용서받을 수 있었다. 즉, 겉으로 죄악시되었던 것이 내적으로는 과학이 된 것이다. 불경스러웠던 것이 신성함을 얻게 되었으며, 해부학 교실에서는 겉으로 보이지 않던 것들이 적법성을 갖추게 되었다. 이 결과 의학을 멸시했던 집단들이 의학을 선호하게 되었다.

지역적 특수성은 뚜렷한 방식으로 이탈리아 과학 연구의 형식과 내용에 영감을 불러일으켰지만, 문화적 여건에 따른 지식 만들기 사업들은 유럽의 서쪽 변두리인 이베리아 반도에서는 상이하게 나타났다. 지리적 입지는 그 자체로서 매우 중요했다. 이베리아 반도가 북아프리카에 인접했다는 점이 특히 중요했다. 이곳에서부터 아라비아 문화의 촉수들이 꿈틀꿈틀 기어나가 반도 전역으로 확산되어 나갔다. 스페인의 경우 이러한 영향은 (가령 『알폰소 천문표』와 같은) 초창기 천문학 논문들에 뚜렷이 나타났다. 이 연구 논문들은 13세기 아라비아 출신의 학자들이 출간한 것이며, 그 이후 300년 이상 동안 계속 새로운 버전의 논문들이 출간되었다. 또한, 스페인의 의학 또한 이슬람의 영향을 크게 받았다. 적의로 가득 찬 반(反)모하멧주의가 1492년 그라나다 함락 이후 기독교 중심의 서양을 사로잡고 있었을 때, 대부분의 아라비아 책들이 장작불 속으로 던져졌지만 의학 서적만큼은 이를 피할 수 있었다.

그러나 단지 이러한 강력한 아라비아의 영향만이 초창기 이베리아 과학의 특징이었던 것은 아니다. 해양 정책을 중시했던 대서양 주변부 일대의 유럽에서는 이탈리아의 궁정 문화와 비교하여 뚜렷이 구별되는 과학적 전통이 발달하게 되었다. 이의 역사적 궤적은 신비스러웠던 인물인 포르투갈의 항해왕 엔리케 왕자까지 소급해 올라갈 수 있다. 알려진 바에 따르면 엔리케는 15세기 초반에 세인트 빈센트 곶 인근의 사그레스에서 지도학과 항해학을 가르치는 학교를 창설했다고 한다. 이 로맨틱한 전설을 증명할 수 있는 길은 거의 없지만, 해군력만큼은 비약적으로 발전하였다. 포르투갈의 군주들은 1481년부터 1521년 사이의 40년 동안 제국주의 목적을 달성하기 위하여 항해와 관련된 사업에 많은 관심을 보였다. 물론, 자극과 실행은 서로 별개의 일이다. 이런 점에서 당시 어떤 집단도 유대인만큼 항해학에 대해 (특히 항해 과학의 인지적 측면에 대해) 잘 알지 못했다. 이런 목적을 위해 (마요르카 섬을 세계 지도학의 수도로 만들었던 크레스크 가문 출신의) 유다 크레스크가 포르투갈에 오게 되었다. 그 이후 1492년에 스페인에서 유대인들이 추방되자 당시 가장 능숙한 천문학자였던 아브라함 자쿠투도 포르투갈로 들어왔다. 자쿠투의 히브리어 천문학 논문은 포르투갈 어로 번역되었고, 그는 바스쿠 다 가마가 인도 항해를 계획하고 준비하는 데 주도적인 역할을 하였다. 그러나 유대인에 대한 환영은 그리 오래가지 못했다. 포르투갈의 국왕 마누엘 1세가 유대인들로 하여금 포르트갈을 떠나거나 기독교로 개종할 것을 요구했기 때문이었다. 이로 인해 많은 유대인들이 포르투갈을 떠났지만 일부는 남아 콘베르소(conversos)로서 과학의 발전에 (특히 의학의 발전에) 크게 기여하였다.

탐험 전통에 기반을 두었던 이베리아의 과학은 제국주의적 실익을 중심으로 재편되었다. 지도학적 기술과 도구의 혁신이 크게 진전되었다. 또한, 대양 항해의 과학적 가치가 항해학을 뛰어넘어 높이 피어올랐다. 지자기에 관한 연구와 수로학 연구가 발달하였다. 약용식물학은 16세기 스페인의 유대인인 가르시아 드 오르타에 의해 발전하게 되었는데, 그는 망고, 코코아, 녹나무와 같은 아시아 식물 종의 특징을 기록하였다. 프란시스코 에르난데스의 뉴스페인(멕시코) 탐험의 결과 표본과 씨앗이 무더기로 전래되었고(그림 20), 1590년 스페인의 세비야에서 처음 출간된 호세 드 아코스타의 『인도 제도의 자연사와 도덕사』는 이구아나와 같은 진기한 동물들에 대한 내용을 포함하고 있었다. 이와 동시에 리스본과 세비야가 정향(丁香)이나 후추와 같은 국제 상품의 교역의 글로벌 중심지로 부상함에 따라, 이들 도시에서는 제국 산수(imperial arithmetic)라 불리는 분야가 발달하게 되었다. 1519년 가스퍼 니콜라스와 같은 인물들이 출간했던 수학 교재들은 상품에 어떻게 세금을 부과할 것인지, 어떻게 화폐 간 환율을 정할 것인지, 어떻게 상이한 측정 단

그림 20 왕실의 의사이자 탐험가였던 프란시스코 에르난데스가 그린 신대륙의 약용식물 판화. 이베리아에서의 약용식물학의 발전은 신대륙 탐험가들이 수집한 표본들과 에르난데스와 같은 인물들이 지역 내 약초학자들로부터 수집한 정보에 크게 힘입었다.

위들을 변환할 것인지 등의 내용에 주안점을 두었다. 그러나 다른 무엇보다도 눈에 띄는 것은 원격지에서의 직접적인 관찰로 인해, 열대지역의 자연이나 지구상에 분포하는 동식물 종의 범위 등에 관한 옛날 학자들의 권위가 무너지기 시작했다는 것이다. 1532년에 어떤 저술가는 스트라본과 톨레미와 같은 걸출한 학자들이 지리적으로 무지했다고 혹평하기도 했다. 이베리아 과학은 이러한 방식으로 "멀리 떨어진 곳"에 대한 명백한 표준점을 형성할 수 있었다.

이처럼 이베리아의 과학적 노력이 초창기에는 꽃을 피웠지만, 16세기에 들어 점점 더 많은 과학적 업적들이 종교재판의 목록에 수록됨에 따라 그 영향이 점차 희미해졌다. 이렇게 된 배경을 설명하는 것이 간단치 않지만, 대체로 반(反)유대주의, 콘베르소의 추방, 예수회 하에서의 교육 정책의 변화가 이에 영향을 끼친 주요 원인이었다. 하지만 제국주의적 추동력에 의해 싹을 틔웠던 이베리아의 과학은 유력 왕가(王家)들의 후원을 받아 이탈리아 왕실에서 실행되었던 과학 탐구와는 여전히 극명한 차이를 보였다. 이탈리아에서는 학술적 명성을 얻는 데 궁정에서의 지위가 가장 중요한 요소였다. 반면 스페인과 포르투갈의 경우에는, 인지도와 권위를 획득하는 데 항구를 찾아내기 위한 실질적 기술이나 의학적 치료에서의 능숙함이 훨씬 더 중요하였다. 과학연구는 무엇이 조사되어야 하는지, 누구에게 지식을 만들어 낼 수 있는 권력이 있는지, 왜 특정한 연구 방향이 채택되어야 하는지의 과학적 질문들은 이탈리아와 이베리아 각국에서 매우 다른 것을 의미하였다.

영국의 상황 또한 이와 정확히 일치하였다. 잉글랜드는 상대적으로 잘 알려지지 않았다가 17세기 후반에 이르러서야 유럽 과학의 주요 플레이어로 급부상하게 되었다. 이루어 낸 주요 업적의 목록은 매우 주목할 만하다. 1576년에 토마스 디거스가 코페르니쿠스주의를 널리 알렸으며, 17세기에 접어들 무렵에는 윌리엄 길버트가 자기학(磁氣學)에 관한 연구를 발표했고, 에드워드 라이트는 수학을 항해 지도학에 적용하였다. 1618년 윌리엄 하비는 혈액의 순환을 증명하였고, 그 이후 10여 년에 걸쳐 동물 해부학에 대한 실험 결과를 계속 발표하였다. 프란시스 베이컨은 1620년에 『신(新)오르가논』을 출간함으로써 귀납적 연구가 (사실들의 끈질긴 수집이) 자연에서의 일반 원리를 도출하기 위한 일차적 방법이라고 주장하였다. 이는 모든 인류의 지식에 대한 일종의 개혁으로서, 과학을 방법이라는 탄탄한 토대 위에 정립하려고 했던 설득력 높은 변론이었다. 베이컨은 이 책의 61번째 경구(警句)에서 "모든 지혜와 견해들을 사실상 동일한 수준 위에" 두는 것이 유익하다고 주장하였다. 1660년대에 이르러 로버트 보일은 공기 펌프를 이용한 진공 실험에 성공하였고, 역학 이론들을 화학 현상에 적용함으로써 원소에 관한 아리스토텔레스의 주장에 의문을 제기하였다. 그리고 무엇보다도 17세기 후반부터 18세기 초반까지 아이작 뉴턴의 업적을 빼놓을 수 없다. 만유인력과 행성 운동 이론, 광학 연구, 계산법의 창안 등 그의 수많은 업적은 근대 과학의 형성에 있어서 주요 이정표가 되었다.

포르투갈에서와 마찬가지로 대양 항해는 이러한 지역 의식의 대전환에 커다란 영향을 끼쳤다. 길버트는 자기학 연구를 통해 항해술을 향상시키고자 하였다. 베이컨은 뱃사람들이 털어놓은 경험담의 풍부함을 인식하고 있었으며, 물리적 지구를 열어젖힘으로써 당대 사람들로 하여금 고대에서부터 전승되어 온 지적(정신적) 지구를 넘어서도록 인도하지 못한다면 부끄러운 일이라고 생각했다. 이처럼 영국 과학에는 분명 항해에 관한 사안이 반영되었다. 그러나 영국 과학이 이탈리아나 이베리아의 경우와 뚜렷하게 달랐던 것은, 유럽의 정치적, 종교적 지리에 있어서 영국은 종교개혁 이후의 환경이 많은 영향을 미쳤다는 점이다.

영국에서는 (자연은 경험을 통해 가장 잘 이해될 수 있다는) 경험주의 철학 그리고 보다 일반적으로는 과학 프로젝트들의 승리가 종교적 혼란 속에서 달성되었다. 종교적 차이는 영국 명예혁명의 원동력이 되었고, 여러 교파를 두었던 프로테스탄티즘이 16세기 중반 이후에 주도권을 장악하게 되었다. 이러한 종교적, 정치적 흐름은 영국의 과학 문화의 번영과 직접적인 관련이 있었다. 그렇다고 해서 영국의 과학이 어떤 강한 신학적 또는 교파적 신념에 뿌리를 내리고 있었다는 것은 아니다. 다만, 영국에서 프로테스탄트의 추동력이 자연철학자들의 과학적 노력에 다양한 방식으로 영향을 끼쳤다는 것이다.

권위의 문제들을 살펴보자. 급진적인 프로테스탄트일수록 성직자와 가톨릭교회의 통제에 더욱 깊은 반감을 가졌고, 개인의 종교적 경험의 가치를 (이들이 "경험적" 종교라고 부르던 것처럼) 가장 우선적으로 생각하였다. 이러한 신념은 자연과학적 지식에 대하여 반(反)권위주의적 입장을 형성하였다. 가톨릭 이탈리아 체제하의 천문학자들이 몰두했던 고대인들과 아리스토텔레스의 정통 지식의 권위는 영국의 많은 프로테스탄트들로부터 공공연히 거부당했다. 청교도적 의견을 대변하던 사람들은 이른바 "썩어빠지고 황폐해져버린 아리스토텔레스와 톨레미의 업적"에 대해 혹평하기를 주저하지 않았다. 이런 환경하에서 과학적 설명은 아리스토텔레스가 만든 구조물에 들어맞아야 할 필요성이 없었다. 또한, 일부 프로테스탄트 교파들의 특징이었던 실용적 정신도 중요한 역할을 하였다. 근면의 미덕, 사회적 개량의 추구, 그리고 개인적 신앙생활에의 헌신 등은 자립의 철학을 촉진시켰을 뿐만 아니라, 실용주의

그림 21 청교도가 주도했던 그레셤대학은 신학, 천문학, 음악, 기하학을 가르치기 위한 목적으로 1598년에 설립되었다. 이 대학은 칼뱅주의자였던 헨리 브릭스 교수의 영향하에 놓여 있었는데, 그는 수학자였지만 천문학, 항해학, 지리학도 가르쳤다. 이에 따라 그레셤대학은 실용수학과 실험적 자연철학 연구의 중심이 되었다. 그레셤대학은 일반 대학교 교육과 달리 항해상의 문제를 해결하거나 무역에 기여할 수 있는 기술을 강조했다. 대학 뒤쪽으로 들판이 펼쳐져 있는 이 그림은 전체적으로 프로테스탄트 수도원의 분위기를 불러일으킨다.

에 토대를 두고 새로운 과학 사업들을 추진해 나가도록 하였다. 이러한 정서가 가장 뚜렷하게 나타난 곳은 청교도가 주도하던 그레셤대학에서였는데, 이 대학에서는 항해와 무역에 대한 기술적 적용 교육이 전체 커리큘럼에서 최고의 지위를 차지했었다(그림 21). 예수그리스도의 재림이 임박하였으며 그가 인도하는 천년왕국이 도래할 것이라는 프로테스탄트의 기대는, 같은 시기에 프랑스 사상의 전형이었던 추상적, 사변적 논쟁에 대한 불안감을 증폭시켰다. 이론에 대한 몰두는 지상 낙원을 재창조하기 위한 (그보다 훨씬 더 중요한) 노고로부터의 단순한 일탈에 불과하였다. 이러한 모든 것들과 아울러, 새롭게 부상한 자연과학 지식을 옹호하던 영국인들은 (자신들이 로마 교황의 환상이라고 생각했던) 신성한 성체(聖體)의 힘에 대한 성직자들의 이야기나 수도사들의 우화 등을 비판하는 근거로 자신들의 연구를 활용하였다. 이러한 신화와 전설은 베이컨의 새로운 방법적 엄밀함에 어울릴 수 없었다. 결국, 베이컨이 기대했던 바와 같이, 자연철학은 기독교로부터 우상숭배적인 것들을 절단해 버리고, 우화적인 것들을 걸러내며, 프로테스탄트의 정결함이라는 잔여물만 남기기 위한 큰 목적을 달성하는 데에 동원되었다. 자연에 관한 책을 올바르게 읽는다는 것은, 가톨릭이 당시에 붙잡고 있었던 미신적 부착물들을 기독교 신앙으로부터 제거해 버리는 것이었다.

이러한 분위기 속에서 17~18세기 동안의 영국 과학에서는 자연에 대한 탐구를 통해 창조주의 계획에 대한 증거를 찾아내려는 이른바 물리신학(physicotheology)이 번성하게 되었다. 이 관점에서 신의 모습은 창조물의 질서정연함 속에서 찾을 수 있다고 믿었다. 보일에서 뉴턴에 이르는 자연 철학자들은 자신들의 연구를 통해 창조주가 우주의 조직 속에 구현해 놓은 규칙성을 밝히고자 했으며, 또한 창조주가 우주의 안정을 유지하기 위해 개입하는 방식들을 드러내고자 하였다. 뉴턴의 경우, 신학적으로 정통 교회를 따랐다고 할 수는 없지만, 1717년 자신의 저서 『광학』에서 자연철학의 "주요 과업"은 신에 대한 믿음의 굳건한 토대를 정립하는 것이라고 선언하였다. 로버트 보일은 자신의 유언장을 통해 불신앙, 무신론, 이신론(理神論)을 논박하기 위해 연례 강연을 (이른바 보일 강연을) 마련하였다. 보일 강연은 보일의 재정 증여를 통해

1692년부터 1714년까지 계속되었고 출판물로도 간행되었는데, 이 강연들은 다양한 과학적 열정이 자연신학의 형식을 띠고 어떻게 기독교의 하녀로 활동할 수 있는지를 보여 주었다. 물론, 보일이 이러한 준비의 필요성을 느꼈다는 사실 그 자체가 18세기를 지나가면서 자연철학이 점차 이신론적 경향으로 정박하고 번성했다는 것을 암시한다.

잉글랜드의 경우, 많은 자연 철학자들이 자연을 해석했던 방식은 기독교의 일신(一神)론을 지원하기 위한 것이었다. 그러나 그들이 자연을 해독했던 방식 그 자체는 종교개혁으로 촉발되었던 텍스트 해석의 혁명에 기인했다. 텍스트에 대한 해석에 있어서 비유적 방식이 쇠퇴하는 대신, 성경의 어구 자체에 보다 충실하고 이를 역사적으로 설명하는 방식이 자리를 잡게 되었다. 이러한 변동은 자연이라는 텍스트를 읽는 방식에도 영향을 주었다. 프로테스탄트의 성서주의는 그 일반 법칙으로서 성서에 대한 상징적 의미보다 원전 그대로의 의미를 선호했다. 이로 인해 16세기 자연사학자들은 자신들의 연구에서 상징적인 것을 배제하는 한편, 피조물을 도덕적 기호로 여기기보다는 귀납적 연구가 가능한 대상물로 여기게 되었다. 이전만 하더라도 자연사를 배우는 학생들은 동물을 기술할 때 이를 (예를 들어) 고대 그리스의 신, 고대의 동전들에 나타난 동물 표상, 동물과 관련된 속담, 그리고 동물의 외적 특성 및 동물 조리법 등과 연관시켜야 했지만, 점차 이러한 "일치성"과 "조화"를 추구해야 할 필요성이 점차 줄어들게 되었다. 영국의 종교 개혁가들은 성당으로부터 우상을 끌어내리고 성서로부터 풍유(諷諭)를 떼어낸 것처럼, 자연으로부터 상징주의를 제거해 나갔다. 이처럼 그들은 이른바 근대적 과학 연구의 토대를 구축하는 데 일조하였다.

영국 과학의 주요 흐름이 자연과학을 프로테스탄트 기독교를 지지하기 위한 수단으로 간주했지만, 종교가 영국의 과학 문화에 흔적을 남긴 유일한 국지적 조건이었던 것은 아니다. 다른 지역 특수성들도 이에 영향을 끼쳤다. 17세기 영국에서는 모든 사회집단이 진리를 평가할 수 있다고 간주되지는 않았다. 진리 말하기는 사회적 분배의 불평등으로 점철되어 있었다. 진리 말하기라는 문화의 패러다임을 형성한 것은 젠틀맨들이었다. 신뢰성의 지리는 사회적 상황을 따랐다. 젠틀맨은 재정적 독립을 누렸기 때문에 거짓을 날조해 낼 필요가 없었다. 그들의 말은 의심을 할 만한 매우 구체적인 이유가 없는 한 그들의 유대감을 의미하였고, 그들의 말은 액면 그대로 받아들여졌다. 하지만 다른 집단들은 그렇지 않았다. 빈곤층은 자신들의 경제적 의존성으로 인해 진리를 말하는 자로서 의심을 받았다. 상인이나 무역상 또한 마찬가지였다. 자신들의 경제적 생존을 위한 물질적 이득이 필요했기 때문에, 그들의 말은 신뢰받지 못했다. 물론, 이들 집단이 자연 현상을 탐구하는 자들에게 항상적으로 그릇된 정보를 제공했다는 것은 아니다. 오히려, 상대방이 자신의 말을 믿지 않을 경우에 지불해야 할 사회적 비용은 하층 계급이 젠틀맨에 비해 훨씬 적었다. 다만 당시의 사회에서 자연철학적 문제와 관련하여 권위를 얻고자 했던 사람들은 젠틀맨다움이 갖는 시민적 약속을 받아들이는 것이 더 유익하다고 여겼다.

당시 영국 사회를 통치했던 지식이 젠틀맨 행동 규약과 그들의 넉넉한 자원에 의해 보증되었다는 점은 이 지역의 과학적 실천에 중요한 특징이었다. 보일과 그의 지지자들이 기독교적 덕행이라는 정체성을 새기고자 했던 것은 바로 이러한 상황에서였다. 이는 저속한 이익을 추구하는 단체들이나 제도보다 상위에 위치하고, 결과적으로는 젠틀맨다움의 진리를 추구할 수 있는 자유를 그들에게 제공함으로써 사회적 지위를 의식적으로 육성하려고 했던 노력으로 볼 수 있다. 점차 젠틀맨다운 행동이 무엇인가에 대한 내용이 당시 영국식 예의에 관한 책에 상세하게 설명되기 시작했다. 이는 독자들에게 예절 바른 사회에서 어떠한 행태가 적절한 것으로 간주되는지를 가르치는 예절에 관한 책이었다. 이 책들은 예절 바른 사람이라면 너무 오만해서도 안 되고, 너무 낭비가 심해서도 안 되며, 자신의 지식을 주장할 때 지나치게 억지를 부려서도 안 된다는 것을 가르쳤다. 하지만 무례하지 않은 반론은 예절 바른 것으로 여겨져 수용되었으며, 이는 과학 지식의 착실한 교환을 촉진할 수 있는 탐구 스타일의 원천으로 작용하였다. 거드름을 피우고 낭비적인 행위는 천박한 것이었고, 냉정과 절제는 매력적인 것이었다. 바람직한 지적 예절의 형성은 이탈리아에서 갈릴레오를 몰아넣었던 혼잡한 격론과 같은 일이 벌어지는 것을 방지하였다. 이탈리아의 과학이 화려한 왕실의 일이었던 반면, 영국의 과학은 절제력 있는 젠틀맨의 일이었다.

16세기부터 17세기에 이르는 동안 이탈리아, 이베리아, 영국에서의 과학 문화가 명백히 독자적으로 발달했음이 분명하다. 이 지역 간에는 학자들이 자연에서 무엇을 연구해야 하는지, 누가 지식을 만들어 내는 지위를 갖고 있는지, 그리고 과학 프로젝트들이 어떠한 이익을 추구해야 하는지에 있어서 뚜렷한 차이점이 있었다. 모든 곳의 환경이 서로 달랐다. 프랑스에서는 새로운 실험적 시도들을 억압하지 않는 반종교개혁 교회의 사상적 표명을 중요한 특징으로 들 수 있다. 예를 들어 이 네트워크의 중심에 있던 수학자 마랭 마르센은 물질에 생명력이 있다는 사상이 다시 등장하는 것을 막기 위해 모든 힘을 다한 사람이었다. 스웨덴에서는 루터교회와 아리스토텔레스주의 간 연맹과 당시의 지배당인 모자당의 공리주의적 중상주의의 영향을 받아 뚜렷한 애국주의적 과학이 형성되었다. 이 결과 스웨덴에서는 토지 측량, 경제 과학, 응용 자연사학, 그리고 산업의 혁신을 일으킬 수 있는 연구들이 높은 권위를 갖게 되었다. 다른 지역에서도 이와 상이한 조건들이 형성되었다. 이처럼 "과학 혁명의 역사"는 서양의 지적 의식에 있어서 하나의 단일한 순간이 아니라 상이한 지역적 상황에서 벌어진 일련의 "과학적 노력의 역사 지리들"로 이해될 필요가 있다.

2. 권력, 정치, 지방 과학

왕정복고 시기의 영국 과학, 마누엘 1세 하에서의 이베리아 과학, 메디치 궁정에서의 이탈리아 과학 등을 논하는 것이 적절하기는 하지만, 그렇다고 해서 이러한 서술어가 전체 특성의 등질성이나 개념적 일관성을 함축하고 있다고 생각하는 것은 오류다. 과학적 노력은 같은 지역이라고 할지라도 마을마다, 도시마다, 군마다, 지방마다, 자치단체마다, 교구마다 상이한 지역 내의 특수성에 따라 다양하게 이루어졌다. 또한, 이와 마찬가지로 특정 집단은 과학 연구를 상이한 유형의 목적을 달성하기 위한 (가령, 공공의 불온에 대처하기 위한, 사회 개혁을 추진하기 위한, 또는 정치적 이견을 제압하기 위한) 수단으로 사용하였다. 이 두 측면 모두에 있어서, 과학의 하위문화는 도시정치의 지시, 산업화에 따른 오염, 또는 시민적 요구나 급진적 항거 등에 조응하여 독특하게 형성되어 갔다. 나는 지방(provincial) 과학이 정치적, 사회적 지리의 힘에 의해 어떻게 형성되는지를 이해하기 위해서, 빅토리아 시대 영국의 상황에 주목하고자 한다. 여기에는 상호 교차하는 몇 가지 독특한 지리들이 눈에

띈다. 우선, 로컬 문화가 요구하는 바에 따라 도시마다 상이한 종류의 과학적 노력이 발달했다. 또한, 영국 사회 내의 특정 분파들은 "과학"을 동원하여 영국 정치의 지도를 고르게 다림질함으로써 (이를테면 사회지리에 대한 승리를 통해) 극단적인 급진주의를 완화하고자 했다. 이와 동시에 젠틀맨 계급이 추구하는 일로서의 과학이라는 편한 이미지는 사회 내 선동적 분파들의 도전을 받게 되었는데, 이들의 과학은 토리당 체제에서의 과학과는 매우 다른 종류의 과학을 형성했다.

빅토리아 시대 초기 "맨체스터 과학"의 형성은 도시 정치와 밀접하게 뒤엉켜 있었다. 맨체스터는 1830년 당시의 인구가 단 반세기 만에 15배 증가한 도시였는데, 이 도시의 경제적 성장을 추동한 것은 상공인 계급의 에너지였다. 이 새로운 상업 엘리트들은 그동안 사회 질서의 주변부에 머물러 있으면서 온건한 정치적 개혁을 열망하고 있었다. 이들은 과학적 사업들이 "지성의 민주주의"를 촉진하는 수단이라고 생각했다. 과학은 사회의 진보를 촉진하는 데 이용될 수 있고 근면의 윤리를 지탱하기 때문에, 대도시적 경향으로부터 맨체스터가 사회적으로 고립되는 것에 저항하는 사람들에게 주요한 문화적 표현 수단이 되었다. 맨체스터 과학은 화학자이자 급진적 신학생이며 영국 유니테리언교도였던 조지프 프리스틀리와 같은 인물들의 손아귀에 있었는데, 이들은 심지의 황금시대가 도래할 가능성도 믿고 있었다. 그는 상업, 기독교, "진실한 철학"의 결합이 "사회적 황금시대"의 도래를 가져올 것이라고 생각하였다. 프리스틀리에게 "이성의 제국"은 최소한 "평화의 통치" 그 이상이었다. 이러한 상황에서 과학은 새로운 로컬 엘리트들의 문화적 가치가 표출되는 통로였고, 이들은 이러한 맥락에서 과학 기관들을 후원하고, 발표회에 참석하였으며, 어떤 경우에는 연구에도 직접 참여하였다.

맨체스터 과학의 성립은 빅토리아 시대 영국 제2의 도시에서의 시민 정치의 지형 변화를 반영한 것이었다. 맨체스터는 산업적 분위기로 물들어 있었다. 19세기 초반 맨체스터의 다양한 (특히 1781년에 설립된 문학철학협회와 같은) 과학 기관들은 아마추어 젠틀맨들의 딜레탕트적인 분위기가 팽배해 있었다. 그러나 19세기 중반에 접어들었을 때, 이미 이러한 분위기는 신흥 중산층의 필요에 맞추어 부단히 발전해 온 과학적 공리주의에 의해 대체되었다. 산업화의 진전에 따른 공중 보건과 환경의 질 등의 문제들이 맨체스터 내 시민사회의 주요 아젠다로 부상하였다. 맨체스터는 대기 오염, 하수 처리, 위생 일반, 도시 내 혼잡, 수질 오염에 관한 초창기 연구를 주도해 나갔다. 이런 과정에서 가장 중요한 것은 통계학자들과 특히 화학자들의 연구였다. 이런 분야가 가장 혁신적으로 발전했던 곳은 화학자 유스투스 폰 리비히의 본고장으로 알려진 독일의 기센이었다. 리비히는 1840년대에 맨체스터로 자리를 옮겼고, 여기에서 유기화학 분야의 전문 지식으로 공중 보건을 개선하는 데 노력을 쏟았다. 이런 상황에서 맨체스터의 과학은 일종의 시민적 미덕으로 부상하였고, 정부의 개혁을 추동하기 위한 전략적 자산이 되었다. 위생 화학자였던 로버트 앵거스 스미스는 정부로 하여금 대기 오염 문제에 주목하게 하였고, 19세기 중반 전후로 도시 내의 여러 위원회와 공조하여 유독성 증기 조사 등 도시 보건 환경 증진을 위한 연구에 많은 기여를 하였다.

위와 같은 환경에서 정치적 상황들은 지방 과학의 문화에 직접적인 영향을 끼쳤다. 연구되어야 할 주제의 선택, 이런 연구에 수반되는 사회적 지위, 그리고 지식 만들기 과업의 활용 등 이 모든 것들은 맨체스터 과학의 형성이 언제나 정치적이었다는 사실을 말해 준다. 또한 그 밖의 다른 곳에서도 지방 과학이 수많은 로컬 문화 프로젝트의 원천이 되었다. 19세기 전반기는 지역의 경제가 쇠퇴했던 시기였음에도 불구하고 브리스틀 협회는 이 시기에 즉각적인 유용성이 없는 과학을 의도적으로 육성하였다. 이는 도시 내 엘리트의 입장에서 볼 때 자신들의 혈기왕성한 자신감의 표현이었다. 반면, 요크셔의 웨스트라이딩에서 창설된 지질공예협회는 "고상한" 과학과 결별하는 대신 의식적으로 현실 적용 가능성을 추구해 나갔다. 이와 동시에 1832년에 창설된 에든버러철학협회는 부르주아지의 취향과 요구를 반영하였고, 뉴캐슬의 주요 과학 단체들은 비(非)국교도들의 사회 네트워크와 긴밀한 관계를 형성하였다. 19세기 초반 셰필드의 의학 연구 단체들은, 급진주의적 또는 개량주의적 정치관을 가지고 (종교의 문제와 관련하여 공감대를 형성하고 있던) 퀘이커교나 공리주의적 세계관을 따랐던 개업 의사들이 변화를 주도하였다. 말하자면 이들은 자신들이 열망하던 사회적, 직업적 지위를 성취하려고 했던 "주변적 남성들"이었다. 이처럼 빅토리아 시대의 영국에는 뚜렷한 "과학의 문화지리"가 나타났다. 브리스틀 과학, 맨체스터 과학, 뉴캐슬 과학은 브리스틀 내의 과학, 맨체스터 내의 과학, 뉴캐슬 내의 과학과 일치하지 않는다. 이러한 명칭에서 수식어로 사용되는 장소명을 통해 과학적 실천들이 도시의 문화에 따라 매우 다른 방식으로 구성되었음을 이해해야 한다.

이처럼 지방 과학은 빅토리아 시대 영국의 정치지리적 형세를 따랐다. 동시에, 시민사회의 동요를 누그러뜨리고 종교적 극단론을 억누름으로써 정치적 지형의 균형을 유지하기 위한 캠페인에 과학을 동원하려는 사람들도 있었다. 이들의 입장에서 과학은, 위험스러운 정치를 지향하고 치안을 어지럽히는 경향을 차단하고 (민중 선동적 프롤레타리아트

계급과 기득권을 지닌 영국의 사회 계층 모두에 대해) 사회적 응집력을 높이는 수단이었다.

이 중 두각을 나타낸 것은 1831년에 설립된 영국과학진흥협회(BAAS)였다. 산업혁명이 시작되던 즈음에 시민사회가 요동쳤는데, 이 시기 노동자들은 차티스트 운동이나 감리교로 이동했던 반면 지방 자본가들은 대부분 새로운 진보적 과학 진영을 선택하였다. 같은 시기 영국과학진흥협회는 산업 도시 연맹을 발족하였다. 영국과학진흥협회의 내부 핵심을 구성했던 "젠틀맨 과학자들"은 고속도로, 운하, 여객 열차 등 커뮤니케이션의 혁신 덕분에, 과학의 중립성이라는 기치하에 통일된 도덕적 비전을 지지하는 것이 가능하다는 것을 깨달았다. 이들은 정치적 참여에 대해 온건하면서도 신중한 태도를 취하였고, 과학을 사용함으로써 새로운 산업 질서가 유발한 사회적 동요를 누그러뜨릴 수 있다고 믿었다. 이러한 과학의 투사(鬪士)들은 냉혹한 자연법칙에 호소함으로써 사회에 중립적인 의사소통 수단을 제공하여 편협한 열정과 분파주의적 열망을 분쇄하여 초월할 수 있다고 믿었다. 정치적 차이는 자연법칙에 대한 공동의 추구 앞에서 옆으로 제쳐둘 수 있는 사항이었다. 아울러 이 협회는 영국 전역의 도시들을 돌며 "지리적 동맹"을 육성해 나감으로써 정치적 저항을 피해갈 수 있었다. 신흥 중산층과 귀족 그리고 젠트리 계급은 영국과학진흥협회에 회합하여 보편 과학의 진리를 추구하기 위해 힘을 모았다(그림 22). 이런 방식으로 영국과학진흥협회는 온화하고, 이치에 맞으며, 절제력을 갖춘 모든 사람들을 대표하였다. 이 협회는 정치적 차이의 지리를 지우려 하면서도, 과학의 종교 법정으로서 [역설적이게도 협회 자신의] 과학의 지정학을 표출하고자 하였다. 이 협회는 종교적 자유주의, 젠틀맨다운 절제, 사회적 통합의 지배력을 확장시키기 위

DINNER

GIVEN BY THE

Magistrates & Town Council of Glasgow,

TO THE

BRITISH ASSOCIATION FOR THE ADVANCEMENT OF SCIENCE.

LIST OF TOASTS.

No.	Toast	Proposer
1.	The Queen, ...	Chair.
2.	Prince Albert, ...	Do.
3.	The Queen-Dowager and the rest of the Royal Family,	Do.
4.	The Army and Navy, ...	Do.
5.	The British Association & the Marquis of Breadalbane,	Do.
6.	The City of Glasgow, and the Lord Provost and Magistrates, ...	Marquis of Breadalbane
7.	The University of Glasgow, and Principal M'Farlan, .	Lord Belhaven.
8.	The Scientific Institutions and Societies of Europe and America, ...	Principal M'Farlan.
9.	The Memory of James Watt, and the other eminent men of Great Britain who have contributed to the Advancement of Science, ...	General Tscheffkine.
10.	The Noblemen and Gentlemen from other parts of the Kingdom, who have honoured this Meeting of the British Association with their presence, . .	Sir John Robison.
11.	The Astronomers of the Continent, and Mr. Encke, .	Professor Airey.
12.	The Royal Society, and its Noble Chairman, the Marquis of Northampton, ...	Mr. Encke.
13.	The Foreigners who have contributed so much to the interest and success of this Meeting of the British Association, ...	Marquis of Northampton
14.	The Ladies who have honoured the Meeting by attending its Sections, ...	Dr. Buckland.
15.	Railway Communication, & other Improvements which tend to facilitate intercourse between mankind, and thereby promote friendly relations, . . .	Lord Sandon.
16.	The Members for the City, ...	Croupier.
17.	The Rajah of Travancore, the great Promoter of Science in the East, ...	Sir D. Brewster.
18.	The Commercial and Manufacturing interests of the Country, which owe so much to Science for their advancement, ...	Lord Monteagle.
19.	Foreign Naturalists, and M. Agassiz, . . .	Mr. Lyell.
20.	The Lord Lieutenant of the County, ...	
21.	The Secretaries of the British Association, . .	
22.	The Local Officers for the Glasgow Meeting of the Association, ...	Mr. Phillips.

BEDDERWICK AND SON, PRINTERS TO HER MAJESTY.

22. A list of toasts by the magistrates and town council of Glasgow at a dinner on 23 September 1840 to honor the visit of the British Association for the Advancement of Science. The list illustrates the spectrum of society that the association's "gentlemen of science" wanted to unite under the banner of science.

그림 22 1840년 9월 23일 글래스고 시 정부 및 의회가 영국과학진흥협회의 방문을 환영하기 위해서 개최한 만찬에서의 축배 명단으로서, 이 협회의 사회적 [신분적] 스펙트럼이 어떠했는지를 보여 준다. 영국과학진흥협회의 "젠틀맨 과학자들"은 과학이라는 기치하에서 이들을 하나로 묶기를 원했다.

하여 도시와 도시를 끊임없이 오갔던 일종의 이동 공간(mobile space)이었다.

영국과학진흥협회의 성공은 놀라울 정도였지만 결코 보편적이지는 않았다. 이 단체가 활동 중이던 1830년대만 하더라도 일부 의학 연구자들 사이에서 다른 정치적 측면이 두드러지게 나타나고 있었기 때문이다. 이들은 영국해협 너머의 파리로부터 유입된 다윈 이전의 진화론을 접했던 사람들이었다. 이 무시무시한 유물론적 추론에 대한 영국의 반응도 분명한 사회지리를 드러냈다. 에든버러에 처음으로 도착한 이 이론은 원래 프랑스의 자연학자였던 장-바티스트 드 라마르크의 연구에서 유래하였는데, 주변적인 민간 의료를 실행하고 있었던 노동계급 무신론자 계층에 특히 광범위하게 퍼져나갔다. 다윈 이전의 진화론은 귀족의 특권을 비웃던 사람들의 입장에서는 거부할 수 없는 것이었고, 이들은 이를 활용하여 아래로부터의 진보에 관한 과학적 주장을 펼치면서 정치적 동요를 야기하였다.

이러한 진화론적 추론이 에든버러에서 런던까지 확산되는 과정은 마치 들불과도 같았는데, 이는 특히 당시의 의료 체제에서 주변부에 속했던 젊은 의사들과 낡아빠진 젠틀맨 과학으로부터 축출된 사람들의 각광을 받았다. 진화 과정에 대한 생물 변이론적, 법률 지향적, 결정론적 해석은 성직에 필요한 기술, 섭리주의, 물리신학이 떠받치고 있던 직업에서의 불의, 정치적 편의주의, 계급화된 사회질서에 대한 급진적 공격을 쉽게 정당화할 수 있었다. 이러한 하류층 의학의 지하세계는 비종교적 해부학 교실과 영국 국교회에 반대하는 급진적 대학이 돕고 있었기 때문에, 이 진화론은 쉽게 발판을 마련할 수 있었다. 진화론은 영국 국교회 토리당원들의 근거지였던 왕립내과대학과 왕립외과대학에 도전하기

그림 23 핀스버리 의회 의원이었던 토마스 웨이클리를 묘사하는 풍자만화로서, 1841년 《펀치》에 실렸다. [울음소리가 야단스러운] 갈가마귀 한 마리가 "토리 공작새"의 부드러운 깃털을 잡아 뽑고 있다. 웨이클리의 의학 저널 《란셋》은 당시 영국 국교회 토리당원들이 주도하던 의학 기관들을 비판하는 캠페인을 벌인 핵심 기관지였다.

위한 수단이 되었다. 1823년 토마스 웨이클리가 창간한 의학 저널 《란셋》은 이러한 기득권적 기관들이 교회 성직자 조직들과 은밀하게 유착하여 편협하고 무책임한 과두정치를 하고 있다고 비판하였다. 《란셋》은 자연신학을 조롱하고 (당시 프랑스와 마찬가지로) 인체 해부에 대한 기계론적 설명을 옹호함으로써 비(非)국교도 가정교사들과 급진적인 일반 개업 의사들로부터 지지를 받으면서 (사회와 과학을 종교로부터 분리하려는) 사회적, 과학적 세속주의 운동을 촉진하였다. 웨이클리는 당시 법정에서 명예 훼손과 저작권 침해를 구실로 병원 고문단들에게 고초를 겪기도 하였지만, 그는 핀스버리 의회에 소속된 급진주의자로서 신의 섭리와 빈민구호법(구빈법)을 다방면에서 공격하였다. 그리고 그는 영국과학진흥협회의 지도자들이 거미를 사냥하는 말벌 떼처럼 진실하게 공부하는 자연과학자들의 단물을 빨아먹고 있다고 비난하였다(그림 23). 이처럼 진화론의 옹호자들은 진화 해부학적 언어를 통해 당시의 의학 엘리트들에 대하여 강력한 정치적 공격을 퍼부었다. 이러한 맥락에서 보았을 때, 모든 면에서 존경할 만한 찰스 다윈이 영국 대중들에게 자신의 진화 이론을 소개하는 것을 수십 년 동안 망설였다는 것은 조금은 이상한 일이다.

과학 사업들은 지역의 독특한 환경에 따라 상이한 문화 정치를 드러냈다. 인식의 태도 또한 장소마다 달랐으며, 이는 과학 연구자들이 어떤 프로젝트에 에너지를 집중할지 결정하는 데 영향을 주었다. 마찬가지로 과학은 서로 다른 이데올로기적 공간에 극적으로 다른 아젠다를 제공해 왔다. 과학이 사회에 행사하는 막강한 권력을 이해하고자 한다면, 과학 지식을 위치의 특수성에 구애받지 않는 보편적 현상으로 간주하는 태도는 분명코 도움이 되지 않는다.

3. 지역, 독서, 그리고 수용의 지리

지금까지 우리는 여러 상이한 지역 환경 속에서 과학이 나타낸 문화적 양상을 고찰하면서 주로 과학의 생산에 초점을 두었다. 그러나 과학의 소비 또한 로컬 환경의 특징을 반영한다. 과학 이론과 실천은 지역마다 상이한 방식으로 수용되어 왔기 때문이다. 과학의 실행가들도 마찬가지다. 학자들은 종종 지역사회의 비난을 피해 방랑을 택하였다. 그리고 그들의 연구가 매번 똑같은 방식으로 수용되지도 않았다. 성직자들의 감시 정도, 그리고 과학에 대한 후원과 보호의 상황은 지역마다 달랐다. 스페인 종교재판은 가톨릭 정설을 위협하는 사상을 가진 모든 사람들의 삶을 핍박했다. 하지만 그 정도가 폴란드와 헝가리에서는 상대적으로 덜했다. 독일의 경우에는 종교적 파편화로 인해 중앙집권적 검열 체계가 무력화되었다. 스웨덴에서는 크리스티나 여왕이 은신처를 찾고 있던 자유 사상가들을 보호했으며, 네덜란드는 프랑스에서 박해받던 프로테스탄트들과 이베리아에서 쫓겨난 유대인들을 적극 환영했다. 이런 모든 상황은 17세의 유럽의 뚜렷한 "지적 지리"를 보여 준다.

사람과 마찬가지로 과학 사상도 평평하고 균질한 문화의 들판에서 확산되지는 않았다. 오히려 과학 사상은 특정한 장소들과의 결합을 통해 퍼져나갔다. 특정 과학 저술이나 이론이 갖는 의미는 장소들마다 달랐기 때문이다. 이처럼 상이한 수용의 지리를 밝히는 한 가지 방식은 어떻게 다양한 문화들이 과학적 연구의 결과를 판단했는지를 가늠해 보는 것이다. 예를 들어, 19세기 초반기에 프러시아의 박물학자였던 알렉산더 폰 훔볼트의 저술들이 국가적 상황에 따라 어떻게 수용되었는지를 살펴보자(그림 24). 훔볼트의 저술 중 당대에 큰 주목을 받았던 작품은

그림 24 1806년 베네수엘라의 알렉산더 폰 훔볼트의 초상화로서 프리드리히 바이치의 작품임. 훔볼트는 외교관이자 과학 탐험가이며 동시에 실험가이자 작가였다. 그래서 최후의 "보편 학자"라고 불린다. 최근의 연구에 따르면, 훔볼트의 저작들은 국가적 맥락에 따라 매우 상이한 방식으로 해석, 수용되었다.

오늘날 우리가 학자적 시각에서 주목하는 작품과는 다르다. 훔볼트의 주요 과학을 총괄한 『코스모스』는 멕시코에 관한 저작 『뉴스페인 왕국에 관한 정치 에세이』(1808~11)에 비해 세간의 주목을 끌지 못했다. 이는 아마도 후자가 상업적, 지정학적으로 풍부한 함의를 담고 있었기 때문일 것이다. 이런 점에서 볼 때 훔볼트가 과학자로서 국제적 명성을 떨칠 수 있게 된 것은 『코스모스』 때문도 아니고 그의 또 다른 주저 『신대륙 적도지역 여행의 역사 관계』(1814~31) 때문도 아니며, 오히려 식민주의 조사자로서의 그의 초창기 활약 때문이었다.

이런 측면에서 볼 때 훔볼트가 당대에 어떤 의미를 지녔는가에 대해서 우리는 재고할 필요성이 있다. 그리고 그 당시조차도 훔볼트가 해석되는 방식이 모든 지역에 걸쳐 등질적이지는 않았던 사실도 주목해야 한다. 그의 저작들은 곳곳마다 다르게 해석되었다. 영국에서는 멕시코에 관한 훔볼트의 저작을 프랑스나 독일과 비교할 때 확연히 비판적으로 평가했다. 영국 평론계에서는 이를 자연신학의 잣대로 판단하려는 경향을 띠었다. 프랑스와 독일의 저널들은 훔볼트의 지도학 및 측지학에 대한 기여를 높이 평가했던 반면, 영국에서는 아시아와 태평양 북서부 지역과의 교역과 관련하여 그의 저작이 제시하는 중상주의적, 지리전략적 함의에 초점을 두었다. 이처럼 평론 문화의 국가별 차이는 독자 대중들이 이른바 '훔볼트 과학'을 처음으로 대면하는 방식에 상당한 영향을 끼쳤다.

분명, 어떤 텍스트가 어떤 장소에서 그리고 어떤 스케일에서 읽히는가에 따라 텍스트가 갖는 의미는 확연히 달랐다. 독서문화의 독특함은 지역이든 도시든 동네든 그 어디에서나 발견될 수 있다. 이러한 "독서 지리"의 역동성과 이것의 과학 사상 수용과의 관련성은, 1844년에 출간된 후 논란이 되었던 『창조의 자연사학적 흔적』(이후 『흔적』)이 상이한 공간들 속에서 어떻게 수용되었는지를 살펴봄으로써 가늠해 볼 수 있다. 당시 익명의 저자로 출판되어 큰 논란을 일으켰던 이 책은 추후에 그 저자가 스코틀랜드의 출판 발행인이었던 로버트 챔버스임이 밝혀졌다. 이 책은 다윈 이전 시대의 진화론적 대작으로서 태양계에서 인류에 이르는 모든 것들을 진화론적으로 설명하고자 했다. 이 책의 독자들은 당시 국가적으로나 도시적으로나 가정적으로나 매우 상이한 환경에 처해 있었기 때문에, 이를 통해 텍스트적 의미의 불안정성과 텍스트에 대한 해석의 상이한 지리 모두를 뚜렷하게 찾아볼 수 있다. 이 책은 런던의 여러 살롱이나 독서회 등에서 이루어진 사교계의 대화 속에서 매우 상이한 방식으로 수용되었다. 토리당의 지도자였던 프란시스 애거튼 경의 자택에서 모였던 귀족층의 독자 모임에서는 이 책을 유독(有毒)한 것으로 판단했고, 이들은 과학 평론가들의 반박을 열렬히 환영했다. 반면, 존 홉하우스 경의 응접실에서 회합을 가졌던 진보적 휘그당원들은 이 책이 대담한 통찰력을 제시하며 편협함이나 편견으로부터 자유롭다고 생각했다. 한편, 유니테리언교도들은 주로 런던 세인트 제임스 광장에 있던 러브레이스 백작 부부의 저택에서 회합을 가졌는데, 이들은 이 책이 강조하는 아래로부터의 변화에 주목하면서 이 책이 독선적인 성직자 기구들에 대한 강력한 타격이 될 것이라고 믿었다. 사교적인 대화들이 오가는 모든 곳에서 『흔적』이 회자되었다. 이 책의 출간 이전만 하더라도 모임에서 인류의 기원과 같은 주제는 부인들이 자리를 뜬 후에 남성들끼리 얘기할 만한 주제였지만, 이제는 남녀가 함께 모인 자리에서 논의하는 주제가 되었다.

런던 밖에서도 이 책에 대한 반응은 여러 가지였다. 옥스퍼드의 경우에는 이 책이 새로운 과학적 통찰력을 뒷받침하는 것으로 수용했지만, 케임브리지의 경우 성직자이자 지질학자였던 아담 세지윅과 같은 인물은 이 책을 유물론 중에서도 가장 저급한 책이라고 헐뜯었다. 리버풀에서는 영국의 다른 어떤 도시들보다 지면 논쟁이 가장 오랫동안 지속되었는데 이는 리버풀 내의 미시사회지리가 해석에 그대로 반영된 것이었다. 도시 개혁을 주창하던 사람들은 이 책을 불티나게 구입했는데, 이 책이 사회 개혁을 과학적으로 정당화한다고 해석했기 때문이다. 이 책은 유럽 전역에 다양한 언어로 변역되기도 했는데, 여기에서도 이 책의 해석적 불안정성이 표면화되었다. 『흔적』의 독일어 판은 아돌프 프리드리히 슈베르트가 번역했고, 그는 애당초 이 책을 논박하기 위한 목적으로 1845년 윌리엄 휴얼의 저서 『창조주의 징표들』을 이 책에 합본하여 출간했다. 그러나 오히려 이 두 텍스트를 결합함으로써 슈베르트는 「흔적」을 신의 섭리에 따라 진화론적 발달이 이루어졌음을 확인하는 문헌으로 만들었다. 요컨대 로컬 상황이 어떠한가에 따라 『흔적』으로부터 다양한 메시지들이 해석되었고 동시에 이 책 속으로 다양한 메시지들이 덧붙여졌다. 텍스트의 의미는 모바일하다. 왜냐하면 텍스트의 의미는 자기 자신만의 "독서의 지리"를 창조하고 또한 "독서의 지리"에 의해 창조되기 때문이다.

이러한 요인들은 과학적 주장에 대한 반응에 있어서 지역적 특색의 중요성을 재차 강조한다. 장소의 힘이 과학과의 마주침에 영향을 끼쳤는지를 이해하기 위해서는, 잠시 빅토리아 시대의 여러 도시들에 거주하던 엘리트 지식인들이 다윈주의 생물학의 도전에 대해 어떻게 반응했는지를 살펴보는 것이 좋을 것 같다. 유사한 종교적 신념을 공유하는 집단이라고 해도 어떤 사람들은 진화론의 유포를 촉진시키려고 했고, 또 다른 일부는 이를 좌절시키고자 했는데, 여기에는 우리가 이해할 만한 국지적 요인들이 있었다. 우리는 이러한 특수성에 착목함으로써 다윈주의의 확산에 차이를 만들어 낸 차이를 드러낼 수 있다. 이를 다음의 "세 도시 이야기"에서 살펴보자.

1874년 에든버러, 벨파스트, 프린스턴의 칼뱅주의 교회 지도자들은 새로운 생물학을 주창했다. 에든버러의 자유교회대학의 학장이었던 로버트 레이니는 그해 10월 자신의 취임 강연에서 진화론의 타당성을 (인류의 선조는 동물일 수도 있다는 가능성을 포함하여) 공개적으로 용인했다. 이와 거의 동일한 시점에 아일랜드 해 건너편의 벨파스트에서는 조시아 레슬리 포터라는 인물이 자신의 장로교 학생들을 대상으로, 진화론으로 인해 모든 도덕의 자취들이 위태로워지고 있지만 토마스 헨리 헉슬리와 존 틴들의 악독스러운 주장을 뒷받침하는 증거는 털끝만큼도 없다고 설파하고 있었다. 한편, 이보다 몇 개월 전 대서양 건너편 뉴저지 주의 프린스턴에서는, 미국 장로교의 장로였던 찰스 핫지가 『다윈주의란 무엇인가?』의 출간을 통해 신성한 계획을 부인하는 것이 신성한 체계의 요체라고 주장했다. 그리고 핫지의 주장은 결정적이었다. 왜냐하면 다윈주의가 기독교의 일신론과 대립하게 된 원인은 (변이를 동반한 유전, 종의 돌연변이, 자연 선택과 같은 개념들 때문이 아니라) 바로 [신의] 목적과 계획을 제거했기 때문이었다. 이는 기독교적 진화론자가 되는 것이 전적으로 가능하다는 것을 의미했다. 핫지는 그렇게 생각했다. 그러나 반대로 기독교적 다윈주의자라는 개념은 논리적 일관성이 없었다. 핫지에게 다윈주의는 무신론이었다.

이러한 주요 선언들은 상이한 이데올로기적 맥락에서 이루어진 것이었다. 장소들마다 주요 쟁점들이 달랐으며, 이는 진화론을 평가함에 있

그림 25 스코틀랜드 자유교회 앞에서 재판을 받는 윌리엄 로버트슨 스미스를 풍자한 만화. 이 그림에서 스미스는 『브리태니커 백과사전』 한 권을 팔에 끼고 있다. 그는 이 사전의 1875년판에서 표제어 '성경'에 대한 해설을 집필했는데, 그 내용이 큰 논란을 불러일으켰다. 스미스의 성경에 대한 도발적 비판과 자유대학에서의 그의 인류학적 견해와 비교할 때, 진화론은 상대적으로 거의 주목을 끌지 못했다.

어서 평론가가 어떠한 자세를 취할 것인지에 상당한 영향을 끼쳤다. 또한, 서로 다른 목소리들이 서로 다른 방식으로 제기되고 있었고, 그 표현의 양상들은 호전적이든 아니면 평화적이든 간에 각 지역마다의 과학-종교 "충돌"의 색조를 형성했다. 에든버러의 경우 진화론은 장로교단의 필요성에 맞게 빠른 속도로 순화되어 나갔다. 스코틀랜드의 종교 정신을 공격하는 다른 지적 조류들의 부상으로 인해 다윈주의적 이슈는 그 중요성이 점차 퇴색했기 때문이다. 이 중 특히 성서에 대한 새로운 비판은 눈에 띄게 부각되기 시작했다. 스코틀랜드 애버딘의 자유교회대학 교수였던 윌리엄 로버트슨 스미스는, 이러한 새로운 조류에 대한 자신의 지지를 『브리태니커 백과사전』의 표제어 '성경'에 관한 해설에서 명시적으로 드러냈다. 이 해설에서 스미스는 성경에는 다양한 민족기술지와 신화적 전설이 포함되어 있다고 설명했고, 그 이후 히브리인들(셈족)의 일처다부제가 어디에서 기원했는지를 상세히 설명하는 일련의 논문을 발표했다(그림 25). 스미스의 입장은 보수적인 장로교의 등골을 오싹하게 만들었으며 결국 교수직을 박탈당했다. 이러한 문제들이 그 나름대로의 아젠다를 부각시킴에 따라, 진화론은 과학적 노력에 오래도록 매혹되어 온 문화에 거의 아무런 위협을 가하지 못했다. 그 이후 스코틀랜드의 일부 신학자들은 다양한 형태로 진화론에 대한 지지를 표명했다.

한편, 벨파스트에서의 논조는 이와는 달랐는데, 1874년 8월 영국 과학의회(영국과학진흥협회)가 벨파스트를 방문한 것이 이러한 차이에 뚜렷한 영향을 끼쳤다. 당시 협회의 의장으로 존 틴들이 당선되었는데, 그는 과학이라는 새로운 성직의 이름으로 시대에 뒤떨어진 성서 수호자들과 그들의 사회적 지위에 대한 맹폭의 기회를 갖게 되었다. 틴들은 모든 종교 이론들이 과학의 지배를 받아들여야 한다고 선언했다. 도전은 받

그림 26 《Vanity Fair》지에 실린 영국과학진흥협회의 의장 존 틴들의 풍자 만화. 그의 1874년 "벨파스트 연설"은 아일랜드 내의 프로테스탄트와 가톨릭 모두로부터의 비난을 불러일으켰다. 틴들에 대한 공격으로 인해 얼스터의 성직자들은 다른 지역의 동료들과 마찬가지로 진화론에 대해 긍정적인 반응을 표출하는 것이 지극히 어려워지게 되었다.

아들여졌다(그림 26). 사건들은 순식간에 전개되었다. 교수이자 목사였던 로버트 와츠는 틴들의 선언에 대해 신랄한 공격을 가했다. 그는 얼마 전 벨파스트의 생물학분과위원회로부터 "평화제의(An Irenicum): 또는 과학과 신학의 평화와 협력을 위한 청원"이라는 제목의 논문 발표를 거절당했기 때문에 상당한 출혈을 입었던 상황이었다. 와츠의 반격으로 도시가 떠들썩해졌다. 나중에 틴들은 당시 벨파스트의 모든 목사들이 자신을 공격했었다고 회고했다. 이처럼 영국과학진흥협회 사건은 벨파스트에서 진화론에 대한 (거의 한 세대 동안 지속된) 로컬 반응의 논조를 형성했다. 이런 반응은 단기적이거나 무조건 반사적이지도 않았다. 와츠는 그로부터 20년이 지난 후에도 여전히 1874년 8월 그 당시의 사건을 곱씹고 있었다. 그는 그 씁쓸한 기억을 지울 수도 없었고 지우기를 원하지도 않았다.

이런 모든 소동에도 불구하고 벨파스트 내 프로테스탄트 평론가들은 진화론에 반대하는 가톨릭교도들과 힘을 모으려고 하지는 않았다. 프로테스탄트와 가톨릭이 유물론에 대해 함께 유사한 판단을 내리고 우려를 공유했다고는 하지만, 이들은 틴들의 소동을 상대 교파에 대한 맹렬한 공격의 기회로 사용했다. 가톨릭의 성직자 계급은 프로테스탄트 교육의 느슨함을 공격하면서, 가톨릭의 교육 체계를 수호하려는 노력에 대해 무관심해 왔던 사람들을 비판하는 기회로 삼았다. 한편, 프로테스탄트의 입장에서 볼 때, 세속화와 가톨릭교는 과학이라는 귀납적 진리와 성서라는 계시적 진리에 반대하는 전복적 동맹이었다. 그들은 가톨릭이라는 오랜 적수와 진화론이라는 새로운 적수를 묶어서 하나의 공격 대상으로 만들었다. 틴들의 연설은 자신의 과학에 대해 아일랜드의 프로테스탄트와 가톨릭 모두의 반대를 불러일으키는 데 성공했을 뿐만 아니라, 서로에 대한 적대감을 더욱 조장하는 데도 성공했다.

다시 말하건대 대서양 건너편의 프린스턴에서는 위와는 상황이 달랐다. 찰스 핫지와 입장을 같이 했던 사람 중에는 당시 프린스턴신학교의 신임 총장이었던 제임스 맥코쉬가 있었다. 그는 진화론이 신성한 계획에 관한 이야기라고 생각했다. 그는 프린스턴에서의 공론의 공간을 그런 가능성에 대해 계속 열어 둠으로써, 미국 장로교단의 지적 심장부에서 진화론이 관대하게 수용되는 데 결정적인 영향을 끼쳤다. 그 이후 수십 년간 프린스턴을 계승한 신학생들은 적어도 진화론을 넓은 시각에서 볼 때는 결코 기독교 신앙과 양립 불가능하지는 않다는 점을 강조했다. 이 중 뚜렷한 두각을 나타낸 것은 벤저민 워필드였다. 그는 성경에는 오류가 없다는 것을 체계적으로 뒷받침했던 인물이었지만, 자기 자신을 가장 순수한 다윈주의자라고 지칭하기까지 했다. 1900년을 전후한 시기에 프린스턴의 계승자들은 아일랜드나 스코틀랜드와는 달리 성직자들의 비호를 받으면서 문화적 헤게모니를 쥐고 있었고, 이 덕분에 이들은 당시의 사상적 경관을 흔들었던 다윈주의 사조에 대해 침착하게 대응할 수 있었다.

19세기 말 에든버러, 벨파스트, 프린스턴의 장로교 지도자들은 문화 공간의 (재)생산에 관여하고 있었다. 이들의 책략은 각 지역에서 진화론적 과학이 받아들여지는 방식에 중요한 역할을 했다. 이 세 도시의 종교 지도자들이 제공한 담론의 장에서는, 진화와 관련하여 무엇을 말할 수 있는지 그리고 무엇을 들을 수 있는지에 대한 뚜렷한 경계가 그어져 있었다.

물론 종교적 책략이 각 지역과 진화생물학과의 만남에 영향을 미친 유일한 요인이었던 것은 아니다. 미국 남부의 경우 찰스턴의 자연학자 모임은 반(反)진화론적 감정을 표출했는데, 이는 남부의 인종 이데올로기의 영향을 받은 것이었다. 인류의 기원에 대한 다윈의 설명에 배태되어 있는 단선진화적 사상은, 인류가 별개의 조상을 두고 있는 전적으로 상이한 종들로 구성되어 있다는 사상과 편안히 양립할 수 없었다. 나아가 미국 남부의 자연학자들이 다윈을 열렬하게 비판했던 데에는 스위스 출신의 학자 루이스 애거시의 영향력이 컸다. 그는 각 인종은 그 인종에 고유한 기원지가 있다고 주장했다. 그렇다고 해서 단선진화론자들이 인종의 정치와 무관했다고 말하는 것은 아니다. 찰스턴의 성직자이자 자연학자인 존 바흐만의 경우 성서에 나타난 인종의 단일성을 철저하게 고수했지만, 그로 인해 인종이 계층화되어 있다는 그의 믿음이 약화되지는 않았다. 찰스턴의 과학자들이 자연사적 지식을 인종적 목적을 위해 활용하려고 했다는 것은 지역 정치와 다윈주의 이론과의 관련성을 잘 보여 주는 사례이다. 당시 미국 남부 일대에 다윈의 설명이 너무나도 위협적인 것처럼 비쳤던 것은, 당시 이 지역이 사로잡혀 있었던 인종이라는 관념이 [역설적이게도] 과학이라는 신의 축복을 근거로 하고 있었기 때문이었다. 다윈에 대한 남부지역의 반대가 가장 뚜렷하게 표면화되었던 지점은 인류라는 종의 문제와 관련된 내용이었다. 1878년 밴더빌트대학의 교수 알렉산더 윈첼이 아담 이전에도 인류가 있었다는 주장으로 인해 큰 논란이 일어나 교수직을 박탈당했던 것은, 윈첼의 주장은 인류의 선조가 흑인일 수도 있다는 것을 내포했기 때문이었다. 만일 그런 주장이 진화론의 종착점이라고 한다면, 미국 남부는 분명 이를 받아들이기를 원하지 않았을 것이다.

뉴질랜드에서는 이와 반대로 인종 정치가 매우 상이한 방향으로 전개되었다. 이곳에서 다윈주의가 수용될 수 있었던 이유는, 다윈주의가 민족 집단의 생존을 위한 투쟁과 유럽 정착민들의 마오리족 축출에 대해 정당성을 제공했기 때문이다. 더군다나 이곳의 종교적 열정은 미지근한 수준을 넘어서지 않았기 때문에, 뉴질랜드 정착민들은 다윈주의를 놀라울 정도로 열렬히 맞이했다. 캐나다에서는 학문의 하부구조가 막 형성되던 시기였기 때문에, 진화론에 대한 반응이 다른 곳에 비해 다소 더디게 나타났다. 당시 캐나다에서는 스코틀랜드 귀납법이라는 일종의 베이컨주의가 융성하고 있었기 때문에 데이터 수집의 중요성이 강조되고 있었을 뿐만 아니라, 프로테스탄트와 가톨릭 간의 정치·종교적 투쟁이 활발한 상황이었다. 이런 상황으로 인해 캐나다에서는 다윈주의를 비롯한 여타의 모든 사상을 이론화할 수 있는 시간적 여유가 거의 없었다. 이와 아울러, 캐나다 북부의 혹독한 자연 환경은 캐나다의 정신에 있어서 [어떤 작가가 일컬었던 바 있는] 소위 "가장 거대한 사실"로 여전히 큰 영향을 미치고 있었다. 이는 끊임없이 농업을 길들이는 것에 방해가 되었고 북쪽으로 거주지를 확대하는 데 장애물이 되었으며 결과적으로 국가 미래에 대한 낙관론을 좌절시키는 데 영향을 미쳤다. 공교롭게도 캐나다의 경우 바로 이 무렵이 『종의 기원』이 세상의 빛을 본 시점이었다. 이런 상황에서 자연이란 결코 창조적 발전의 힘으로 보이지 않았다.

러시아는 혹독한 환경에 인구가 희박한 광활한 공간으로 이루어져 있었기 때문에, 다윈주의의 수용에 대한 영향이 위에서 서술한 지역과는 다른 방식으로 이루어졌다. 이런 상황에서 다윈의 적자생존의 투쟁이라는 개념은 러시아의 주요 과학 인텔리들의 반격을 받았다. 상트페테르부르그 자연학자협회는 경쟁의 역할을 최소화시킨 버전의 진화론을 받아들였다. 그들은 다윈주의 설명에 스며들어 있는 맬서스주의적 요소에 대해 매우 회의적이었다. 부분적으로 볼 때, 이는 농민과 지주로 구성되어 있는 반면 시장-주도적 중산층은 엷었던 당시의 러시아의 정치경제를 반영한 것이었다. 협동을 중요시하는 정치적 풍토 속에서, 진화론 주창자들은 찰스 다윈, 알프레드 러셀 월리스, 그리고 그 외의 "유럽의 다윈주의자들" 에 대한 비판적 논평을 목표로 삼았다. 정치적으로 그들은 "상호부조"가 지배하는 버전의 진화론을 선호했다. 그러나 자연환경 또한 이에 영향을 미쳤다. 빈약한 인구와 기후의 극단적 가혹함은 많은 생명체들로 가득 찬 다윈의 그림이나 푸르게 우거진 월리스의 열대 식생에 잘 들어맞지 않았다. 러시아 북부의 유기체들은 작고 조밀한 생태의 적소(適所) 속으로 밀어 넣어질 수 없었다. 러시아 진화론자들에 있어서 다윈주의적 생존투쟁은 시베리아의 대지와 풍토와는 맞지 않았던 것이다. 그들에게는 다윈주의가 열대의 상황에 국한된, 열대를 위한 이론이었다. 러시아에서 다윈주의는 이데올로기적인 이유와 환경적인 이유로 멜서스 주의적인 요소가 그 내용에서 제거된 후에야 받아들여질 수 있었다.

이처럼 다윈주의의 수용은 불균등한 지역 지리를 나타냈다. 어떤 경우에는 종교적 신념이 중요했다. 다른 경우에는 인종적 강박관념이나 정치적 고집이 다윈주의 사상의 확산을 가로막았다. 또 어떤 경우에는 지역 내 자연지리의 우연성이 이에 직접적인 영향을 끼쳤다. 지역의 특수성이 어떠했을지라도 이는 지역의 문화가 새로운 이론과 조우하는 방식에 결정적인 영향을 끼쳤다. 과학의 생산과 마찬가지로, 과학의 소비에서도 뚜렷한 지역주의가 나타난다.

4. 과학, 국가, 지역 정체성

지금까지 우리는 지역 문화가 과학 연구와 그에 대한 반응에 어떻게 영향을 미쳤는지에 대해서 살펴보았다. 그러나 과학과 지역의 관계가 늘 일방향적이었다고 생각해서는 안 된다. 과학 지식과 실천은 지역 요인에 의해서도 형성되었지만, 역으로 지역의 정체성을 형성하는 수단이 되기도 했다. 응용 천문학, 정밀 지도학, 천연자원 조사, 측지학은 국가가 자국의 영토 경계를 정하고 자국의 자연 자산 일람을 구축하기 위해서 동원한 과학적 실천의 사례이다. 동시에 이런 활동은 겉보기에 혼돈스러운 자연에 대해 합리적인 질서를 부여하고, 정부에 대해 영토적 통일감을 제공하며, 정부 공무원들이 세금을 징수하고 경제 성장을 추진하며 자원을 채취하고 군대를 유지하는 데 필수적으로 요청되는 지리 데이터를 제공한다. 과학적 노력은 지리적 행위주체성의 원인이자 결과이다.

과학이 이처럼 지역 정체성을 형성하는 데 관련되어 있다는 사실은, 국립연구소, 국립조사국, 국립과학학술원 등과 같이 '국립'이라는 이름표를 붙인 일련의 사업들에서 뚜렷이 나타난다. 프랑스는 "민족"이라는 관념이 발생하는 데 중요한 역할을 했는데, 이와 관련하여 "국립 연구소"가 가장 먼저 나타난 것 또한 프랑스에서였다. 프랑스 혁명 이후 저명한 과학자들은 전쟁 중인 국가를 위해 복무해야 했는데, 이 때문에 당시 이 기관들의 활동은 군사적 필요에 부합하게 되었다. 재차 말하건대, 국립 연구소는 국가 정체성에 대한 열망을 나타냈고 국가가 자신의 과학기술적 영예를 드러낼 수 있는 기회를 제공했다.

국가적 조사 활동에 있어서도 마찬가지로, 과학은 국가의 정체성을 형성하고 국가 공간을 가시화하는 데 능동적인 행위주체성을 발휘했다. 이 중 가장 오래된 사업은 17세기 후반 프랑스 루이 14세의 명령에 따라 수행된 지도학적 조사였는데, 이는 당시 자국 내의 소요와 스페인과의 전쟁으로부터의 회복을 촉진하려는 목적에서 수행되었다. 루이 14세는 이를 통해 강력한 중앙집권적 정부하에 지방의 다양성을 통합시키고자 했다. 이 사업은 4세대에 걸쳐 천문학자를 배출한 명가(名家)인 카시니 가문이 주도했는데, 그들은 최신의 천문학 도구를 활용함으로써 프랑스 영토에 대한 자세한 지형도를 완성시킬 수 있었다(그림 27). 그 이전까지만 하더라도 프랑스 영토의 윤곽은 단지 지명이나 기행문 또는 여행기와 같은 "문학적 형태"를 통해서만 전승되어 왔었다. 바야흐로 과학적 지도 제작은 국가의 필요에 부응하는 집단적 공간 지식의 새로운 수단을 제공하게 되었다. 더군다나 기존의 지방도들은 표준화되지 못했기 때문에 국가 전체를 지도학적으로 그리려면 파리천문대에서 재구성 작업을 거쳐야만 했다(그림 28). 또한, 과학적 측량은 국가의 표준화된 도량 단위를 적용함으로써 군주의 지배하에 있던 무질서한 공간을 하나로 통합할 수 있었다. 어떤 의미에서, 카시니의 지도는 종이 지도뿐만 아니라 인식적으로도 프랑스를 문화적으로 유통시킬 수 있었다. 이 지도는 다른 지역에서도 이에 필적할 만한 지도학적 노력이 일어나도록 자극했을 뿐만 아니라, 지리학과 지도학이라는 과학이 국가 권력의 시녀로서 얼마나 유용한지를 증명해 보였다. 종이 위에 그려진 측량선들은 국가의 농업, 경제, 자원에 대한 "합리적" 관리를 가능하게 했다. 계몽주의 시대의 프랑스에서는 과학, 측량, 민족 정체성이 매우 밀접하게 상호 연관되어 있었다. 이와 비슷한 시기 스코틀랜드에서도 지리 측량이 민족적 자아감을 조성하는 데 매우 유용한 것으로 받아들여져서

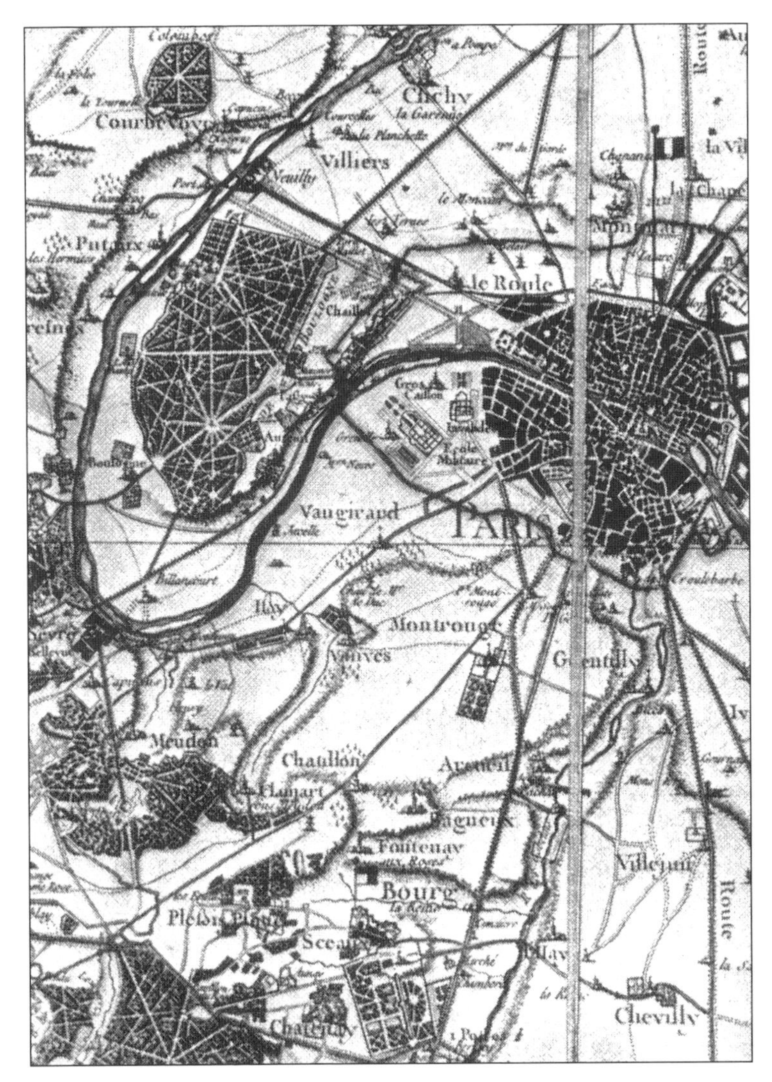

그림 27 1793년에 발행된 《카시니 지도》 중 파리 일대 지형도의 일부. 이 지도는 1:86,400의 축척으로 전체 182장으로 이루어져 있다. 카시니의 지도는 놀라울 정도로 정확했는데, 이는 천문학적 정확성과 측량의 표준화에 힘입은 것이었다. 《카시니 지도》는 강력한 중앙정부하에 프랑스 국토를 통일하려는 운동에 있어서 중요한 구성요소였다.

그림 28 1667년부터 1672년 사이에 건립된 파리천문대. 조반니-도미니코 카시니는 파리천문대의 초대 관장이었고, 그는 프랑스 최초로 과학 측량에 착수했다. 루이 14세는 1682년에 측량 결과를 받아본 후, 프랑스의 해안선이 어떤 곳의 경우 100마일 이상이나 "줄어든 것"을 보고 경악을 금치 못했다.

1682년에 로버트 시발드가 왕실 지리학자로 임명되었다. 시발드는 일련의 국가 지리 측량 사업을 최초로 담당했던 인물로서, 그의 열정은 스코틀랜드의 민족 정체성을 형성하는 데 중축의 구실을 했다. 과학 측량과 지도학은 기존의 사회 질서를 기록함으로써 그 질서를 강화했다.

토마스 제퍼슨의 미국도 거의 이와 마찬가지였다. 제퍼슨은 19세기 초반 미주리 강 상류로 루이스와 클라크의 탐험대를 보냈는데, 이는 미국 서부를 새로운 국가 과학 내에 포함시키려는 의도에서였다. 그의 책 『버지니아 주에 관한 비망록』(1780~81)에서 알 수 있는 것처럼, 그가 이러한 지역 조사를 착수하게 된 것은 그의 철두철미한 애국심 때문이었다. 제퍼슨은 신대륙의 환경과 생명체들을 열등하다고 보았던 뷔퐁의 자극적인 주장을 혐오했고, 왕실 공화주의를 위해 과학의 도움을 얻고자 했다. 그 이후 미국지질조사국 등에 의한 후속 조사들은 아메리카의 대륙적 정체성에 대한 민족적 감정 형성에 확실히 기여했다. 요컨대, 이러한 조사의 업적은 국가를 지리적으로 통일된 하나의 실체로, 즉 상상 가능하고, 지도로 그릴 수 있으며, 실체적인 것으로 가시화했다는 점이었다. 뚜렷한 지역 정체성은 지도학적 수행을 통해서 점차 그럴듯한 것이 되어 가고 있었다.

이러한 다양한 국가적 과학 사업을 살펴보면, 과학적 전문성이라는 권력이 새로운 공간 의식을 만들었고 새로운 지리적 인식을 유발했다는 것을 뚜렷하게 알 수 있다. 물론, 국가가 국가적(민족적) 정체성을 획득하는 것은 단지 국가가 어떻게 가시화되거나 구성되어 있는가에 따른 결과일 뿐만 아니라 국가가 어떻게 조절되는가에 따른 결과이기도 하다. 국가는 계산이라는 시대정신과 계획으로의 충동에 힘입어 과학적 방법을 동원해서 국가적 정체성을 만들고 유지해 나갔다. 과학 조사는 국가의 영토적 범위와 국가 자산에 대한 조사라는 본연의 역할을 수행했고, 동시에 계량적 절차를 공공 업무에 적용함으로써 문화적 자본과 인구 자원을 관리하는 데에도 동원되었다. 이른바 "사회의 과학적 합리화"와 "통치성"에 과학이 어떻게 관련되어 왔는지, 즉 자아로부터 국가에 이르는 모든 것들이 과학이라는 수단을 통해 어떻게 통제 논리에 종속되어 왔는지를 다음의 몇 가지 구체적 사례를 통해서 살펴보자.

1648년 베스트팔렌평화조약 직후 17세기의 독일에 대해서 살펴보자. 당시 이곳은 종교 분쟁으로 어지럽던 지역이었기 때문에, 과학적 지식과 이의 기술적 적용들은 시민사회의 질서와 사회적 규율을 재정립하려는 자원으로 활용되었다. 전체적으로 정치적 무질서, 인구학적 황폐함, 경제 불황, 도덕 정신의 상실 등에 직면한 상황에서, 과학 원리들은 일상의 문제를 해결하는 데 적용되었다. 경제를 합리적으로 조직하고 효율적으로 관리하는 데 관방학(官房學, cameralism)이 동원되었다. 관방학이라는 용어는 당시 각 지역별(국가별) 법적 통치위원회가 관방(camera)이라고 자주 일컬어졌기 때문에 붙여진 이름이었다. 18세기 독일의 과학은 가장 빼어났다. 특히 1765년 요제프 폰 소넨펠스는 『치안, 상업, 재정의 원리』를 출간했는데, 이 책은 추후 이른바 "정부 과학"의 표준적 교과서가 되었다. 이런 전통에서, 자연 질서를 연구하던 수단들이 정치의 영역에 적용되었고, 관방학은 농학, 삼림학, 통계학, 이론물리학, 광업 기술 등 1차적 학문 분야의 힘을 크게 입었다. 안정적이었던 관방학이 19세기 전반기 동안 점차 시들어갔을 때에도, 과학을 국사(國事)에 적용하는 작업은 계속 번성했다. 특히 이런 작업 중에서 공중 보건 운동과 도시 계획 사업 등은 사회 저변의 모든 것들을 계량화해 나갔다. 이 상황에서 19세기 후반 독일의 병리해부학 교수였던 루돌프 피르

호는 정치·의료 개혁을 옹호한 인물로서 과학의 원리가 아이들을 합리적으로 양육하는 데 적용되어야 한다고 주장했다. 물론 이러한 규제적 추진은 사회의 위생 및 보건 실천 운동에 있어서 무시무시한 양상으로 나타났다. 과학 이데올로기는 이런 방식으로 국가를 관리하고 국가의 문화 정체성을 재생산하는 데 동원되었다.

영국에서도 1670년대에 이와 똑같은 경향으로 이른바 정치산술이라는 결정체가 탄생했는데, 특히 의사와 토지 측량학자 그리고 경제학자였던 윌리엄 페티가 정치산술의 발전에 크게 공헌했다. 페티의 목적은 영국의 인구학적 자산과 자본자산에 대한 철저한 계산을 도출하는 것이었다. 그가 이미 『정치산술』의 집필을 시작하기 15년 전에 (이 책은 그의 사후에 출간되었다) 찰스 2세는 페티에게 인구 데이터를 포함한 토지대장 목록을 편찬할 것을 주문했다. 놀라울 것도 없이 왕립협회의 회원이었던 페티는 이 편찬 작업에 과학적 분석 기법을 적용했다. 그가 이해할 때 정치산술이란 정부를 베이컨의 과학적 방법 원리 위에 올려놓는 것을 의미했다. 실험적 기계철학에 대한 그의 열정은 그가 사회적 계량화를 추구했던 것에서 뚜렷하게 드러났을 뿐만 아니라, 이로 인해 그는 인간의 활동이 물질적 세계와 마찬가지로 무자비한 자연의 법칙에 의해 통치된다는 것을 받아들이게 되었다. 이와 더불어, 이른바 사회의 질병을 치유해야 한다는 그의 주장에는 의학적 메타포가 많이 사용되었다. 결과적으로, 사회적 조사로 무장한 페티의 사회 프로젝트는 이른바 세계에 대한 탈신비화 내지 탈매혹화를 추구했다고 볼 수 있다. 그는 다른 나라의 상업적 성공이 그 나라의 "민족정신"이나 그가 경멸적으로 일컬었던 "천사적 지혜"에서 비롯되었다고 보기보다는, 지리적 위치, 교역 패턴, 물동량 등의 세속적 문제들과 연관된 것으로 파악하려고 했다. 이는 1662년 존 그란트의 인구학적 연구와 마찬가지로 철저하게 경험주의적 행동이었다. 이들은 혼돈스럽고 무질서한 피상적 표면 배후에는 아직까지 관찰되지 못한 규칙성이 숨어 있다고 믿었고, 집합적 자료를 사용함으로써 이를 발굴해 내고자 했다. 근본적으로 볼 때, 이런 관점은 인류를 "객체화"하고 이의 가치를 화폐적으로 표현할 수 있는 상품으로 간주하는 것이었다. 페티는 이러한 정치산술적 사업들이 과학적 수단으로 주권국가를 무장시킴으로써 전체 연방의 지위와 그에 속한 시민들의 풍요를 향상시킬 수 있다고 믿었다. 이런 사고의 식민주의적 잠재력이 가장 강력하게 나타난 것은 아일랜드였다. 그는 이미 1650년대 중반 올리버 크롬웰의 의무(醫務)장교로 복역하면서 아일랜드에서 대규모의 과학적 토지 측량에 참여한 경험을 가지고 있었다. 이처럼 페티와 같은 인물들은 국가의 관리와 국가 공간의 조직화를 위해서 자연철학의 계산적 방법을 동원했다.

그러나 과학의 산물을 국사에 활용했던 관방학적 경향이 항상 계량적 언어로 표현되는 것은 아니었다. 18세기 유명한 스웨덴의 식물학자 카롤루스 린네의 경제 정책에서 이를 분명하게 관찰할 수 있다. 린네는 유기체를 속(屬)과 종(種)으로 이루어진 두 단어로 명명하여 분류하는 분류학적 틀을 구축해서 과학적 명성을 떨친 인물이었다. 동식물의 이름에 대한 이명(二名)식 체계와 식물에 대한 자웅(雌雄) 분류법으로 인해 린네는 계몽주의 시대의 가장 위대한 자연사학자로서의 명성을 확립할 수 있었다. 그러나 근본적으로 린네는 항상 자신을 국가의 건축가라고 생각했으며, 그의 정신은 "자연의 경제"라고 일컬었던 신성한 경제와 국가 경제 정책 사이를 변화무쌍하게 오갔다.

린네와 같은 유형의 관방학은 스웨덴의 탈제국주의적 환경이란 맥락에서 이해될 필요가 있다. 스웨덴은 18세기 초반 거의 20년에 걸쳐 계속된 러시아와의 대북방 전쟁 이후 발트해의 식민지를 모두 상실했고, 국가의 엘리트들은 자국의 경제적 미래가 내적 발전에 달려 있다고 보았다. 그들은 광대한 제국을 구축하는 것보다 부강한 나라를 세우고자 했고, 이러한 야망을 달성하기 위한 수단으로 과학을 활용했다. 스웨덴 과학협회의 창설자들이 애당초 이 단체의 이름을 "과학경제학회"로 명명했던 것에서도 이를 알 수 있다. 애국심이 강했던 린네는 이러한 비전을 열렬하게 수용했다. 그의 전략은 상호 연관된 두 개의 생태 정책을 통해 스웨덴의 자치를 확립시키는 것이었다. 첫 번째의 전략은 신성한 경제학자가 (즉, 창조주가) 국가 내 지역들에 부여한 자연 자원을 정성껏 돌보고 수입품에 대해 관세를 부과, 징수하는 것이었다. 두 번째 방법은 세계 식물상의 풍부함을 스웨덴 내부에서 재조직하고 이 식물을 스웨덴의 풍토에 맞게 순응시키는 프로그램을 구현하는 것이었다. 식물의 이식과 순화를 자립을 비롯한 국가 번영의 핵심 열쇠로 여겼던 것이다. 따라서 린네의 제자들의 항해는 지구의 유용한 초본과 식생 수집이라는 막중한 과업으로 무장된 것이었다. 린네는 스웨덴에서 차를 재배하는 것이 전쟁에서의 승리만큼이나 기념비적인 사건이 될 것이라고 주장했다. 따라서 그는 국가의 발전이 영토의 획득과 관련된 것이 아니라고 확신했다. 식물 과학은 스웨덴의 생물지리를 문자 그대로 재창조했다. 린네에게 있어서 경제학이란 자연을 어떻게 수확하는가에 관한 학문일 따름이었다.

위와 같이 국가에 대한 과학의 다소 직접적인 개입 외에도, 과학 이데올로기는 여러 다양한 상황 속에서 정치적 결집과 정체성을 확보하는 데에 중요한 부분이었다. 종교적 열정과 교회 조직의 분열의 시대였던

17세기 동안, 과학은 유용하다는 인식이 넓은 공감대를 형성했다. 과학은 정치와 달리 보편적 진리의 보증자라는 신념 덕분에 과학적 조사가 광범위하게 이루어졌고, 이 결과 과학은 사회적 질서와 도덕의 권위를 유지하는 수단으로서 장려되었다. "과학적 방법"에 대한 강력한 옹호자였던 베이컨의 입장에서 볼 때, (그의 1605년 논문의 제목을 빌자면) '지식의 진보'는 교파의 분열을 두려워했던 프로테스탄트 문화를 유지하기 위해 동원되었다(교파의 분열은 대륙 가톨릭의 전형적인 특징이었다). 베이컨주의에 입각한 탐구는 시민들의 삶을 향상시키기 위한 젠틀맨 과학자들과 기계 숙련공들의 상호 협력의 에너지를 통해 국가적 정체성을 유지하려는 목적을 갖고 있었다. 베이컨에게 있어서 새로운 지식이 갖는 유익성의 범위에는 그 한계가 없었다. 새로운 지식은 국가에 교회적, 기술적, 경제적, 정치적 선(善)을 가져다주었다.

17세기가 지나가면서 영국에서는 급진 개혁가들과 교파주의자들이 부의 재분배, 여성 목회자에 대한 면허 발급, 보다 넓은 민주주의적 참여, 토지의 재분배 등을 강력하게 요구했다. 이 중 많은 사람들은 자연이 정신적 생명력을 갖고 있고 고유의 힘을 내재하고 있다는 사상에 기대고 있었다. 이런 환경에서, 온건 개혁가들은 급진주의적 이견을 잠재우기 위한 수단으로 뉴턴의 기계론적 철학을 끌어들였다. 왜 그랬던 것일까? 자연철학, 종교적 신념, 정치적 권위가 서로 밀접하게 얽힌 세계에서는 물질에 관한 사상이 가장 중요했다. 이런 점에서 뉴턴의 우주는 두 극단에 대한 대안으로 떠올랐다. 한쪽 극단에서는 물질이란 무한히 작은 분자 내지 미립자로 구성되어 있다고 인식하는 르네 데카르트의 철학이 있었다. 이런 관점은 창조주를 그의 지위에서 끌어내리는 것과 같았다. 데카르트는 자신의 철학이 기독교의 정통을 지지한다고 생각했지만, 영국의 평론가들은 그의 철학을 무신론과 아주 근접한 유물론으로 간주했다. 또 다른 극단에는 뉴턴이 "저속"하다고 평가한 생기론(生氣論)과 범신론이 자리 잡고 있었다. 이들에 따르면 물질은 어떤 식으로든 정신적인 그리고 불가사의한 힘에 속해 있었다. 이는 자연 마술사들이 가정하는 일종의 생기로운 우주관이었다. 이런 식으로 보자면 심지어 자연은 감성을 지니고 있는 것이기도 했다. 뉴턴의 기계론적 철학은 유물론과 신비론 양자 모두를 배격하면서, 물질은 생명력이 없기 때문에 기계론적 언어를 통해서 이해되어야 하지만, 그럼에도 불구하고 물질에는 신의 지혜에 대한 증거가 담겨 있다고 보았다. 즉, 자연철학자들은 자연을 탐구함으로써 합리적인 창조주의 작업을 공부하는 사람들이라는 것이다. 물질에 대한 이러한 인식은, 전통 교회 조직과 정치적 기구들을 공격했던 초기감리교파(Ranters), 개간파(Diggers), 평등주의파(Levellers) 등 극단적인 프로테스탄트들의 범신론적, 혁명적 경향을 뒷받침할 수 없었다. 그렇다고 해서 뉴턴 그 자신이 혐오했던 무신론자들이나 물질주의자들의 선동적인 정치를 정당화할 수 있었던 것도 아니었다. 반대로, 뉴턴의 우주는 신의 섭리에 부합함으로써 자연에 합리적 질서를 회복시키는 것이었다. 이와 똑같은 원리가 교회와 정치를 통치하는 데도 적용되어야 했다. 이런 맥락에서, 물질에 대한 그리고 자연 세계를 굽어 살피는 신의 역할에 대한 다양한 이해 방식은 민족, 국가, 권위에 대한 정치 담론의 본질적인 핵심이었다. 왜냐하면 무엇보다도 신이 자연을 다스리는 방식은 군주가 자신의 왕국을 통치하는 방식과 흡사한 것이었기 때문이었다. 뉴턴의 자연철학은 영국의 정치지리적 분열에 맞서 싸우고 영국이라는 국가 공간 내 사회질서에 합리성을 부여하려는 이들의 핵심적인 무기였다.

이와 다른 맥락에서, 과학은 국가 이데올로기를 다양한 방식으로 보증하는 데도 이용되었다. 19세기 후반 아르헨티나의 경우 과학교육의 확대는 국가의 회복에 중대한 요소로 간주되었다. 과학교육은 [국가가 보유한] 자연자원의 목록을 제시했고, 교육 기관 내에 여전히 도사리고 있는 스콜라철학을 전복시켰으며, 국가의 역사를 (진화론적 진보주의가 보증하는) 사회적 개선에 대한 낙관론 속에 위치시킬 수 있었기 때문이었다. 아르헨티나의 과학은 경제적 후진성으로부터 탈출하여 근대성에 입각한 문화 정체성을 창조하기 위한 수단으로 채택되었다. 소비에트 연방의 경우, 1930년대에 정부 당국이 농학자였던 트롬필 리센코의 진화론적 사상을 공식적으로 채택했던 것이 주목할 만하다. 그는 획득된 형질은 유전될 수 있다는 사상을 열렬하게 지지했던 인물이었다. 당시 이런 주장은 이데올로기적으로 거부할 수 없는 사실처럼 받아들여졌다. 그는 이를 러시아에 적용함으로써 20년간에 걸친 무자비한 집단농장화 정책으로 인해 발생한 만성적인 밀 부족 문제를 개선할 수 있다고 주장했다. 이런 사상이 약속했던 미래는 결코 실현되지 않았지만, 이는 자연선택에 기반을 둔 냉혹한 자본주의에 대한 마르크스주의적 적대감과 공명(共鳴)했다. 리센코는 스탈린 체제하에서 소비에트학술원의 유전학 연구소 소장으로 임명되었고, 이 직책을 통해 자신과 의견을 달리하는 많은 과학자들을 축출했다. 여기에서 알 수 있는 바와 같이, 국가적 신념과 정체성은 매우 특이하게 변형된 버전의 진화론적 생물학으로부터 지지를 얻어냈을 뿐만 아니라 이를 공식적으로 승인하기도 했다.

과학적 실천은 다양한 방식으로 국익에 복무해 왔다. 과학적 실천은 지리적 조사라는 기능을 통해 국가적 정체성을 형성했고 다양한 방식의 사회적 감시를 통해 국가를 통제하는 데도 관련되어 왔다. 또한 사회의 혁명적인 요소들을 약화시키는 운동을 뒷받침하는 데도 활용되었다. 이처럼 과학은 지역 문화에 의해 형성되어 왔을 뿐만 아니라, 역으로 지역 문화를 능동적으로 형성하는 데 깊이 관계해 왔다.

* * *

과학은 변화무쌍한 로컬한 것들의 영향을 받지 않는 보편적인 과업으로서 발달되어 왔고 이는 지금도 여전히 그러하다. 그러나 이 장에서 우리는 과학적 노력이 지역적 특색을 얼마나 뚜렷하고 지속적으로 보여 왔는지를 알 수 있었다. 과학에는 그 과학이 실천되는 지역 환경의 특징이 담겨져 있다. 동시에 지역 문화는 새로운 이론이 특정 지역에 수용되는 것에 지대한 영향을 끼쳤을 뿐만 아니라, 과학적 판단을 둘러싼 공개적 논쟁에 참여한 사람들이 어떤 수사적 입장을 채택할 것인지에 대해서도 영향을 미쳐 왔다. 무엇보다도 과학의 이데올로기와 실천은 국가적, 지방적 수준에서 정체성을 창출하고 이를 강화하려는 노력에도 동원되어 왔다. 만일 우리가 "과학"이라 불리는 실천을 근대 문화의 지배적 특징이라고 생각한다면, 우리는 "과학적 노력의 지역 지리들"을 훨씬 더 진지하게 다루어야만 할 것이다.

유통 : 과학의 이동

1827년 5월 4일 에티엔 조프루아 생 틸레르는 오토만제국의 이집트 총독 무하마드 알리가 프랑스 국왕 찰스 10세에 증정하는 선물을 배달하기 위해 마르세유에 도착했다. 그는 며칠 동안 마르세유의 박물관과 소장품들을 돌아보면서 주요 학자들과 환담을 나누었다. 5월 20일 비가 내리는 일요일 아침 일찍, [그는 유포(油布)를 둘러 포장한 무슬림 통치자의 선물을 가지고 두 마리의 야생 산양을 운반한 수행원들과 함께 마르세유를 떠났다. 아마 대단한 구경거리였었음이 틀림없다. 왜냐하면 무하마드 알리의 선물은 [프랑스에는 처음으로 도착하는] 기린이었기 때문이다(그림 29). 기린은 동남부 수단 지역에서 생후 2개월이 채 안 된 상태에서 포획되었는데, 그곳으로부터 마르세유까지 오는 데 2년의 시간이 걸렸다. 기린의 머리가 돌출될 수 있도록 갑판에 구멍을 뚫은 선박을 타고 지중해를 건넌 3주일도 포함해서 말이다. 이제 그 기린은 검

그림 29 오토만제국의 이집트 총독이 프랑스 국왕에게 선물한 기린과 수단 출신의 하인 아티르의 초상화. 니콜라스 후에트의 작품. 이들은 1827년 5월부터 6월까지 마르세유에서 파리까지 걸어왔다.

은 비옷을 입고 긴 여정의 마지막 발을 내딛었다. 파리까지는 550마일, 41일을 더 걸어야 했다. 이는 대소동이었다. 기린이 리옹에 도착할 때까지 무려 3만 명에 달하는 구경꾼들이 운집했을 정도였다. 다가오는 여름 동안 파리의 왕실 정원에서 이 기린을 보려는 사람들은 이보다 3배나 더 많았다.

만일 어떤 의미에서 이 기린 이벤트가 프랑스와의 친선을 오래전부터 닦아온 어떤 친(親)프랑스계 이집트인의 국제 외교적 수행이라고 한다면, 이는 유럽에 의한 동양의 과학적 전유와 관련된 또 하나의 사건일지도 모른다. 프랑스 학자들이 동양의 이국성(exoticism)을 보여 주는 이 최신의 전시품을 보기 위해 운집했을 때, 그들은 오래전 나폴레옹 시대 이집트에 대한 지적 정복을 이어받아 (유기체적 세계에 대한 과학 지식을 추구했기 때문에) 동물 밀매의 중요성을 재확인했던 것이었다.

이와 비슷한 일들이 도처에서 일어났다. 1830년 영국의 탐사선 2대는 남대서양에서 3~4년 동안 머물면서, 남아메리카 일대 주요 위치들의 정확한 위도를 계산하고 파타고니아와 (이른바 "불의 땅"이라고 불리던) 티에라 델 푸에고 제도 간의 복잡한 해안선을 측량하고 있었다. 결국 이는 세계에서 가장 전략적인 해운 항로가 되었고, 영국 해군은 지도라는 매개물 덕분에 남쪽 대양에 대한 지배를 실현할 수 있다고 믿었다. 그러나 1830년 5월 말엽이나 6월 초순 즈음 탐사선 비글호가 티에라 델 푸에고 제도에서 떠날 때, 비글호에는 새로운 측량 차트 그리고 그 이상의 것이 함께 실려져 있었다. 즉, 네 명의 티에라 델 푸에고 섬 원주민들도 함께 비글호에 승선해서 세계의 저편을 향한 긴 항해를 시작했던 것이다. 이들은 현지 원주민들 간의 분쟁으로 이미 포로가 된 상태였는데, 선장이었던 로버트 피츠로이의 눈에는 이들이 문명화의 힘을 실험할 수 있는 대상물로 비쳤다. 피츠로이는 이 원주민들이 영국의 관습을 익힌 후 다시 고향으로 돌아간다면 야만적인 푸에고 사회를 변화시키는 영향을 발휘할 것이라고 믿었다. 피츠로이는 이들을 영국식으로 교육시켰다. 그리고 1833년에 피츠로이가 남대서양에 다시 도착했을 때, 그는 이 원주민들을 원래 그들이 살던 티에라 델 푸에고 섬으로 되돌려 보냈다. 이때 비글호에는 찰스 다윈이 함께 승선하고 있었다. 결과는 큰 실패였다. 네 명의 원주민들은 영국에 있을 때 빅토리아의 상류층 문화의 화려함과 고상함에 급속히 그리고 행복하게 젖어들었다. 그러나 이들은 다시 고향 땅에 귀환한 지 단 며칠 만에 원래의 "야만적" 상태로 쉽게 되돌아갔다. 넷 중 두 명이 세 번째 원주민에게 다가가 그가 멋을 내며 소유하고 있던 가죽장갑에서부터 장화에 이르는 모든 것들을 벗겨 버렸다. 희생을 당한 그 원주민에게 영국으로 다시 돌아가고 싶은지를 물어보았을 때 그는 그렇게 하고 싶지 않다고 말했다. 문명이란 망가지기 쉬운 것이었고, 사회적, 자연적 환경의 강력한 힘과 비교할 때 그 상대가 될 수 없었다. 지리적 이식(移植)에 관한 그런 실험은 비참한 결론에 도달하였다.

당연하게도 과학의 지리에서 유통의 중요성이 종과 표본의 이동에만 국한된 것은 아니다. 사상, 도구, 텍스트, 이론, 개인, 발명품 등 모든 것들이 지표면을 건너 확산된다. 17세기 초반 동안 유럽 전역에 확산된 코페르니쿠스의 이론을 사례로 들어 보자. 1620년 당시 코페르니쿠스의 『천구의 회전에 관하여』의 (1543년의 뉘른베르크 판과 1566년의 바젤 판 모두의) 위치들은 태양 중심설의 확산에 대한 첫 번째 실마리를 제공한다. 나아가, 1616년 3월에 로마 교황이 그의 책을 가톨릭의 정설에 동의하는 텍스트로 만들기 위해 수많은 개정을 지시한 칙령이 선포되었기 때문에, 검열을 받아 개정된 버전과 그렇지 않은 원래의 버전이 어디에서 발견되는지를 확인하는 것 또한 가능하다. 이렇게 볼 때 자명한 사실은, 대부분의 이탈리아 판이 검열을 당했지만 그 외의 다른 곳들은 칙령의 영향을 거의 받지 않았다는 점이다. 심지어 프랑스에서는 대부분이 예수회 도서관에 소장되어 있었는데 검열을 받았다는 증거가 거의 없다. 이는 아마도 예수회가 이러한 억압의 시도를 도미니크회의 망상이라고 간주했기 때문일 것이다. 물론 코페르니쿠스주의의 확산이 단순히 검열의 지도학만으로 "완전하게 해석"될 수는 없다. 다른 요인들도 중요한 역할을 했다. 스코틀랜드에서는 코페르니쿠스의 이론이 (스코틀랜드보다 그의 이론이 좀 더 일찍 상륙했던) 영국과 비교할 때 훨씬 느린 속도로 퍼져나갔다. 이는 스코틀랜드 내의 정치적 불안 때문이기도 하고, 스코틀랜드에서 기존에 출판된 천문학 서적들이 상대적으로 적었기 때문이기도 하다. 네덜란드에서는 프로테스탄티즘이라는 이름을 붙인 태양중심설 학회가 워낙 막강했기 때문에 코페르니쿠스 체계를 "칼뱅주의적 코페르니쿠스 체계"라고 부를 정도였다. 세부적인 사항들이 어떠하든 새로운 천문학은 불균등하게 확산되어 나갔다. 뚜렷한 저항의 공간들과 지지의 공간들이 있었다.

다른 과학적 노력에 대해서도 이와 유사한 이야기들을 제시할 수 있다. 가령, 기술적 장비 또한 유동적이었다. 1660년대에는 유럽 전역에서 로버트 보일이 (피스톤으로 공기를 밀어냄으로써 유리병 속을 진공으로 만들기 위해) 고안한 공기펌프의 복제품을 만들려는 다양한 노력들이 나타났다. 보일의 기구는 엄청나게 중요했지만, 진공을 만들어 내는 새로운 도구로서 그랬던 것은 아니었다. 그것은 새로운 실험 방법을 상징했을 뿐만 아니라 인간이 만든 인공물을 통해 자연을 알 수 있다는 사상의 상징물이기도 했다. 그러나 이 기구를 복제하는 것은 매우 어려웠다. 복제의 문제들은 여러 가지였다. 우리는 이러한 어려움을 나중에 살펴볼 것인데, 그전에 잠시 말하자면 파리, 헤이그, 뷔르츠부르크, 피렌체 등은 새로운 기계를 만들려는 노력의 중심지들이었다. 이와 동시에 과학 기구들이 도시에서 도시로 확산됨에 따라, 사실은 실험적 수단을 통해 전달될 수 있다는 새로운 철학이 출현하게 되었다. 지금의 우리에게 이러한 생각이 자명하게 들리지만, 17세기만 하더라도 자연적 사실이 인공적으로 밝혀질 수 있다는 생각은 상당한 입증을 필요로 하는 주장이었다. 결국, 보일의 기구의 유포로 말미암아 여러 상이한 지점들에서 질의의 공간들이 재창조되었던 것이다. 그리고 이런 공간은 자연을 과학적으로 다루는 것이 가능한 곳이었다. 과학 기구가 이곳에서 저곳으로 유통됨에 따라, 어떤 방법이 자연 세계를 이해하는 데 가장 훌륭한지에 관한 철학도 함께 유통되었다.

이 밖에도 유통된 과학 기구들과 전파의 수단은 다양했다. 과학자 사회, 학술 단체, 야외조사 클럽, 대출도서관 등의 문화적 혁신들이 이곳저곳으로 확산되어 갔다. 이는 특히 유럽 계몽주의 시기 동안에 활발하게 일어났는데, 이 시기에는 살롱이라는 세련된 담화의 장, 우후죽순처럼 늘어나는 인쇄 문화, 커피하우스에서의 사교 모임 등이 공적 영역의 눈에 띄는 특징이 되어 갔다. 예를 들어, 런던의 왕립협회는 1662년에 설립 허가를 받았고 파리의 왕립과학아카데미는 1666년에 설립되었다. 그 이후 10여 년에 걸쳐 이와 유사한 수십 개의 기구들이 베를린, 필라델피아, 보스턴, 상트페테르부르크, 스톡홀름 등에서 창설되었다. 이러한 단체들과 아울러, 순회 응용수학자, 대중 강연자, 상인, 순회 성직자, 저널리스트 등 많은 사람들이 지적 자본이 유통되는 통로가 되었다. 신기술과 이에 동반된 기계적 기술도 이와 마찬가지로 이곳저곳으로 유통되었다. 이런 수많은 방식들을 통해 과학 지식이 확산되었다. 그러나 나는 여기에서 다양한 과학적 확산의 양식이나 과학 지식이 흐른 조밀한 네트워크의 전체 목록을 제시할 수는 없다. 대신 나는 과학 탐구에 있어서 유통의 개념적 중요성에 집중함으로써 과학 지식의 생산과 이의 전 지구적 이동에 지리의 영향력이 얼마나 강력했는지 살펴보고자 한다.

1. 이식과 이전 : 문제의 상정

지식 및 유통과 관련된 주요 개념적 이슈들은 두 가지 상호 연관된 논점을 중심으로 두고 있다. 이 중 첫째는 과학 지식이 여러 장소를 이동하는 방식이고, 둘째는 멀리 떨어진 장소들에서 수집된 지식이 본국으로 되돌아오는 수단이다. 우리가 앞서 살펴본 로컬의 차원들을 생각할 때, 과학은 어떻게 지표면 위를 (겉보기에는 그토록 쉽고 효율적으로) 여행하는가? 우리는 어떻게 멀리 떨어진 사람, 장소, 과정에 대한 지식을 (우리가 아닌) 다른 사람들의 눈, 정신, 육체를 통해서 획득할 수 있는가?

과학은 이곳저곳을 성공적으로 이동함으로써 스스로를 훌륭한 것으로 만든다. 그러나 과학적 주장, 인식, 방법 등은 어떻게 원래의 장소와는 극단적으로 다른 환경으로 이동해서 그곳에서 곧바로 수용되는가? 이에 대한 일반적 대답은 아마도 과학이 초월적이고, 중립적이며, 육체가 없기 때문이라는 설명일 것이다. 즉, 과학적 주장은 편재적(遍在的) 타당성을 갖고 있고, 과학의 확산은 그 고유의 보편성에 따른 결과물이라는 것이다. 프랑스 과학자들이 캘리포니아에서 수행된 실험을 반복한다면 그들은 동일한 결과를 얻을 것이다. 왜냐하면 스탠퍼드에서나 파리에서나 자연법칙은 동일한 방식으로 작동하기 때문에, 과학은 우리가 자연을 옳게 탐구하는 방법을 가르쳤기 때문에, 그리고 과학자 커뮤니티는 이에 올바른 방법들이 사용되었는지를 확인하기 때문이다. 결국 이러한 이유로 과학을 민속, 정치, 시, 신앙 또는 이데올로기로부터 구별 짓는다고 이야기된다.

그러나 이것이 진실인가? 과학 지식의 전달이 그토록 간단한 일인가? 실험 결과의 복제를 생각해 보라. 어느 곳에서나 똑같은 실험 결과를 재생산하려면 분명 그에 적합한 기구들이 요구된다. 그러나 기구를 복제하는 것은 결코 단순한 과업이 아니었다. (앞서 설명했던 바 있는) 1660년대에 로버트 보일의 공기펌프와 그 복제품에 대해서 생각해 보라. 우선, 사실상 보일의 공기펌프가 출현한 직후에 공기펌프를 제작했던 모든 사람들은 보일의 원형(原型)을 직접 눈으로 확인해 볼 수 있어야 했다. 보일의 문자화된 설명만으로는 이 기구의 확산에 충분한 조건이 되지 못했다. 따라서 전위(轉位)는 결코 간단한 문제가 아니었다. 오히려 직접적인 기술적 역량의 이전을 필요로 했다. 더군다나 당시의 모든 공기펌프는 이런 저런 식으로 실험자들을 곤경에 빠뜨렸다. 실험자들은 유리 구체의 크기, 밸브 및 피스톤의 제작, 그리고 기타 디자인적 특징 등에 서툴렀기 때문에 진땀을 빼야만 했다. 이는 공기펌프가 항상적인 개조 중에 있었음을 의미한다. 전달은 변형을 의미했다. 사실, 어떤 기계가 정상적으로 잘 작동하고 있는지를 판단하는 것은 극도로 어려운 작업이었다. 공기펌프가 제대로 작동한다는 것의 증거로 무엇이 통용되었을까? 단순한 변이(편차)는 사실과 어떻게 구별될 수 있었을까? 이런 모든 질문들은 장치의 확산과 관련되어 있다. 왜냐하면 유통은 측정을 요구하기 때문이다. 그리고 바로 이런 지점에서 논쟁이 발생했다. 어떤 기계에서 보일이 달성했던 결과와 똑같은 것이 나왔기 때문에 그 기계가 훌륭하다고 말하는 것은 기만적이었다. 왜냐하면 실험의 핵심은 보일의 결과를 검증하는 것이었기 때문이다. 크리스티안 호이겐스와 같은 경쟁자도 자기 자신의 공기펌프로 실험 결과를 입증했다고 생각했지만, 보일의 시각에서 볼 때 그것은 실격이었다. 장비의 전위가 결과의 이전을 의미하지는 않았다. 즉, 사실의 유포가 단순히 도구의 이전으로 환원되지는 않았다. 그러나 자신의 (실험 장비들과 참관자들을 포함한) 실험 공간이 다른 현장(locales)에서 똑같이 재생산될 수 있는 한, 보일이 옹호했던 새로운 실험 철학은 이곳저곳으로 여행할 수 있었다. 즉, 보일의 발견을 기계적 실험을 통해 입증하는 것이 원래의 의도였지만, 역으로 보일의 실험 결과는 기계를 조정하는 데 이용되었던 것이다.

이 사례는 과학의 이동과 관련해서 두 가지 중요한 고려사항을 제기한다. 첫째, 기계적 고안품의 확산은 결코 어떤 과학적 주장일지라도 이를 문제없이 복제하는 데 충분치 않다. 둘째, 그러나 설령 어떤 곳에서 과학적 결과가 재생산된다고 할지라도, 도구의 측정과 발견의 본질 간의 관계에 대해 질문을 던지는 것은 타당하다. 실험적 사실의 생산은 실험 장비의 재생산과 각 장비 고유의 유통 가능성과 불가피하게 연관되어 있다. 근본적인 의미에서 실험실의 지식은 로컬 지식이다. 그것은 특수한 실제적 기술, 현장에서의 적절한 기술의 이용 가능성, 그리고 기계와 관련된 방법적 지식과 결합되어 있다. 이러한 환경에서 획득된 지식은 실험 도구들의 작동에 관한 "기능적 지식"에 의존한다. 그리고 이런 기능적 지식이 어느 실험 현장의 구역 너머로 유통되는 것은 단순히 특정한 환경에서 보편적 진리가 어떻게 드러나는가에 관한 이야기가 아니다. 그것은 하나의 로컬에서 또 다른 로컬로의 이전을 어떻게 다룰 것인가와 관련된 것이다. 과학 도구가 생성한 사실들의 세계는 과학적 주장이 의존하려는 근사치의 데이터로 구성되어 있다. 다른 곳에서 도구적 재생산이 불가능하다면, "연구 결과"란 발견되지 못할 것이다. 따라서 복제의 어려움 때문이든 아니면 복제가 데이터의 재생산에 필수적으로 요구되든, 실험 지식의 지리적 확산은 처음에 얼핏 보는 것보다는 훨씬 더 복잡한 실행들의 집합체이다. (어떤 곳에서 다른 곳으로 과학을 이전시키는 것이 겉보기에는 아무 문제가 없는 것 같지만) 과학의 보편성이라고 여겨지는 것은 로컬 절차들을 복제하고 표준화하며 맞춤화하는(customizing) 것과 깊은 관련이 있다. 이렇게 볼 때, 실험실에서 모아진 과학 지식은 보편적으로 타당한 사실들을 로컬에서 실증한 것이라기보다는 "하나의 로컬 지식을 또 다른 로컬 지식으로 각색한 것"에 가깝다고 할 수 있다.

물론 과학 지식의 유통은 실험 도구의 복제보다 훨씬 넓은 차원과도 관계되어 있다. 관측천문학, 지리학, 자연사, 측량, 기상학, 수로학, 의료식물학 등의 과학을 생각해보자. 이런 과학의 발전은 먼 곳으로의 여행하기와 복잡하게 뒤엉켜 있다. 이러한 과학의 큰 업적은 공간적, 시간적으로 광범위한 프로젝트에 참여하는 수백 명의 사람들과 관련되어 있다. 16세기부터 17세기의 유럽은 역사상 유례없는 전 지구적 모빌리티의 시대였다. 지리 조사를 통한 경험적 풍부함과 개념적 도전들은 수많은 과학적 탐구에 중차대한 영향을 끼쳤다. 프란시스 베이컨이 "우리의 시대에 자연의 많은 것들이 열리고 발견되어 철학에 새로운 빛을 비추게 된 것은 다름 아니라 장거리 항해와 여행이 빈번해졌기 때문이다."라고 생각했을 때, 그는 바로 이러한 관계를 지칭한 것이었다. 베이컨의 입장에서 볼 때, 자연 철학의 새로운 발전은 새로운 지리적 지각력과 밀접하게 관련되어 있었음이 분명했다.

원거리 데이터 수집으로 혜택을 받은 과학 연구의 목록은 그리 짧지 않을 것이다. 1676년 에드먼드 핼리는 월식(月蝕)을 관찰하기 위해 세인트 헬레나 섬으로 여행을 떠났다. 프랑스의 조반니-도미니코 카시니는 광범위한 정보제공자들로부터 관측 자료를 수집함으로써 (원래 파리천문대의 바닥에 그려졌던) 유명한 지구 평면구형도를 제작했다(그림 30). 로버트 보일은 자연 물체의 특정한 인력은 지리적으로 다르다는 가설을 입증하기 위해 해외로부터 데이터를 수집했다. 아이작 뉴턴이 『자연철학의 수학적 원리』 2판에서 혜성의 궤도를 수정 계산했던 표는 서로 다른 반구(半球)의 관측자들 덕분에 만들어질 수 있었다. 1686년부터 1704년 사이에 출간된 존 레이의 『식물의 역사』는 4개 대륙에 걸쳐 여행했던 식물학자들의 관찰 결과를 종합한 것이었다. 이런 활동들은 크게 번성했다. 기압계와 추를 이용한 실험은 멀리 떨어진 산꼭대기에서 이루어졌다. [세계 여러 곳의] 식물 표본 등 여러 물질들이 유럽 본국의 정원과 살롱으로 물밀 듯이 들어왔다. 삽화가들이 그린 이미지들 또한 이와 마찬가지였다. 제약 및 치료와 관련된 아시아의 지식은 과학 여행자들이 기록한 문집을 통해 유럽의 의학적 사고 속으로 들어왔다. 과학 목적의 항해가 성공적인 연구 양식으로서의 지위를 굳히게 되면서, 제임스 쿡, 장-프랑수아 드 라페루즈, 알렉산더 폰 훔볼트, 찰스 다윈 등의 이름을 사람들이 일상에서 흔하게 부르게 되었다. 이런 탐험을 통해 중심지들의 전 지구적 네트워크가 구축되었고, 이들은 지자기에서 동물 종에 이르는 모든 것들에 관한 데이터를 제공했다. 이런 방식으로 유럽의 과학 지식은 지식의 전 지구적 유통에 의존했고, 본국의 지식 지도는

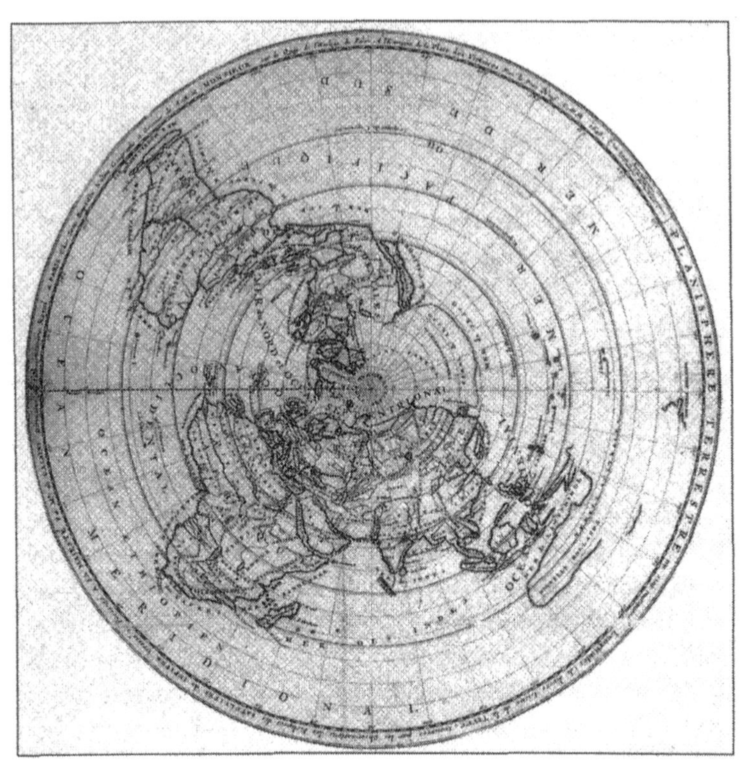

그림 30 조반니-도미니코 카시니의 지구 평면구형도. 이는 원래 파리천문대의 바닥에 그려졌었다. 이 지구의 이미지는 전 세계에 걸쳐 광범위한 천문 관측 자료를 수집하고 이를 파리천문대에서 가지런히 종합함으로써 제작되었다.

멀리 떨어진 것들을 거울로 삼아 지속적으로 재정립되었다.

먼 곳으로부터 보고는 많은 문제를 풀었던 만큼 많은 문제를 일으키기도 했는데, 특히 두 가지 문제가 빠른 속도로 표면화되었다. 첫째, 항해 목격담들의 발표는 고전의 권위를 심각하게 침해했다. 보다 최신의 여행가들은 옛사람들이 전혀 몰랐던 사람과 식물과 장소를 목격했다.

아리스토텔레스, 플리니우스, 톨레미는 더 이상 무조건적 신뢰를 받지 못했다. 17세기 초반 몇몇 저술가들이 말했던 것처럼, 전 지구적 탐험은 고대 철학이 의존하던 토대를 파괴했고, 사물에 대한 전적으로 새로운 인식이 불가피해지게 되었다. 더군다나 여행가들의 이야기는 유럽인들로 하여금 자신들의 예절, 관습, 종교, 규칙을 다른 세계의 사람들과 비교하도록 이끌었다. 이와 관련해서 폴 하자드는 "초월자들의 고상한 세계를 차지하고 있던 개념들이 [갑작스럽게도] 환경이 다스리고 있는 사물들의 세계로 끌어 내려졌다. 이성에 기반을 둔 실천들이 단순한 관습의 문제라는 것이 밝혀졌다."라고 말했다.

두 번째 도전 또한 매우 중요하다. 여행가들의 경험에서 도출된 지식은 새로운 자연철학의 대가들이 열렬하게 추구했던 앎의 방식에 관한 필연적 문제를 야기했다. 그들은 목격, 직접 경험, 즉각적인 지각이 중요하다고 주장해왔다. 1628년 혈액 순환에 대한 설명으로 유명해진 윌리엄 하비는 자신의 학생들로 하여금 다른 사람들의 경험에 의존하지 말고, 아무것도 신뢰하지 말 것을 당부했다. 1664년 존 이블린은 『실바』에서 다른 작가들에 대한 신뢰에 바탕을 둔 작품들을 폄훼했다. 이런 주장은 그 이전 시기의 앎의 방식과는 매우 다른 것이었다. 아우구스투스는 397년부터 398년 사이에 완성된 『고백론』에서 다른 증인들에 대한 신뢰의 불가피함을 말한 바 있다. 아우구스투스는 "나는 깨닫기 시작했다. 나는 내가 한 번도 본 적이 없거나 내가 그곳에 없었을 때 발생했던 것들을 믿었다는 사실을 말이다. 세계 역사의 그토록 많은 사건을, 내가 한 번도 본 적이 없는 장소와 도시에 관한 사실을, 그리고 친구나 박사나 다른 수많은 사람들의 말을 믿었다는 것을 말이다. 우리가 이를 믿음으로 받아들이지 않는다면, 우리는 이 삶에서 어떠한 것도 달성할 수 없을 것이다."라고 썼다. 또한 수필가 몽테뉴는 1580년대에 "거의 모든 의견들은 권위와 신뢰에 의해 받아들여진다."라고 주장하였다. 그러나 바야흐로 지식은 훨씬 더 확실한 토대 위에 세워져야 했다. 권위보다는 경험 위에, 보고서보다는 증거 위에, 신뢰보다는 관찰 위에 세워져야 했던 것이다.

그러나 이러한 수사에도 불구하고 새로운 자연철학자들은 다름 아닌 다른 사람들의 증언에 기대야만 했다. 가령, 보일은 "공기의 중량"에 대한 자신의 생각을 검증하기 위해서 (다이빙 벨을 사용했던) 잠수부들의 증언에 의존해야 했다. 물론 그는 '만일'과 '그러나'를 다양하게 사용함으로써 (즉, 조건과 이의를 통해) 전체 설명을 한정시켰지만 말이다. 뿐만 아니라, 그는 추위가 육체에 미치는 영향을 파악하는 데 극지방을 여행한 사람들의 관찰에 의존했다. 그리고 그는 자신이 밝혀낸 사실들이 오직 자기 자신이 직접 목격하거나 실행했던 것들에 국한된다는 점을 반복적으로 피력했다. 이와 마찬가지로, 17세기 네덜란드의 철학자 크리스티안 호이겐스는 선박의 해상 시운전 보고서에 의존해서 크로노미터의 신뢰도를 측정했다. 그는 특정 결과를 받아들이기 어려울 경우에는, 배멀미로 인한 선원의 피로 때문이라고 생각했다. 19세기의 천문학자 존 허셜은 지자기에 관한 지식은 오직 지구상 모든 지역에서의 관측값을 대조함으로써만 얻어질 수 있다고 주장했다. 경험적 결과를 얻기 위해 다른 사람을 신뢰하는 것은 필수불가결한 것이었다. 그러나 지식의 왕국 속에서는 이따금 이런 신뢰가 잘못된 것으로 간주되기도 했다. 이런 잘못은 특히 원격지에 대한 자연사적, 지리적 정보를 취득하는 경우에 훨씬 더 심각했다. 왜냐하면 먼 곳에 대한 자국 내의 지식은 거의 절대적으로 다른 사람들의 증언에 의존했기 때문이다. 당연히 증언을 평가하는 데 있어서는 판단의 문제가 가장 중요했다. 누구를 신뢰할 수 있는가? 그것이 문제였다. 그리고 이에 대한 대답에 있어서 방법론이나 데이터에 대한 이해도 중요했지만, 사람의 정직성을 어떻게 판단할 것인가의 문제도 그만큼 중요했다. 원거리의 사물들에 대해 알기 위해서는 사람들을 분별하는 것이 필요했다. 자연에 대한 지식과 사람에 대한 지식이 친밀하게 결합되었다. 왜냐하면 신뢰성을 공인받기 위한 과정은 항상 결정적으로는 사회적이었기 때문이다.

다른 아이러니들도 있었다. 무엇보다도 과학 여행가들이 출판한 문헌들이 참신하게 쓰인 것이 드물었기 때문이다. 이 저술들은 대개 작문상의 오랜 교정을 거친 산물이었다. 가령, 제임스 쿡은 자신의 원고를 반복적으로 가공했기 때문에, 자신이 공개하겠다고 공언했던 바로 그 상황의 정확성과는 거리가 있었다. 게다가 최종적으로 출판된 버전의 원고는 존 더글러스의 교정을 받아 정련된 것이었는데, 그는 편집 과정에서 항해에 동승했던 장교들의 다양한 일기 기록들을 이용하였다. 이런 측면에서 볼 때, 겉보기에는 경험적으로 자연스러운 것처럼 보일지라도, 이는 직접 경험에 의한 기술이었을 뿐만 아니라 편집 방식과 수사적 꾸밈의 결과물이기도 했다. 또한 이러한 문헌들이 장거리 여행을 준비하던 후속 여행가들에 의해 읽혔다는 점을 생각한다면(실제로 원거리 항해에 나서는 과학 탐험가들은 이런 여행기들을 갖고 다녔다), 여행 서사들이 문체상의 인습, 개인적 경험, 전승되어 온 여행담의 복합적 산물이었다는 점이 보다 뚜렷해진다. 예를 들어, 다윈이 5년에 걸쳐 세계를 일주하는 내내 훔볼트의 『신대륙 적도지역 여행에 대한 개인적 이야기』는 변함없는 그의 동반자였다.

결국 과학 지식의 유통으로 중대한 문화적, 개념적 도전들이 제기되었다. 이런 점에서 원거리의 인식아(knower)를 어떻게 다룰 것인가를 둘러싸고 지속적으로 문제가 제기되었다는 점은 그리 놀라운 일이 아니다. 과학의 유통이 갖는 지리적 특성에는 본래부터 신뢰관계가 내재되어 있다. 그렇다면 "지식"이라는 지붕의 무게를 견디기 위해서는 이 신뢰 관계를 어떻게 구축할 것인가? 조류에 떠다니는 주장들의 신뢰성을 보증하는 데에는 어떤 메커니즘이 필요한가? 멀리 떨어진 사람의 목소리를 듣고 믿는 데 고유하게 내재된 위험을 최소화하기 위해서 동원된 "신뢰의 기술"은 바로 다음의 기항지에서 다루어질 내용이다.

2. 여행과 신뢰의 기술

원격지로부터의 보고서를 전적으로 신뢰하는 것은 지극히 어려운 일이었다. 어떻게 거짓 여행가들로부터 정직한 여행가들을, 허황된 이야기꾼들로부터 성실한 증인들을 구별해 낼 수 있겠는가? 이런 문제를 어떻게 극복할 것인가는 과학적 앎의 유통에 있어서 필연적으로 해결되어야 할 질문이었다. 지식 상인들의 원격지에서의 활동을 신뢰하려면 이들을 어떻게 통제해야 하는가? 신뢰성을 확보하려면 여행과 여행가들을 어떻게 규제해야 하는가? 이를 위해 다양한 방법들이 동원되었다. 모든 방법의 핵심 목표는 현존과 부재 사이의 인지적 간극을 연결하는 것이었다. 특정 지식 생산의 공간에 부재했던 사람들은 거기에 현존했던 사람들이 타당한 방식으로 수집한 정보를 확신할 수 있는 방법이 필요했다. 이제 다음 절에서 이런 난제를 극복하기 위해 사용되었던 여러 기술(techniques)에 대해서 살펴보자.

지각을 규율하기

가장 기본적인 수준에서 볼 때, 원격지에서 수집된 지식에 대해 신뢰성을 확보할 수 있는 가장 간단한 방법은 관찰을 실행한 주체가 잘 훈련된 증인들이라는 것을 보증하는 것이었다. 관찰자의 지각(知覺)을 잘 규율함으로써, 그들에게 적절한 도구를 제공함으로써, 그들에게 데이터 수집의 기법을 가르침으로써 "여기"와 "거기" 사이의 공간 대부분이 메워질 수 있었다. 특별 임무를 띤 항해 탐험에 지나치게 많은 비용이 소요됨에 따라 결국 17세기 후반에는 프랑스 왕립과학아카데미에 심각한 재정 유출이 야기되었다. 이때 예수회 선교사들이 지도학적 측정과 이와 관련된 여러 계획을 실행할 목적으로 천문학과 수학 등의 분야에서 장비를 갖추고 훈련을 받았다. 1685년 가이 드 타샤르 신부와 6명의 동료는 성경과 종교적 전통 대신 온도계, 공기펌프, 사용법 매뉴얼 등으로 무장하고 중국을 향해 떠났다. 이들의 이동식 실험실로부터 월식에 관한 정보, 경도계의 정확성에 관한 보고서, 항해 데이터, 식물 표본, 지리 요약집 등이 본국으로 이송되었다.

사실 이런 유형의 학문적 기술은 상당히 오랫동안 실행되어 온 것이며, 분명히 향후에도 여러 세대에 걸쳐 지속될 것이다. 이처럼 본국과 원격지 사이의 정보 유통이 지니는 고유한 지리적 문제를 초월하기 위해 많은 프로젝트들이 수행되어 왔다. 나는 이들 중 16세기와 19세기에 수행된 몇몇 프로젝트들과 이와 관련된 여러 전략들을 고찰하고자 한다.

유럽인들의 시각으로 세계가 열어 젖혀지자, 포르투갈과 같은 국가들은 훨씬 더 글로벌화되고 있는 제국의 해상 운송을 지탱해야 하는 문제에 직면하게 되었다. 조선 기술 등의 발전은 당연히 중대한 문제였고, 사람들을 통제하는 것 또한 점차 중요한 문제로 부상하게 되었다. 뱃사람들이 근해를 떠나 더욱 먼 곳을 향해 출항함에 따라, 그들이 그동안 의존해 왔던 항해의 전통이 신뢰를 잃는 대신 새로운 기술이 부상하기 시작했다. 물론, 학자들은 이런 문제에 대한 이론적 해결책들을 오래전부터 마련해 왔다. 그러나 선장들에게 그들이 이해할 수 있으면서도 실용적인 형태의 천문학적 정보를 제공하는 것은 이와는 별개의 문제였다. 포르투갈은 여러 측면에서 관련 기술 노하우를 유통시키는 데 유리한 위치를 선점하였다. 우선, 여러 실험용 장비들을 천문학적 계산을 실행할 수 있도록 개조했다. 둘째, 필수적인 법칙들과 이와 관련된 관측표가 선박 조종사들을 안내하는 규정 지침서의 형태로 유통되었다. 이로 인해 천문적 원리를 아주 초보적으로만 알던 뱃사람들이 기본적인 관측과 삼각법을 결합시켜서 자신들이 위치한 경도를 계산할 수 있게 되었다. 셋째, 무엇보다도 뱃사람들에 대한 체계적인 훈련이 이루어졌다. 이런 모든 실천들은 리스본과 같은 의사소통의 중심지가 세계의 반대편에서 실행된 측정 작업들을 통제할 수 있게 하려는 것이었다. 포르투갈의 "장거리 통제" 방법을 연구했던 어떤 학자가 말한 바와 같이, 계측 기구, 문헌, 훈련받은 사람들 등은 지식과 실천의 유통에 있어서 근본적으로 중요한 역할을 하였다. 많은 대도시의 자연철학자들은 이상적인 관측 메신저란 해외에서 관측을 수행하도록 본국에서 훈련을 잘 받아 신뢰할 수 있는 지각력을 가진 일꾼이라고 여겼다.

16세기가 지나면서 유럽의 다른 주요 중심지들에서도 이런 유형의 전략을 수행함에 따라 신뢰성 있는 원격지 정보를 얻는 것이 가능해졌다. 바젤, 베네치아, 파리에서는 여행가들에게 지리적 관찰 기술을 훈련시키는 책자들이 발행되었다. 이런 책자는 지역 기술에 대한 예시를 보여주곤 했는데, 이는 아리스토텔레스주의에 반대했던 논리학자 페트뤼 라무스가 제시한 학습 설계에 잘 들어맞는 것이었다. 또한, 이런 책자에는 여행가들이 관찰 결과를 극대화할 수 있게 안내하는 질문표도 포함되어 있었다. 무엇이 관찰되어야 하고 그 관찰이 어떻게 이루어져야 하는지 등에 관한 내용이 예시와 함께 상세히 적혀 있었다. 1570년경에 출간된 휴고 블로티우스의 『여행표(Tabula Peregrinationis)』는 여행가가 도시의 특징을 정확하게 기록할 수 있도록 100개가 넘는 질문들을 포함했다. 이런 방식을 통해 원거리 여행자들의 시선은 본국에서 중요하다고 생각되는 문제들에 대해 집중할 수 있도록 잘 훈련될 수 있었다. 이와 동시에 변덕스러운 기억력에 대해서는 풀프루프(foolproof) 방법으로 이를 극복하고자 했다. 로버트 보일의 여행자들을 위한 익명의 안내서가 그의 사후에 『국가의 자연사에 대한 일반론』이라는 제목으로 왕립협회 저널에 실렸는데, 이 또한 여행의 "방법화"라는 오랜 전통의 연장선상에 있는 것이었다. 1세기가 지난 이후 스웨덴의 자연학자 카롤루스 린네는 탐험가들이 제공한 의학 및 과학 정보들을 모아 체계적인 지침서로 만든 여러 저서를 출간했다. 이렇게 유통된 질문들은 자국 내에서 정보를 [체계적으로] 축적하는 데 이용될 수 있었다. 가령, 18세기 후반 스코틀랜드에서는 토마스 피난이 원격지 교구의 "젠틀맨과 성직자"를 대상으로 로컬 풍습과 자연사에 관한 27개의 질문으로 구성된 목록을 유통시키기도 했다. 이들은 성실한 조사에 대한 신뢰를 얻을 수 있는 사회적 지위를 갖고 있었고, 피난의 질문표는 이들이 자신이 원하는 정보에 집중하도록 방향을 제시했다. 이런 식으로 실제적 입증에 도달할 수 있었다.

그러나 이러한 전략 중 그 어떤 것도 확실성을 제시하지는 못했다. 1570년대 초반 질문표를 사용해서 신세계의 여러 위치들의 경도를 정확히 측정하려는 시도가 비참하게도 실패로 끝났다. 이해의 부족, 오해, 전사(轉寫)의 오류, 부적절한 정보 등 여러 문제들이 지속적으로 불거졌다. 그러나 정보원(情報源)을 규율할 수 있는 다른 수단이 없었다. 유일한 대안은 가이드라인을 단순화해서 계속 나아가는 것이었다.

여전히 일반적인 전략은 계속 이어졌다. 1854년 런던 왕립지리협회는 과학 탐험가들을 위한 안내서로서 『여행가를 위한 힌트』 초판을 발간했고, 10년 후에는 개정판이 출간되었다. 이는 현장 조사에서 나타나는 어려움을 해결하기 위해 필수 장비 안내, 도구 관리 지침, 그리고 일련의 "지리정보 수집을 위한 조언"을 제공하려는 의도에서였다(그림 31). 그러나 규정에 입각한 지리 조사 시스템을 구축하려는 시도는 그리 호락호락하지 않았다. 노련한 여행가들이 보고한 세부적인 관찰사항들은 각각 서로 달랐다. 예를 들면 적절한 정확성을 위해 취하는 수단이나 행동들, 심지어 어떤 장비가 탐험의 목적에 가장 적합한지에 있어서도 의견은 달랐다. 이는 심지어 개별 장비가 탐험의 목적에 잘 들어맞았을 때에도 서로 달랐다. 이에 따라 신뢰성을 달성하려는 메커니즘이 점차 변화하게 되었다. 여행가들의 지각이 교육받을 필요가 있다는 것과 이 목적을 어떻게 달성할 것인가의 문제는 서로 별개였다. 예를 들어, 다윈의 사촌이었던 프랜시스 골턴은 『여행가를 위한 힌트』의 2판부터 4판까지에 큰 영향을 끼친 인물이었는데, 그는 탐험대장들이 자기 훈련을 [대원들에게] 보여 주는 데 무엇이 필요한지 그리고 어떻게 이를 동료 유럽인들 및 "원주민들"과 함께 실행할 것인지에 대한 조언을 1855년의 자신의 책 『여행의 기술』 속에 담아야겠다고 느꼈다. 개인 성품에 대한 신뢰

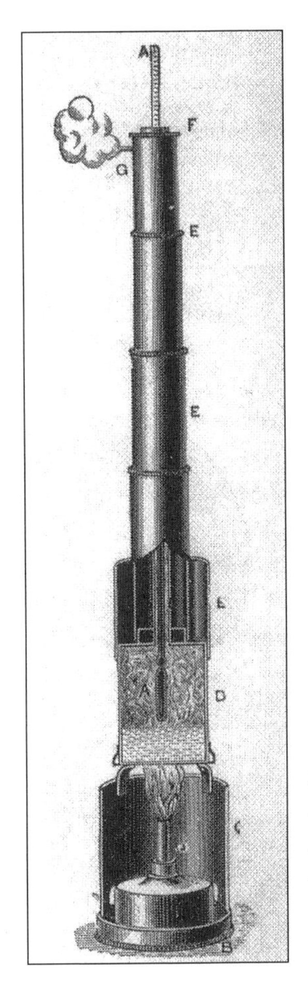

그림 31 왕립지리협회의 『여행가를 위한 힌트』에 실린 측고계(測高計)의 그림. 측고계는 끓는점을 측정해서 고도를 재는 도구였다. 왕립지리협회는 과학 여행을 통제하려는 시도에 있어서, 관찰자들에게 이런 장비의 사용법을 교육하는 것이 원격지에 대한 신뢰성 있는 과학 지식을 획득하는 데 필수적이라고 생각했다.

는 과학적 보고에 대한 신뢰와 분리될 수 없었다. 원격지에 대한 지식을 획득하는 데 기술적 역량만큼이나 도덕적 기질도 중요했다.

어떤 경우에는 신체의 지각에 대한 훈련과 신체적 손상이 서로에 대한 확증으로 간주되기도 했다. 탐험가의 신체가 험난한 환경 속에서 혹독한 고난을 견뎌냈다는 것은, 달리 말해 문자 그대로 외래 환경의 흔적을 몸에 지녔다는 것은 신뢰성을 증빙하는 훈장이었다. 탐험가의 살에 새겨진 도덕적 용기는 인지적 신뢰성에 대한 표증(表證)이었다. 과학 여행가에게 있어서 정신, 도덕, 물질은 일상적으로 합체되었다. 예를 들어 1820년대에 아프리카의 도시 팀북투에 최초로 도착한 유럽인이 누구인가를 둘러싼 논쟁을 살펴보자. 영국 해군 본부의 사무차관이었던 존 배로는 이 문제에 대한 논평에서 프랑스의 젊은이였던 르네 까이에한테 그 영예가 돌아가야 한다는 주장을 반박했다. 대신, 배로는 스코틀랜드의 군인이었던 알렉산더 고든 레잉이 영광을 차지해야 한다고 주장했다. 이 사건에서 흥미로운 점은 배로가 신뢰 구축과 관련된 이 논쟁 속에 도덕적 요소를 삽입했다는 점이다. 배로는 까이에가 궁핍한 아랍인으로 위장해서 무슬림 개종자인 것처럼 팀북투에 진입했기 때문에 시종일관 핑계와 속임수에 의존한 것이라고 주장했다. 배로는 "최초의 발견에 대해 준비된 자가 앞으로 나아가면서 아무런 난관을 겪지 못했다."면서 까이에를 비웃었다. 이러한 젠틀맨답지 못한 행동은 레잉의 숭고함과 뚜렷하게 대비되었다. 왜냐하면 레잉은 자신의 지리적 지식을 영웅답게 그리고 고통스럽게 획득했기 때문이었다. 그는 "속임수 없는 실천"을 수행했다. 레잉은 투아레그 도적 떼와의 충돌에서 살아남는 과정에서 입은 24군데의 상처에 대해 고통스러울 정도로 자세하게 보고했다.

여기에는 머리 및 왼쪽 관자놀이와 우측 팔에 입은 여러 칼자국, 다양한 골절, 엉덩이의 총상 등이 포함되었다. 신뢰는 그 사람의 권위에 부여되었기 때문에, 상처를 통한 도덕성의 입증은 신뢰를 측정하는 데 매우 중요했다. 배로에게 있어서 레잉은 자기희생이라는 미덕의 전형이었고, 그가 입었던 부상은 살에 새겨진 진실의 표증이었다.

사실에 대한 주장이 과학 여행가들과 함께 세계 곳곳에 유통됨에 따라 신뢰도에 관해서도 중대한 문제들이 제기되었다는 것은 명백하다. 누구를 믿을 수 있고 누구의 말이 신뢰를 얻을 수 있는가? 이런 문제를 다루는 한 가지 방식은 기술적, 지적, 도덕적 훈련을 받은 탐험가들과 그들의 지각에 대해서 [공식적인] 확신을 부여하는 것이었다. 이런 방법이 얼만큼 달성되었다고 하더라도, 과학 지식의 유통은 필연적으로 사람들에 관한 판단과 관련된 사회적 사안이었다. 그러나 단지 사람과 그의 감각 기관만이 신뢰의 대상인 것은 아니었다. 문헌들을 생산한 사람들과는 별개로 문헌 기록 그 자체도 신뢰가 자리 잡는 하나의 위치였다. 이런 문헌 중 지도가 (지도는 한 공간에서 다른 곳으로 지식을 옮기는 도구였다) 크게 부각되었다.

영토를 지도화하기

지도는 세계를 집으로 불러들이는 효율적이고도 신뢰할 만한 방법으로서 널리 채택되어 왔다. 톨레미의 고대 로마 세계나 이사복(李賜福, Li Chi-fu)의 9세기 중국에서나 또는 아부 자히드 알발키의 이슬람 세계에서나, 지도는 세계에 대한 회화적 기술로 간주되어 왔다. 유럽에서 발견의 시대가 시작될 무렵 지도는 크게 번성하고 있었고, 지도의 과학적 지위는 계몽주의 시대에 더욱 강화되었다. 물론 그 이후 지도학자들은 그 이전 시대의 지도학적 성과를 원시적이고 잘못되었으며 심지어 터무니없는 것이라고 비난하곤 했다. 가령, 중세의 지도는 비과학적이라고 혹평을 받고 "완전한 무용(無用)"의 나락으로 격하되었다. 그러나 멀리 떨어진 지역들에 대한 진실을 지도학적 노력을 통해 알 수 있다는 생각은 광범위한 지지를 받고 있었다. 당시 포르톨라노(portolans)라 불리던 중세 말엽의 지중해 지도는 보다 정확하게 해안선을 그려 나감으로써 항해에 꼭 필요한 도구가 되었다. 또한 주지의 사실이다시피, 르네상스의 지도제작자들이었던 오르텔리우스와 메르카토르의 지도는 지표의 형태를 놀라울 정도로 정확하게 담아냈다. 네덜란드의 지도학자 요한 블라외가 제작한 《신(新)세계지도》는 과거의 속박으로부터 해방된 자유로운 탐구라는 르네상스 정신의 대표적 상징물이 되었고, 수사적으로도 널리 찬양을 받았다. 시각적 지리와 정확한 제도(製圖)에 대한 갈증이 점차 커짐에 따라, 이런 지도학적 산물은 지적, 상업적, 미학적 표현 수단으로서의 가치를 부여받으며 빠른 속도로 부상했다.

지표의 형상에 대한 지도화와 아울러, 광범위한 요소들이 지도라는 형태로 축약되어 갔다. 18세기에 들어섰을 무렵 나침반의 편차, 대기 순환, 해류 흐름 등이 지도로 그려졌다. 뒤이어 어족의 분포, 기후 패턴, 동식물 종의 분포, 빈곤과 질병, 포유류의 이동, 종교적 신앙을 나타낸 지도들이 등장했다. 이 목록은 끝이 없을 것이다. 오늘날에는 AIDS 바이러스, 인간 유전체, 두뇌의 지도가 등장했다. 항해와 같은 실용적 목적에서든 아니면 과학 연구의 인지적 관심에서든, 사람들은 지도를 세계의 정확한 재현으로서 의존하고 있다. 지도가 사회에서 발휘하는 힘은 지도가 구현하고 있는 정밀성과 정확성의 효과와 연관되어 있다. 지도는 정보를 아주 쉽게 전 지구적으로 통용시키는 힘을 갖고 있다. 지구의 저편 끝에서 취득된 데이터는 지도라는 형식을 통해 중심부로 이송되고, 그 이후 수합, 분석, 대조 등의 과정을 거쳐 숨겨진 패턴을 드러낸다. 지도는 이처럼 강력한 특징을 지니고 있기 때문에, 지도가 과학 이론 그 자체의 등가물처럼 사용되어 왔다는 사실은 그리 놀랍지 않다. 이런 모든 이유에서 지도는 진리의 담지체였다. 다음 절에서 우리는 지도학적 정확성에 대한 사상을 살펴보고, 무엇이 지도의 모빌리티와 관련되어 있는지를 알아본 후, 과학적 중립성이라는 지도의 이미지 배후를 (즉, 지도의 신뢰성과 순진무구함의 기저를) 탐색해 볼 것이다.

지도가 현실의 직접적 재현이라는 생각은 그야말로 기만적이다. 지도를 강력한 설득의 도구로 만들고 문화적 힘의 원천으로 만드는 것이 바로 이처럼 당연시되는 추정이다. 그러나 일단 지도학적 실천을 하나하나 따져보면 지도가 현실의 거울이라는 추정은 하나의 믿음에 불과한 것으로 나타난다. 우선, 모든 지도는 통제된 허구이다. 지구는 구체이기 때문에, 지구를 2차원의 평면으로 재현하려면 3차원을 2차원으로 변형시키는 투영(投影)이 필요하다. 따라서 모든 투영은 어떤 식으로든 지도를 왜곡한다. 예를 들어, 거리나 형태 중 어느 하나는 올바르게 그릴 수 있지만, 양자 모두를 동시에 올바르게 그리는 것은 불가능하다. 1569년에 완성된 메르카토르의 유명한 지도 투영법은 오늘날 우리에게 익숙한 세계의 이미지를 만들어 냈는데, 대륙의 형태는 실제에 맞았지만 대륙의 크기는 그렇지 않았다. 메르카토르의 지도는 항해의 목적에 맞게 고안되었기 때문에 지도상에서 나침반의 방향을 일정하게 유지한다.

둘째, 모든 지도에는 왜곡이 있다. 지도는 지도가 그려낸다고 주장하는 실제를 단순화한 것이다. 지도가 모든 것을 담고 있다면, 그것은 지도일 수가 없다. 모든 것을 포괄하는 지도를 만들려면 1마일을 1마일 그대로 도면에 반영해야 한다. 이는 루이스 캐럴의 동화 『이상한 나라의 엘리스』에 등장하는 상상의 캐릭터들이 "나라 전체를 담으려면, 저 햇빛을 막아버려!"라고 비꼬아 말한 것과 같다. 캐럴이 생각했던 것처럼,

그런 상황에서라면 "나라 그 자체를 그 나라의 지도로 사용하는 것"이 보다 현명할 것이다. 분명코 모든 지도는 무엇인가를 생략한다. 그리고 이러한 배제 또는 "침묵"은 그것이 어쩔 수 없이 일어났든 선택에 의해서 일어났든 간에 매우 중요하다.

한두 가지 사례를 통해 지도학적 생략이 얼마나 강력한 도구가 될 수 있는지를 살펴보자. 콜럼버스와 그의 지도학적 계승자들이 신세계를 지도로 축약하려는 임무에 착수했을 때, 그들은 원주민들의 로컬 지리를 사실상 삭제해 버렸다. 그들은 여러 지명(地名)을 바꾸었고 여러 원주민 부족들을 지워 버렸다. 대신 그들은 이국적인 생물들과 괴물 인종들의 이미지를 삽입했다. 그들은 조사자들이 의존했던 원주민의 로컬 지식의 흔적을 지워 버렸다. 원주민 부족들의 정주 분포를 무시함으로써, 유럽인들이 차지할 수 있는 미정착지라는 인상을 전달함으로써, 지리적 특징을 유럽의 기호 규칙들로 표현함으로써, 그리고 유럽의 여러 문장(紋章), 왕실의 상징, 깃발, 종교적 상징 등을 지도에 나타냄으로써 원주민들의 지리를 말살해버렸다. 가령, 1500년경에 제작된 후안 데 라 코사의 세계지도는 훨씬 크게 왜곡된 브라질 위에 유럽의 깃발들이 표시되어 있고, 브라질의 해안선은 카스티야, 카탈루냐, 이탈리아의 성모 마리아 성지(聖地)들을 기념하는 지명들로 장식되어 있다. 1538년에 제작된 메르카토르의 복심장형(heart-shaped) 지도는 남아메리카를 아마존의 식인종들과 파타고니아의 거인들을 제외하고서는 나머지를 빈곳으로 그려냈다. 그것은 계속적인 정복을 촉구하는 지도학적 소환이었다. 식민 시대 북아메리카 경우, 땅과 소유에 대해 완전히 다른 생각을 갖고 있던 유럽의 지도학자들은 원주민들의 영토는 능숙한 솜씨로 지워 버린 후, 인디언 부족들의 영토 바로 건너편에 자신들의 영토 경계선을 그려

넣었다. 종이 위에 그려진 경계선의 도덕 정치가 그 자체 그대로 드러났다. 이러한 각인은 로컬 주민들을 침묵시켰다.

아메리카 대륙에 대한 (부재와 생략을 동반한) 초창기의 지도화에서 벌어진 일은 다른 곳에서도 그대로 반복되었다. 제임스 쿡은 100개가 넘는 오스트레일리아의 곶, 만, 섬에 이름을 붙였고, 이 중 상당수는 유럽 자연학자들의 이름을 딴 것이다. 이와 동시에 그는 원주민들이 사용하던 지명을 지워 버렸고, 처음으로 이 공간들을 유럽에 알렸다. 19세기 인도에서는 서양의 측정과 측량 기술이 사용되어 왔던 것보다 인도를 훨씬 더 체계적이고 합리적으로 재현했는데, 이는 인도라는 아대륙(亞大陸)을 훨씬 관리하기 용이한 형태로 축소시키는 효과를 가져왔다. 제국주의적 측지학은 인도를 영국의 이미지 내에 포섭함으로써, 인도를 과학적으로 측정된, 체계적으로 수집된, 그리고 일관성 있게 통제되는 공간으로 그려냈다. 놀라울 바 없이 일부 현지인들은 측량사들 다음으로 곧 세리(稅吏)들이 뒤따라 올 것이라고 두려워하였고 이에 저항했다. 그러나 결국 원주민들의 공간관은 1765년 이후 인도의 지리 조사지에 전혀 반영되지 않았다.

태평양 북서부에서 수행된 조지 밴쿠버의 측량 탐사의 경우도 이와 마찬가지였다. 런던의 내무부로부터 지시를 받았던 그의 임무는, 해안가에 대한 "완전한" 지리를 생산하는 것이었다. 그러나 그의 완전한 지리는 원주민들의 거주에 대한 어떠한 증거도 포함하지 않았다. 그는 월식, 크로노미터, 로그곡선이 그려진 평평한 건터 측쇄(測鎖), 육분의 등을 사용해서 과학적으로 지도를 제작했지만, 지도에는 그가 중요하다고 생각한 것들과 해군 본부가 승인한 것들만 기록되었다. 이 결과 영국 외교관들을 위한 "기대로 찬 지리"를, 즉 지도에 그려진 빈 공간들이 제국주의적 조사를 요청하고 있는 일종의 지도학적 실루엣을 창조해 냈다.

지도는 투영과 단순화를 사용하는데, 이로 인해 지도는 유용한 허구가 되어 버린다. 지도는 특징들을 지우고 새겨 넣을 수 있는 역량을 갖고 있고, 이는 지도를 강력한 날조물로 만들어 버린다. 이러한 역사적 평가와 더불어, 우리가 인간의 두뇌나 유전체들에 대한 지도화의 특징들로 언급하는 "뇌의 침묵"이나 "유전체적 삭제"도 이와 비슷하지는 않은지 충분히 의심해 볼 만하다.

지도학적 권능에 더욱 기여하는 것은, 지도가 놀라울 정도로 높은 이동성을 특징으로 한다는 점과 엄청난 관찰 데이터를 대륙에서 대륙으로, 주변부에서 중심부로, 수집된 곳에서 계산의 중심부로, 또한 이의 정반대 방향으로 실어 나를 수 있는 역량을 갖고 있다는 점이다. 영토는 지구를 가로지르며 이동할 수 없지만, 종이 위의 기호들은 확실히 그럴 수 있다. 우리는 18세기 프랑스의 항해가 장-프랑수아 드 라페루즈의 활동을 생각해 봄으로써 어떻게 지도의 권력이 지도의 모빌리티와 끈끈하게 깊이 얽혀 있는지를 이해할 수 있다. 라페루즈는 루이 14세를 위한 항해에서 태평양을 정찰하면서, 오호츠크 해의 일본 북쪽 섬인 사할린과 마주하였고, 그는 그것이 진짜 섬인지 반도인지를 원주민들로부터 알아내고자 하였다. 놀랍게도 원주민들은 뛰어난 지리적 인식과 항해 지식을 갖추고 있었고, 그들은 모래 위에 지도를 그려 보임으로써 자신들이 알고 있던 바를 전달했다. 섬 주민들과 방문자들 간의 뚜렷한 차이는 지도학적 능력이나 영토적 이해에 있지 않았다. 차이는 유럽인들이 수천 마일이나 떨어진 원격지에서 취득된 정보를 회화적 각인을 통해 문서화된 형태로 (즉, 지도를 통해) 본국으로 이송할 수 있는 능력을 갖고 있었다는 데 있었다. 모래 위에 표현된 로컬 지리적 지식은 바람과 파도에 사라져 버렸다. 그러나 그들을 상대한 유럽인들은 물질화된 형태를 남겨 이를 전 지구적으로 유통시켰다. 서양이 가지고 있던 기술은 문서화된 기록과 정보 검색 네트워크를 매개로 하여 서양의 정치적 힘을 더욱 증가시켰다. 라페루즈와 그의 부하들이 모래 위의 흔적을 아무런 토론, 협상 또는 해석 없이 받아들이지 않았던 것은 확실하다. "현지 원주민"과 "방문 연구자" 간의 마주침은 몸짓, 선물, 번역, 그리고 어느 정도의 신뢰 등을 동반한 복잡한 것이었다. 그러나 종이 위에 그려진 구체적 기호들은 바로 이 원격지 랑데부의 잔여물이었고, 이는 항해자들이 원격지에 속한 것들을 본국으로 이송할 수 있는 매개물이 되었다.

물론 지도의 모빌리티를 가능하게 하는 것은 지도가 수신자에 의해서 해독될 수 있는 부호를 사용해서 전달되기 때문이다. 신뢰성을 이송하는 것은 바로 부호이다. 지도학적 재현의 양식을 분명하게 채택하지 않았던 그림은 미개하고 원시적이며 비과학적인 것으로서 믿을 만하지 못한 것으로 간주되었다. 가시적 언어가 먼 거리를 넘어 의미를 이동시키는 것이 가능한 것은 오직 그것이 과학자들 사이에서 관습화된 규칙을 사용할 때에만 그렇다. 이렇게 되면 지도를 제작한 로컬 상황들은 숨겨져 버리고 지도는 놀라울 정도로 효과적으로 여행하게 된다. 이러한 텍스트와 맥락의 분리는 지도가 보편적 진실을 드러내는 것이라는 인상을 준다. 지도의 내용은 어떠한 로컬 상황이나 특수한 사회 구조로부터 분리되어 있는 것처럼 보인다. 지도학적 지식은 문맥과는 상관없는 것처럼 보인다. 즉, 지도의 진실은 어떠한 맥락적인 요인들에도 의존하지 않는다. 그렇기 때문에 지도는 우리의 신뢰를 받을 만한 것으로 간주된다. 그러나 사실 지도 제작의 상당 부분은 인습적이다. 위선이나 경선과 같이 지도 위에 그려져 있는 선들은 우리에게는 너무나 익숙해서 마치 "자연적인" 것처럼 보인다. 그러나 이들은 전적으로 인습적인 것이다. 예를 들어 1884년 워싱턴에서 열린 국제회의는 앞으로 그리니치를 지나는 경선을 0도로 사용할 것이라고 결정했다. 보다 일반적으로, 지도는 의사소통의 방법 및 관례에 대한 암묵적인 규칙들을 구현하고 있기 때문에, 지도는 가시적 어휘들을 이해할 수 있는 사회집단 내에서만 통용된다.

지도의 이동성은 기호의 안정성을 필요로 한다. 지도 위에 그려진 기호의 정확성과 투명성은 그 배후의 불안정성을 은폐한다. 아마도 이런 기호들이 가장 명백하게 나타나는 것은 상호 대립하는 정치권력 사이의 경계선일 것이다. 제국의 통치자들이 (측량사들이 본국으로 가져온) 지도 위에서 보았던 국가 영토의 고정성과 명료성은 그런 재현의 "기저에 놓인" 공간이 모호하고 유동적이라는 것을 덮어버렸다. 측량사들에게 있어서 뿌리 깊게 고정된 이상적인 경계선은 중요한 의미를 내포한 일련의 점들로 구성되어야 했다. 즉, 경계선은 오랜 전통에 근거를 두고 있는 "역사적"인 것이어야 했고, 경관의 특징과 일치하는 "자연적인" 것이어야 했고, 천문학적 계측에 의해 결정된 "정확한" 것이어야 했으며, 그 중요성을 결합한 "가시적인" 것이어야 했다. 그러나 이런 규범적 기준들을 적용하는 것은 결코 쉬운 일이 아니었다. 왕립지리협회의 금메달리스트이자 1840년대 초반 영국령 기아나의 국경 감독관이었던 로버트 숀부르크는 이를 충분하게 깨달았던 인물이다. 그는 자신이 이른바 "상상적 경계"라고 혹평했던 것과 대비되는 "자연적 경계"를 옹호했지만, [국경 설정에 있어서] 역사, 자연, 실용성, 그리고 자신이 노력해서 얻은 경험 간의 거듭된 충돌로 궁지에 빠지게 되었음을 알게 되었다. 그는 자신의 비공개 문서에서, 하천의 이쪽 편에 있던 국경선이 이따금 저쪽 편으로 넘어갔고 이를 좀 더 따라가면 분수령으로 나아갔다고 기록했다. 산림의 "무자비한 등질성" 속에서 기준점을 세운다는 것은 매우 어지러운 경험이었고 이따금 길을 잃고 혼란에 빠지기도 했다. 더군다나 숌부르크가 브라질의 남서쪽 국경의 자연적 표식이라고 생각했던 것에 대해 브라질 사람들은 명백하게 비(非)자연적인 것이라고 간주했다. "자연적"이라는 생각은 문화적인 판단이었다.

숌부르크는 경계가 될 수 있는 지점들을 거미줄처럼 연결한 후 우연하고 부수적인 과정에서 만들어진 로컬 흔적들은 모두 삭제해 버림으로써 지도에 질서를 부여했다. 그러나 이는 유럽 열강들에게 아직 알려지지 않은 영토를 명확한 형태와 크기를 갖춘 공간으로 변형시켰다. 이에 따라 기아나와 그 주변 세력들 간에 영토의 소유를 둘러싼 다양한 분쟁이 일어나게 되었다. 국가의 영토를 만들어 낸 바로 그 경계선이 그 경계선을 창조한 실체에 의해 의문시된다는 것은 아이러니컬하다. 곧이어 다른 곳에서도 이와 유사한 일들이 벌어졌다. 가령, 1900년 즈음 태국에서는 "지체(geobody)"를 지도로 그리는 작업이 이루어졌는데, 이로 인해 지도가 태국을 구성하기 이전까지는 존재하지 않았던 "태국"의 역사를 거꾸로 거슬러 올라가는 앞뒤가 맞지 않는 일이 벌어졌다. 이 경우도 마찬가지로 국가의 정체성을 만들어 내는 것은 영토에 대한 지도학적 이미지를 생산하는 것과 밀접하게 연관되어 있다는 것을 보여 준다. 지도학자들이 이른바 "공간적 팬옵티콘"을 창조할 수 있는 역량을 통해 권력을 제조해 낸다는 것은 분명하다.

이러한 지도학적 실천을 고려할 때, 지도의 제작과 과학 이론의 고안 간의 유사성은 각별히 주목할 만하다. 마이클 폴라니는 이론이란 "공간과 시간에 걸쳐져 있는 일종의 지도"라고 말한 바 있다. 토마스 쿤은

(과학 연구의 전통을 의미하는) "패러다임"이 연구자들에게 "지도"와 "지도 제작에 필수적인 방향"을 제시한다고 말했다. 이는 지도와 과학 모델 모두는 각각이 만들어진 로컬 상태를 반영하고, 그것이 밝히려는 바로 그 실체를 구성하도록 작동한다는 것을 말한다. 이는 특히 과학 이론이 지도학적으로 구성되는 경우 더욱 그러하다. 다음 세 가지 사례를 통해 이를 살펴볼 수 있다. 첫째는 그래픽 재현의 기술로서 등치선의 사용, 둘째는 다윈과 윌리스에 의한 동물군 경계 설정, 셋째는 로데릭 머치슨에 의한 지질 판 명명이다. 여러 중요한 측면을 고려할 때, 각 사례에서 제작된 과학 지도는 문화적 산물이었다. 이 지도들은 공평하고 중립적이라는 인상을 최대로 보여 주려 했고, 이 결과 객관성에 대한 신뢰를 불러일으킬 수 있었다. 이들은 문화적으로 구성된 것을 자연적인 것처럼 제시하는 지도학적 권력의 대표적 사례라 할 수 있다.

등치선이 (물론 그 이전 시대에도 등치선이 사용되기는 했지만) 지도학적 도구로 두각을 나타내게 된 것은 1817년 알렉산더 폰 훔볼트가 지구의 열 분포에 대한 자신의 연구 결과물을 출간했을 때였다. 그는 기온값이 동일한 지점들을 연결함으로써 등치선도를 제작했다. 훔볼트는 이를 활용함으로써 공간상의 다양한 수치 값에 대해 일관성을 부여했고, 막대한 정보를 시각적으로 표현할 수 있었다. 또한 그는 등온선과 등자력선(等磁力線)이라는 용어를 창안했다. 훔볼트는 이러한 자신의 의식적 창조 결과물을 "등세계(isoworld)"라고 명명했다. 그러나 이러한 문자적 "세계관"은 도구의 계측을 통한 지도학적 구성물 그 이상이었다. 이는 청중들에게 자연적 질서의 통일성, 연결성이라는 사물들의 본질, 그리고 "물리적 힘의 연합"을 전달하려는 의도에서 고안된 것이었다. 계측과 지도화는 훔볼트가 지구물리학을 통해 세계를 유기적인 통일체로 재현하려고 했던 수단이었다. 훔볼트의 위대한 프로젝트는 계산적 지도일 뿐만 아니라 미적 감수성이 만든 작품이었다. 등치선은 자연 연구자들로 하여금 지표면 상의 혼돈을 깊게 파고들게 하여 그 기저에 내재된 조화로움을 발견하도록 이끌었다. 몇 년이 지나면서 이 재현적 발명품은 강수량, 기온, 운량(雲量), 해양의 깊이 등을 표현하는 수많은 다양한 등치선도를 제작하는 데 사용되었다. 이런 방법의 유행 덕분에 19세기에 과학이 빠른 속도로 국제화되었다. 또한, 이는 국지적인 관측 값을 전 지구적 틀 속으로 이송시켰고, 그 배후에 숨겨진 분포 패턴을 드러냈다. 등치선은 새로운 과학의 지정학이 발달하는 데 기여했을 뿐만 아니라, 자연적, 문화적, 언어적 경계를 가로지르는 과학 권력에 대해 막중한 신뢰를 부여했다.

찰스 다윈과 알프레드 러셀 월리스 모두에게 있어서, 뚜렷한 경계가 있는 동물지리구(動物地理區) 개념은 진화론을 이론화하는 데 중요한 문제였다. 지구상의 동식물의 분포 범위는 이를 지도상에 뚜렷한 경계선으로 표시함으로써 조직화되고 고정될 수 있었다. 지도상의 패턴은 종의 기원과 이동에 관한 문제들을 촉발시켰고 진화론을 가시화하는 데 기여했다. 월리스가 남긴 유명한 말처럼, "모든 종들이 이전에 존재했었던 동류(同類)의 종들과 함께 공간과 시간상에 동시적으로 존재하게 되었다." 그러나 경계는 결코 자명하지 않았다. 예를 들어, 다윈은 전 세계의 동물지리구를 몇 개로 나눌지에 대해 확신하지 못했다. 그는 1844년이 되어서야 5개라고 선언했다. 그리고 주지의 사실이다시피, 월리스는 인도-말레이 동물군과 오스트로-말레이 동물군 사이의 경계인 "월리스선"을 그음으로써 명성을 얻은 인물이다. 월리스선이 1863년 《런던왕립지리협회보》에 발표되었을 때, 이는 원격지의 데이터를 효율적으로 이송했고 원격지에서의 복잡성을 간결하게 만들었다(그림 32). 그의 지도는 생명체들의 세계를 가시화한 것이었고, 이는 월리스가 원한 바이기도 했다. 그러나 경계 긋기에 대한 월리스의 충동은 애당초 그가 인종에 골몰했을 무렵부터 시작되었다고 추정할 만한 여러 이유들이 있다. 그리고 이는 그가 1830년대 토지 조사자로 고용되었을 때 웨일즈의 농촌에서 보냈던 초창기의 경험으로까지 소급될 수 있다. 이곳에서 그는 농촌의 비참한 가난을 목격했고 켈트인 조상들의 거주 범위를 조사했다. 그는 이를 통해 민족기술지 지도학의 힘을 알게 되었다. 월리스는 세계의 절반이나 떨어진 말레이군도에서 또다시 인종 지리를 조사했고, 이 결과 그의 유명한 동물학적 경계선의 바로 수백 마일 동쪽 인근에 민족학적 경계선을 그을 수 있었다. 월리스에게 있어서 인문지리학과 동물지리학은 항상 밀접하게 얽혀 있는 것이었다. 그리고 지도는 사회적 사실과 동물적 사실 모두를 동시에 시각적으로 파악할 수 있는 전략적 표현 도구였으며, 이를 통해 자신이 추구하는 이론들을 설명해 낼 수 있었다.

마찬가지로, 지도 위에 갖가지 이름을 부여함으로써 다양한 종류의 과학적 실체들이 문화적으로 유통되었다. 빅토리아 시대의 지질학자 로데릭 머치슨은 지질학적 용어들을 사용해서 아프리카의 알려지지 않은 섬들을 명명했다. 그는 실루리아 층을 밝혀냈고 이를 지표면 전역으로 확장하고자 했다. 그의 노력으로 아프리카의 경관은 국제 지질학계 속으로 편입되었고, 서양의 과학적 조망의 권위하에 놓이게 되었다. 머치슨은 20년 이상 "검은 대륙"을 향한 왕립지리협회의 탐험을 이끌면서 자신의 용어학적 왕국을 확장시켜 나갔다. 그는 이 과정에서 제국주의적 언어에 의지해서 자신의 분류법이 어떻게 대륙을 "침략"했고, 어떻

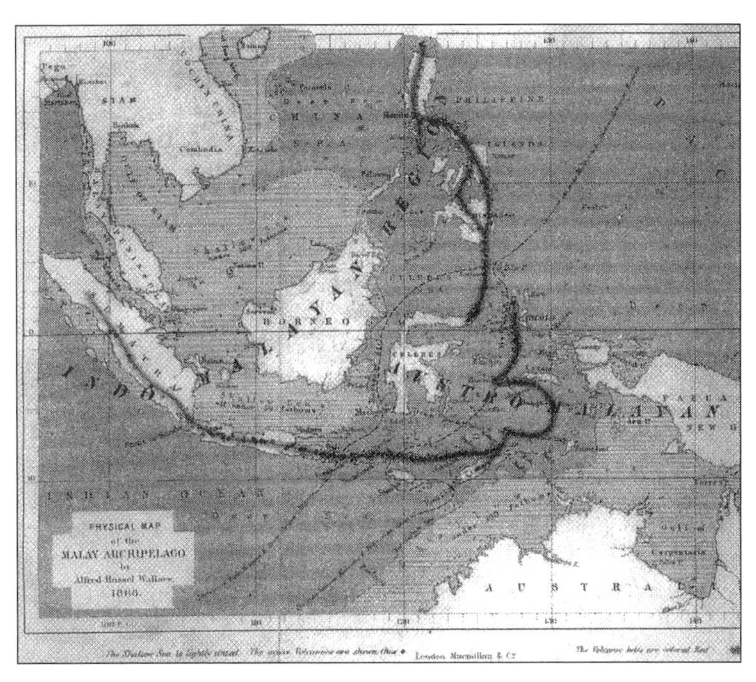

그림 32 알프레드 러셀 월리스가 그린 말레이군도의 동물군 경계와 인종 경계. 동물군 경계는 1863년에 처음으로 발표되었다. 월리스가 그 이듬해에 발표한 인종 경계는 거의 그의 동물군 경계에 대한 주장과 마찬가지였다.

게 "신참들을 동원"했으며, 얼마나 (실루리아 층이라는 이름을 따왔던) 고대 브리타니아(Romano-British) 부족처럼 "전장(戰場)"에 참가했는지를 기술했다. 놀라울 것도 없이 그는 사실상 모든 면에서 영국의 제국주의적 이익을 확보하는 것을 가장 중요하게 생각했다. 마치 실루리아 제국을 확장하고자 했던 것처럼 말이다. 그가 명명한 용어들은 영국 제국주의의 촉수들과 마찬가지로 전 지구를 에워쌌다. 이러한 명명의 과정은 제국주의 팽창에 있어 중요한 실천으로 자리 잡았다. 머치슨에게 있어서 지도학은 세계를 이해하고 다스리는 개념적 기제였을 뿐만 아니라 통치자들에게 통치의 장비와 제국주의적 도구를 제공하는 것이었다.

지도가 겉보기에는 세계를 일관성 있는 구역들로 나누어 새길 때, 장소와 자연적 대상물에 이름을 붙일 때, 생명체나 생산물을 범주화할 때, 그리고 가까운 것과 먼 것 사이의 간극을 연결한다고 주장할 때, 지도는 우리의 신뢰를 이끌어 낸다. 지도는 우리를 유혹해서 우리가 세계를 목격하고 있다고 생각하게 만들 수 있다. 그러나 지도는 본질적으로는 결코 세계를 복제할 수 없다. 지도는 지구의 복사물이 아니다. 우리가 지도가 무엇인지를 이해하는 만큼 우리는 지도학적 이미지가 우리에게 미치는 영향력을 알 수 있다.

낯선 것을 그리기

지도가 세계를 정확하게 재생산할 수 없다면, 아마도 그림은 이보다 더 신뢰성 있게 멀리 떨어진 것을 가까이로 가져올 수 있을 것이다. 1860년 어떤 관찰자는《아트저널》의 한 기고문에서, 사진은 속일 수 없기 때문에 "우리는 우리가 본 것이 진실임에 틀림없다는 것을 알아야 한다. 이를 따른다면, 우리는 집안의 난롯가에 앉아 한 걸음도 움직이지 않고서 전 세계의 모든 나라를 여행할 수 있다."고 주장했다. 이는 증언에 대한 신뢰성을 확증하기 위해서 동원된 가장 최근의 회화적 전략이었다. 그리고 사진은 자연을 예술적으로 재현하던 그 이전시기와 비교할 때 상당한 이점을 가진 것처럼 여겨졌다. 왜냐하면 그림은 신뢰하기에는 너무나도 교묘한 것이었기 때문이다. 여행가들이 이상한 생명체나 낯선 식물의 삽화를 가지고 귀환했을 때, 이에 대한 의심이 일어나는 것은 매우 흔한 일이었고 이에 대한 신뢰성을 부여하려는 다양한 전략들이 생겨나게 되었다.

제임스 쿡이 그랬던 바와 같이, 이런 전략 중 가장 주요했던 것은 전문적으로 훈련된 화가들을 활용하는 것이었다. 그래서 그는 자신의 항해 내내 삽화가들을 대동했다. 제임스 쿡은 아마도 자연사의 그림들마다 잠재적으로 그 독자들 또한 다르다는 것을 인식했던 것 같다. 왜냐하면 그는 자연사의 그림을 여러 미술 감식가들과 과학사학자들에 호소하기 위해서 다양한 화가들을 고용했기 때문이다. 그럼에도 불구하고 쿡이 그림을 통한 재현에서 추구했던 것은, 예술적 관습에 순응하는 것보다는 과학적 사고에 더욱 잘 들어맞는 경험주의적 스타일이었다. 즉, 복잡하지 않고, 절제되어 있으며, 꾸밈이 없는 스타일의 그림이었다. 쿡의 사고에서 보자면 그림이란 과학적 도해로서의 검증과 같았다. 이를 위해서는 예술가가 실제의 표본을 주의 깊게 관찰했다는 느낌, 특히 매우 가까이에서 자세히 조사했다는 느낌을 전달할 수 있는 그림이 필요했다. 단순함과 정밀함은 진실의 고리를 가지고 있었지만 꾸밈과 장식은 그렇지 않았다. 쿡의 삽화가들은 이처럼 고전적 스타일에서 자연적 스타일로의 오랜 역사적인 전환에 있어 중요한 역할을 했다.

이러한 움직임으로 인해, 영국은 예술적 선호도에 있어서 프랑스의 허세적인 치장에 대해 오늘날에도 여전히 반감을 갖고 있다. 그러나 취향에 대한 요구와 정확성의 필요성 간에는 긴장이 유지되었다. 가령, 조셉 뱅크스의 자연사 그림을 그린 삽화가들은 때때로 (정원 같은 곳에 인공적으로 조성한) 석굴이나 이국풍의 관습과 같은 로맨틱한 주제를 그리는 데에 자신들의 에너지를 바쳤다. 왜냐하면 이런 주제는 당시 일부 사람들의 세련되고 바로크적인 취향에 잘 맞아떨어졌기 때문이었다. 더군다나 그들은 (뱅크스를 위해 일했던 풍경 화가인 알렉산더 버컨의 기록인 사실적 리얼리즘의 사례에서와 같이) 원주민들을 정확하게 묘사했을 때조차, 대중들 앞에 그 원주민들을 아무런 가감 없이 그대로 재현한다는 것은 매우 어려웠다. 조각가들의 경우에도 간혹 원본의 그림을 자신들이 선호하는 대로 꾸미곤 했다. 예를 들어, 존 호크스워스는 자신이 사용했던 삽화들에서 미개함을 드러내는 데 열정을 바친 인물이었다. 그는 이러한 "고결한 야만인(noble savages)"들을 금욕적 고결함의 근대적 모범으로 묘사했다. 호크스워스는 1773년 『항해』의 독자들에게 파타고니아 원주민들에 대한 자신의 설명이 믿을 만하다는 것을 주장하기 위해서, "의심할 바 없는 진실함을 갖춘 해군 젠틀맨" 몇 명이 원주민

그림 33 1769년 알렉산더 버컨이 그린 "티에라 델 푸에고 섬의 오두막 속 주민들". 버컨의 스케치는 푸에고 섬 주민들이 불쌍한 집단이라는 제임스 쿡 선장의 믿음을 재확인하게 했다.

그림 34 1773년 존 호크스워스의 『현 국왕 폐하의 남반구 탐사 명령을 받은 항해 이야기』 속에 실린 프란체스코 바르톨로치의 판화 "오두막 속 티에라 델 푸에고 인디언들의 모습". 이는 버컨의 그림(그림 33)을 판화로 제작한 조반니 치프리아니의 작품을 토대로 한 것이었다. 이는 버컨의 그림 속의 불쌍한 푸에고 주민들을 원시적 숭고함을 지닌 사람들로 바꾸었다.

들과 대화를 나누었고 이들을 관찰했으며 이들의 증언들이 똑같이 일치한다는 점을 강조했다. 이와 동시에, 버컨은 티에라 델 푸에고의 원주민들이 비참한 생활을 하고 있는 것으로 묘사했지만, 호크스워스는 자신의 판화에서 이들을 원시적 존엄성의 사례로 변형시켰다(그림 33과 그림 34). 비참함이 우아함에 무너졌다. 탐험화가들이 원격지의 신성함을 표현하는 규범을 따르기보다는 세계 그 자체 그대로를 자신들의 작품에서 보여 주고자 했더라도, 재현의 관행으로부터의 탈피는 확실히 어려운 일이었다.

그럼에도 불구하고 대체로 그림을 통한 설명은 믿을 만하다고 통용되었기 때문에, 이는 텍스트에 대해 신뢰성을 부여했다. 쿡의 항해에 동승했던 존 베버의 그림에 표현된 원주민 의복에 관한 정보는 그 그림이 바로 그 현장에서 그려졌기 때문에 신뢰할 만하다는 평가를 받았다. 직접 관찰, 삽화가의 숙달된 솜씨, 사실적 스타일, 잘 훈련된 눈과 손 등의 모든 것들이 이를 뒷받침하는 수단이었다. 바로 이러한 이유에서 호크스워스의 순도가 낮은 판화들은 과학 독자들로부터의 비판을 불러일으켰다. 과학 독자들은 그의 판화에서 예술적 꾸밈이 자연의 단순함에 대해 너무 과도한 승리를 거두었다고 생각했던 것이다. 과학적 삽화들은 원격지에 대한 지식을 전달함에 있어서 누구를 신뢰할 수 있는가를 둘러싼 논쟁의 격전장이었다. "신뢰할 만한" 것이라는 지명을 받아야 했다. 예술적 솔직함은 일종의 사회적 업적이었다. 큐 왕립식물원과 같은 업적은 이를 안정화하기 위한 것이었다. 이런 기관들은 새로운 그림과 일치하는 인증된 이미지를 제공함으로써 신뢰도를 계측하는 역할을 하였다. 이런 기관은 누구도 건드릴 수 없는 문화적 권위를 독점했기 때문에 판결을 선고할 수 있는 권력을 가졌다. 결국 그림들은 세계를 돌면서 엄청난 영향력을 행사했고, 상상 속의 현실들을 마음의 눈앞에 가져다 놓았다. 평화로운 세계라는 [태평양이라는] 관념 자체는 예술적 영감의 권력에 빚진 명칭이었던 것이다. 그러나 그것은 믿을 만한가? 의심은 아직도 가시지 않았다.

사진은 바로 그런 이유에서 열렬한 환영을 받았다. 사진은 기계적 재생산을 통해 어떤 예술가의 기술적 역량보다도 뛰어난 사실성을 전달할 수 있었다. 예를 들어, 스코틀랜드의 물리학자 데이비드 브루스터는 사진이 "정확한 재현"을 구현할 수 있기 때문에 사진의 교육적인 가치를 찬양했던 인물이었다. 그에게 있어서 "눈을 통한" 교육은 과학 교육의 핵심이었다. 훔볼트 역시 루이 다게르의 발명품이 지니는 기록적 가치를 열정적으로 높이 평가했다. 왜냐하면 훔볼트는 자신의 목적을 달성할 수 있는 가능성을 사진에서 엿보았기 때문이다. 훔볼트는 영국의 한 친구에게 보낸 편지에서 "다게르는 나의 침보라소이다."라고 썼는데, 이는 자신이 에콰도르 지방의 안데스 산지에서 가장 높은 봉우리에 도달했을 때 맛보았던 자연의 질서에 대한 전체론적 비전을 사진에서 느꼈기 때문이다. 사진을 통한 재생산은 황홀한 시각적 경험을 복제할 수 있었다. 이와 더불어 사진은 (특히 입체 사진은) 대리적 여행의 가능성을 제공했다. 1858년 《아트저널》에 실린 어떤 평론은 사진이 "단지 있는 그대로의 꾸밈없는 진실을 보여 준다. 실제가 우리의 눈앞에 정말로 나타난다."고 하였다.

이러한 열정을 토대로 할 때 사진이 지리를 극복할 수 있는 신뢰할 만한 수단으로 수용되었다는 것은 그리 놀랍지 않다. 그리고 사진은 천문학, 인류학, 약학, 기상학, 지리학 등 수많은 여러 과학적 작업들에 이용되기 시작했다. 사진의 이미지는 믿기 힘든 증인들, 지도학적 침묵, 예술적 장식 등의 문제를 피해 나갈 수 있었다. 왕립기상학회에서 사진을 "전문적 증인"이라고 환영하는 것은 바로 이런 측면에서이다. 기상학의 발전에는 수많은 관찰자들의 네트워크로부터 데이터를 취득하는 것이 반드시 필요했다. 그렇기 때문에 연구자들은 사진을 믿을 수 있고, 항상 이용 가능하며, 지치지 않는 관찰자로 맞이했다. 심지어 사진은 맨눈으로는 추적할 수 없는 것들까지를 포착하고 저장할 수도 있었기 때문이었다. 사진은 일반 증인들이 작성한 보고서로서는 결코 달성할 수 없는 신뢰성을 보증했다. 사진은 사실로부터 허구를, 정보로부터 상상을 가려내는 촘촘한 체와 같았다. 왜냐하면 결국 번개와 같은 현상은 천둥에 대한 신화 속에 오랫동안 감추어져 왔기 때문이었다. 이 결과 기상협회 회원이었던 아서 클레이든은 카메라로 무장한 관찰자들로 이루어진 "위대한 군대"를 일으키기를 열망했다. 이를 통해 그는 기상 데이터를 정확하게 측정하고, 장거리에 걸쳐 이송하며, 상호 비교하고자 했다. 이는 사람의 증언으로는 결코 달성하기 어려웠던 결과였다.

이는 실현되었을까? 결과적으로 말해서, 사진은 많은 문제를 해결했던 만큼이나 새로운 문제를 야기했다. 왜냐하면 사진은 예술적 산물이기 때문이다. 사진이 제작되는 과정에는 상당히 긴 준비와 이에 필요한 기구가 동원될 뿐만 아니라, 기록된 이미지가 사람이 일으킨 오류가 아닌지, 촬영에 사용된 도구의 산물이 아닌지, 또는 자연에 대한 진짜 거울의 결과인지에 대해 이따금 불분명한 점들이 있었기 때문이다. 이런 문제를 해결하는 데에는 필연적으로 그에 대한 판단이 요구되었다. 더군다나, 사진사들로 하여금 낙뢰 사진의 그림 같은 매력에 저항하게 하는 것은 종종 어려운 일이었다. 당시 어떤 기상학자는 사진사들이 지나치게 "그림 같은 효과"에 주목함에 따라서 "막대 축척 같은 것도 사진을 보기 흉하게 만들기 때문에 삽입하기를" 꺼렸다고 불평했다. 기상 사진사들은 분명 신뢰의 문제를 극복하지 못했다. 그들은 의혹의 범위를 단지 확장시켰을 따름이었다.

날씨 사진을 옹호했던 사람들이 신뢰를 얻기 어려웠다고 한다면, 19세기 여행 사진들은 이러한 종류의 어려움을 최대로 보여 주었다. 세계에 대한 "상상의 지리"가 널리 순환될 수 있었던 것은 거의 대부분 출판물 속에 삽화로 포함된 (가령, 그리스의 영화로움이나 이집트의 신비스러움을 드러내기 위한 의도하에서 제작된) 여행 사진들 덕분이었다.

여행 사진은 실제 세계를 재생산한다고 일컬어지곤 했지만, 실제로 이들은 카메라의 렌즈를 통해 상상된 세계를 만들어 냈다. 여행가들이 본국으로 가져온 가시적 발견품은 (정부든 과학이든 상업이든) 그 후원자를 반영했을 뿐만 아니라 기술적 한계 그 자체를 반영하기도 했다. 가령, 사용하기 까다로운 장비들이나 부피가 커서 다루기 거북한 보급품들은 사진이 찍힐 수 있는 위치의 한계를 결정했던 기술적 요인이었다. 더군다나, 어떤 경우에는 장시간의 노출로 인해 사람들의 모습이 삭제되기도 했고, 반대로 특정 장면을 인간답게 만들기 위해 사람들의 모습을 의도적으로 삽입하기도 했으며, 단순히 축척을 대신하기 위해서 사람을 이용하기도 했다. 결국, 어떤 비평가가 설득력 있게 말했던 바와 같이, 여행 사진은 소리, 냄새, 감동 등을 통한 외국 여행의 다감각적(multisensory) 경험보다 시각적 지식에 특권을 부여함으로써 "현장(sites)을 경치(sights)로 축소" 시켰다.

그럼에도 불구하고 원격지의 공간이 (학술적이든 아니면 대중적이든 간에) 본국의 청중 앞으로 이송되는 방식 중 가장 빈번한 것은 사진을 통해서였다. 해퍼드 매킨더 경은 지리학자이자 1910년부터 1922년까지 영국 국회의원이었는데, 그는 제국주의 지리를 시민들에게 가르치려는 자신의 프로젝트를 추진함에 있어서 사진을 주요 수단이라고 생각했던 인물이었다. 매킨더는 (영국 대중들에게 제국의 경치를 보여 주기 위해 설립된 기구인) 식민국시각도구위원회(Colonial Office Visual Instruction Committee)에서 핵심적인 역할을 맡았는데, 그는 이 위원회의 사진사로 하여금 영사기의 슬라이드로 무엇이 기록되어야 하는지를 정확하게 지시했다. 《내셔널 지오그래픽》의 사진 작품보다 더 대중적인 인기를 끌었던 것은 없었다. 이 저널에는 무시간적(timeless) 세계에 살고 있는 비

(非)서양 세계 주민들의 이상적인 사진들이 대중 앞에 반복적으로 공개되었다.

보다 학술적 목적을 띤 다큐멘터리 사진은 형질인류학과 문화인류학 분야 모두에서 널리 사용되었다. 이들은 인류의 신체적 형태가 지니는 편차들을 기록하고 민족집단의 관습과 실천을 연대기적으로 배열하는 데 사진을 활용했다. "대표적인" 개인의 직접 촬영과 (많은 사례들로부터 "전형적인" 머리 형태를 사진학적으로 추출하는) 얼굴 합성 기법을 통해 인류학자들은 각 인종마다 전형적인 외모가 있다는 주장을 재확인했다(그림 35). 무엇보다도 합성된 외모 프로파일은 정신적, 도덕적 특질에 그대로 중첩되었다. 다윈의 사촌이었던 프랜시스 골턴은 이 방법을 활용해서 전형적인 범죄형 골상을 만들어 냈다. 민족집단의 관습을 포착할 경우에는 충분히 자연스럽게 보이는 이미지를 촬영하기 위해서 세심한 무대 연출이 동원되기도 했다. 이 모든 경우에 있어서, 사진은 그것이 재현하고자 하는 장소들과 사람들의 정체성을 구성하는 작용을 해 왔다.

결국 사진은 그림이나 지도와 마찬가지로 언제나 특정 상황 속에 위치한 관찰자들의 작품이었다. 이는 자연의 현실을 보여 주는 것일 뿐만 아니라, 후원자의 욕망, 청중의 기호, 예술적 취향, 기술적 가능성이 복합된 산물이다. 사진은 거리를 극복하고 신뢰를 보증하는 확실한 수단으로 채택되었지만, 결국 다른 매개 수단을 사용했을 때와 똑같은 문제들을 반복해서 드러냈을 따름이었다. 이와 동시에, 사진이 정말로 다양한 이데올로기적 캠페인에 (가령, 통치자들은 사진을 제국주의적 감시의 수단으로 활용하여 제국의 이익을 추구했고, 급진 개혁가들은 사회비판을 위해 사진을 사용했으며, 선교사들은 군사적 잔인성의 결과를

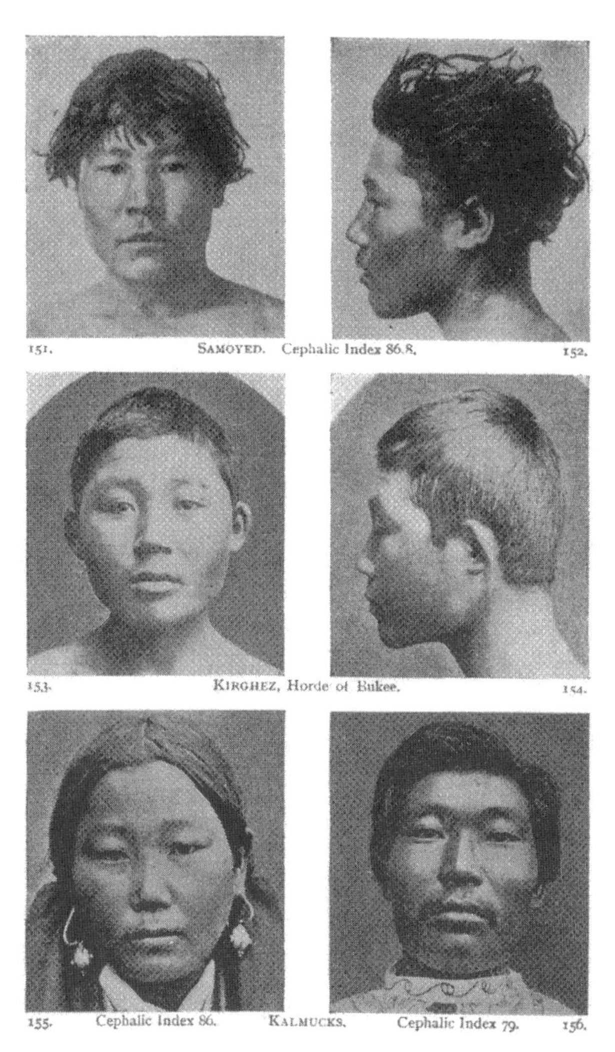

그림 35 전형적인 인종 유형을 보여 주는 사진. 1899년 윌리엄 리플리의 『유럽의 인종』에 실린 몽골 인종을 보여 주고 있다. 사진은 과학적 객관성과 리얼리즘을 불러일으키기 때문에 인종 정체성을 구성하는 데 활용되곤 했다.

사진으로 기록하여 반식민주의 저항을 벌였던 것처럼) 이용되었다는 사실은, 우리로 하여금 사진의 수사적 성격과 객관성과 중립성으로 보이는 교묘한 본질에 대한 관심을 상기시킨다.

3. 세계를 한군데로 모으기

관찰자의 지각을 훈련시키는 것, 데이터를 지도학적 형태로 변환하는 것, 기록의 도구로서 사진 기술을 활용하는 것은 원격지에서의 현상에 대한 믿을 만한 지식을 확보하려는 다양한 노력들 중 몇 가지 방법일 따름이다. 이런 전략은 가까운 곳과 먼 곳 사이의, 여기와 거기 사이의, 현존과 부재 사이의 공간을 가능한 한 최대한 지워버리려는 데 목적이 있었다. 그러나 우리가 살펴본 바와 같이, 진실성은 사람들과 그들의 실천이 얼마나 신뢰할 만한가에 대한 판단에 의지하지 않고서는 결코 확보될 수 없었다. 이와 동시에 신뢰의 기술을 달성하기 위한 노력은 지식이 잘 유통되는 데 기여했다. 이에 따라 지식은 취득지에서 아상블라주 공간으로 이송되었고, 그곳에서 지식은 대조되고 비교되며 재구성되었다. 데이터를 수집하는 것은 세계를 한군데로 모으기 위한 첫 번째 단계였을 따름이다.

"계산의 중심"으로 자리를 굳힌 곳들은 지구 전역에서 수집된 데이터들이 귀환함에 따라 막강한 권력을 누렸다. 이런 (우리가 제2장에서 살펴본 박물관이나 식물원과 같은) 공간은 정보 흐름의 결절점이었고 광역 의사소통 네트워크를 통제했다. 계산의 중심들은 무엇보다도 지구를 하나의 차트나 지표나 목록의 스케일로 축소시킴으로써 세계를 하나로 조립하는 권력을 유지했다. 이 중심들은 자신이 획득한 (가령, 표본, 지도, 이미지, 기록물 등의) 이질적인 물질들로부터 전 지구의 전경(全景)을 [파노라마처럼] 만들어 냈다. 종이 속에, 캐비닛 안에, 그리고 도표 위의 물질들은 여러 다른 지점과 시간에서 기인한 것이지만, 서로 공통의 공간을 공유하면서 한 군데로 모였다. 수년이나 떨어진 그리고 수 마일이나 떨어진 곳에서 수집된 대상물들은 서로 연합하여 새로운 조합물을 구성해 냈다. 이 과정에서 표본들은 기호가 되고, 실체들은 숫자가 되며, 물리적 특징은 지도학적 선으로 변하였다.

아마도 이러한 종합의 위치 중에서 가장 오래된 것은 16세기 세비야의 무역소(貿易所, Casa de la Contratacion)일 것이다. 본질적으로 이 관료적 "지식 공간"은 동인도 및 신대륙과 스페인의 상거래를 관리하기 위한 임무를 띤 무역 기관이었다. 이 사업에서는 수로학적 통제가 가장 중요했다. 그리고 이 무역소의 목적은 두 가지였는데, 하나는 지도학적 지식에 대한 독점을 유지하는 것이었고 다른 하나는 뱃사람들이 가지고 온 정보를 조직화는 것이었다. 로컬 지식을 보다 일반적인 인식 체계 속으로 병합하기 위해서는 데이터에 대한 주의 깊은 관리가 필요했다. 당시 왕립등록부(padrón real)라고 명명되었던 일종의 마스터 도표 내지 템플릿 지도가 바로 그 결과물이었다. 이는 여러 지도들을 (엉성하게나마) 한 장으로 종합 정리한 항해도였다. 가령, 1403년 베카리 해도는 몇 가지 축척을 통합한 것이었다. 이 과정에서 국가는 표준화에 박차를 가했고, 거리를 계산하거나 위도를 결정하기 위한 여러 가지 표가 유통되었다. 1503년 출현한 세비야의 무역소는 임시적인 것들을 질서 있게 조직함으로써 지도학적 통합을 달성하는 임무를 맡고 있었다.

그 이후 큐 왕립식물원과 대영박물관 등의 기관들이 이와 유사한 역할을 수행했다. 이들은 전 세계에 걸친 위성 네트워크를 구축했다. 이 지점들의 제국주의적 성격은 이미 앞에서 살펴보았다. 빅토리아 시대의 큐 왕립식물원은 콜카타, 자메이카, 싱가포르, 세인트 빈센트, 모리셔스에 있는 식민주의적 정원복합체들의 주축이었고, 이는 식민 본국으로서의 조망점에 근거하여 나머지 정원들이 조직되었다는 점을 상기시키기에 충분하다(그림 36). 이러한 측면에서 영국 식민국, 외무국, 인도국이 큐 왕립식물원의 전문성에 그토록 의존했었다는 점은 놀라운 일이 아니다. 외무국은 1891년 큐 왕립식물원장에게 "열대 아프리카의 식물들에 대한 적절한 지식은 최근 우리의 영향력을 받아들여 온 영국령들의 발

그림 36 1825년에 렌스다운 길딩이 제작한 세인트 빈센트 섬 식물원의 석판화. 이런 식민시대의 정원들은 식물 표본들의 전 지구적 유통을 촉진시켰고 큐 왕립식물원을 대신해서 제국주의적 식물학을 발전시켰다.

전에 큰 도움이 될 것"이라고 상기시켰다. 분명코 과학적 유통은 지구에 대한 제국주의적 정복에 필연적이었던 만큼 세계의 지식적 구성에도 필연적이었다. 식물 정보의 흐름이 관통했던 동맥 속에 제국주의 권력도 함께 흘렀던 것이다.

당연히 이런 중심들에 국가적 스케일의 기관들이 없었던 것은 아니다. 18세기 식물학의 경우, 런던에 위치한 조셉 뱅크스의 집은 당대의 사상, 삽화, 사례와 표본 등이 유통되는 주요 통로였다. 그의 집은 확산의 지리에서 중심의 역할을 했다. 3차례에 걸친 쿡의 주요 탐험 동안에 수집된 지적, 물질적 품목들이 소호스퀘어 32번지에서 유럽 전역으로 퍼져 나갔다. 동시에, 뱅크스는 어떻게 과학사 연구가 수행되어야 하는지에 대한 구체적인 지시까지도 했다. 그는 언제나 주의 깊은 관찰자였고, "훌륭한 문필가"로서 글을 썼으며, 표본을 수집하고 건조하는 방법에 조예가 깊은 인물로서 항상 수집가들을 찾아다녔다. 또한 그는 사람을 고용하는 데 있어서도 젠틀맨이 되고 싶은 열망이 없고, 하인들의 숙소에도 만족해하며, 가족 부양의 책임이 없는 미혼 남성들을 선호하였다. 뱅크스는 이런 활동을 통해 세계 식물학의 성립에 중심적인 역할을 했을 뿐만 아니라, 해외에서 영국의 제국주의적 이익을 촉진시키는 데에도 기여했다. 왜냐하면 그의 상세한 요약보고서들은 새로운 개척지가 적합한지를 평가하라는 지시도 포함하고 있었기 때문이었다. 이러한 측면에서 식민국 사무차관이었던 로버트 헤이가 뱅크스를 "당대의 가장 철두철미한 제국주의자"라고 생각했던 것은 전혀 놀라운 일이 아니었다.

지도와 표본이 위와 같은 인식의 조립 지점들 사이를 이동했던 유일한 품목들은 아니었다. 계산의 중심에서는 (아마도 다른 무엇보다 일상적으로) 숫자들이 교환되었다. 수량, 부피, 중량 등 측정 가능한 모든 것들이 문서로 기록되어 전 지구를 돌아다녔다. 이들은 결국 계산의 정류장에 최종적으로 도착했고, 이곳에서 원자료들이 통계적으로 다루어졌다. 인구조사국, 상공업체, 환경조사국, 제약회사, 생명보험기구 등 많은 기관들은 거리라는 장애와 맞서 싸우면서, 멀리 분산된 여러 지점으로부터의 정보를 모으고 결과를 비교가능한 단위로 통합시켜 왔다.

이러한 통계 기관들의 건설적 역량은 상당한 수준에 달했다. 19세기 중반에 번영을 누렸던 파리통계협회는 교육, 불법행위, 가옥, 보건, 사망률 등을 다루는 상이한 부서들로부터 데이터를 수집하여 국가의 안녕을 위한 통계 지표를 생산할 수 있었다. 이런 사업들이 지도라는 형태로 변환되었을 때에는, 상이한 도시, 국가, 대륙 등이 양극적인 분류학에 입각하여 이로운 것과 해로운 것으로 나누어졌고, 결국 그들은 공간을 병적인 것과 이로운 것으로 나눌 수 있었다. 프랑스 통계국이 매년 생산하는 도표들에 몇몇 20대 남성들이 70대 여성들과 결혼하는 건수가 나타났다면, 통계 담당자들은 이런 사례들을 신속하게 포착했다. 그 결과, 서로 전혀 관련이 없던 이질적인 개인들은 학술적 탐구의 현장이 되는 집단을 구성하게 된다. 이런 집합에 대한 (오늘날의 경우 디지털화되어 있는 온라인 정보 아카이브 내부의 인구 데이터에 대한) 질문의 범위는 거의 무한하다. 이들은 특정한 인종적 또는 계급적 특성을 공유하는가? 이들에게는 공통의 심리사회적 프로파일이 있는가? 이들은 정치적, 경제적으로 유사한 지위를 차지하는가? 이들의 분포에 어떤 뚜렷한 지리적 패턴이 있는가? 이들의 종교는 공통점이 있는가? 아마 이들 집단은 예컨대 "노인성애자"나 이와 유사한 신조어로 명명될 것이다. 이런 방식으로 통계적 통치는 사회적 실체들을 창조할 수 있는 역량, 그리고 일단 창조한 후에는 이들을 대상으로 권력을 발휘할 수 있는 역량을 가지게 된다.

그러나 계산의 중심은 오직 그들이 다루는 데이터가 체계적인 방식으로 수집될 때에만 확신을 가진 상태에서 작동될 수 있다. 관측치를 수집하거나, 관찰 결과를 기록하거나, 결과를 도표로 만들거나, 계산을 할 때 우연하고 불규칙적이며 변덕스러운 것은 지식이 유통되는 데 있어서 장애물로 간주되었다. 이런 맥락에서 "정확성"은 이상적 결정이었다. 18세기가 되자, 그것은 이미 관찰자에 대한 판단을 내릴 수 있는 중요한 덕목이 되었다. 가령, 계몽주의 여행기에 포함된 측정 표는 진지한 과학 여행자의 상징이 되었다. 정확성은 단순한 호기심을 억제하고, 그 에너지가 과학적 방향과 (무엇보다도) 제국주의적 방향으로 흘러가도록 했다. 그러나 정확성을 확증하고 비교와 종합을 가능케 하는 데 필요했던 것은 측정과 방법의 표준화였다. 이의 필요성은 상수도 공급을 조절하든, 새로운 의약품을 테스트하든, 기대수명을 계산하든지 간에 마찬가지였다.

다양한 현장 과학들이 색상을 기록하는 문제에 대해 생각해 보자. 색상에 대한 기억은 의심의 여지가 매우 높았기 때문에, 그림 제작자들이 사용했던 매뉴얼인 먼셀 색상분류표는 현장 조사의 필수품이 되었다. 이 표에는 다양한 색상들이 표준 분류 번호에 따라 배열되어 있다. 가령, 특정 토양의 색상에 번호가 부여되면, 이는 현장조사자의 수첩을 통해 쉽게 여행할 수 있다. 그리고 전체 색상 코드 목록에 이 토양의 색상번호가 등록됨으로써 과학적 질문을 제시할 수 있는 토대로 기능하였다. 색상 코드가 유통될 수 있었던 것은 바로 이러한 공통의 색상 참고 목록이 만들어져 있기 때문이었다. 지표의 아주 작은 일부분이더라도 보편적 코드 목록 속에 등록이 된다. 이를 통해 특수한 것과 일반적인 것이 합쳐질 수 있었다. 표준화는 공간을 (즉, 현지와 계산의 중심 사이의 공간을 그리고 자연과 언어 사이의 공간을) 정복하기 위한 필수적인 요소이다. 지식은 오직 모든 사람들이 동의한 표준을 따름으로써만 이 편협한 판단이나 변덕스러운 기억의 짐을 벗을 수 있었다.

그러나 표준화를 달성하는 것은 결코 쉬운 일이 아니었다. 그렇기 때문에 이른바 "숫자의 정치"가 뚜렷하게 대두되었다. 가령, 18세기 유럽의 농업 생산량은 그 지역에서 사용하는 로컬 중량 단위로 측정되었다. 도량형의 편차들을 극복하는 데는 기준을 정하고 형평성을 확보할 수 있는 국가의 권력이 필수적으로 요청되었다. 왜냐하면 당시만 하더라도 어떤 지역이 자기들 나름대로의 부셸 단위를 유지하는 것은 자유의 상징으로 여겨졌기 때문이었다. 19세기 영국에서는 보편성을 담보하기 위해 일관성 있는 표준을 정하려는 움직임이 많은 논쟁을 통해 부상하기 시작했다. 경제적, 정치적, 과학적 이해관계들이 측정 단위를 표준화하는 데 연루되어 있었기 때문에, 이 논쟁은 다양한 측면들을 포함했다. 경제적 교환과 과학적 교류를 조절하는 것이 매우 중차대한 사안이라는 점은 다양한 도량형 감시 기관들이 설립되었다는 사실을 통해 알 수 있다. 1830년대에 영국에서는 무역성의 통계국, 공장검사국, 일반등록청 등의 기관들이 설립되었고, 1840년대에는 영국과학진흥협회와 소비세연구소가 도량형의 순수성을 보장할 수 있는 메커니즘 연구에 착수했다.

표준화는 그 자체로서 표준 단위가 자연적인지 아니면 관례적인지, 신성한 근거가 있는지 아니면 인위적으로 만들어진 것인지 등을 둘러싼 여러 논쟁의 대상이 되었다. 가령, 프랑스의 미터 대신에 대영제국의 야드 단위를 채택해야 한다고 주장했던 사람들은 야드가 전통적인 단위이고, 지구 극축(polar axis)의 표준 거리와 관련되어 있고, 프랑스에 대한 영국의 상업적 우월성을 드러내는 표현이며, 기자(Giza)의 대피라미드의 크기와 직접 연관되어 있다는 점에서 신성성에 대한 보증을 받아왔다는 점 등을 강조했다. 영국의 야드는 프랑스의 공화주의자들이 만든 무신론적 도량형 체계에 대해서 반드시 승리해야만 하는 것이었다! 프랑스의 경우, "자연적인" 측정 체계를 옹호했던 사람들은 군주제 폐단의 모든 흔적들을 지워버리려는 혁명적인 열정을 갖고 있었다. 1미터는 극권(polar circle) 호선(弧線)의 1/4의(즉, 북극과 적도 사이의 거리의) 10/1,000,000이어야 한다고 결정함으로써, 과학과 이데올로기 간의 필요가 서로 맞아떨어지게 되었다. 프랑스에서는 정확성 그 자체가 정치적 미덕이었다. 혁명주의자들은 오랜 우상숭배로부터 시민들을 해방시키는 작업에 몰두했는데, 예를 들어 기존의 시간 제도를 폐지하고 하루를 10시간 제도로 만들기도 했다.

19세기 동안 표준적인 측정 방법들은 차츰차츰 로컬 측정 방법들을 정복해 나갔다. 이런 과정은 특정 로컬한 실천이 다른 로컬한 실천들에 대해서 거둔 승리이기도 했다. 가령, 국가 기상 네트워크가 수립되었던 것은 기온, 습도, 풍속, 기압 등을 일관성 있게 측정하기 위해서는 지구 전역의 지점들로부터 측정된 기상 데이터를 중심부 사무실에서 수합할 필요가 있었기 때문이었다. 이제는 산더미 같은 데이터들이 다양한 방식으로 기준에 따라 정렬되고, 범주화되고, 가공되며, 다루어질 수 있게 되었고, 이를 토대로 상관관계나 기상 예보를 도출하는 것이 가능하게 되었다. 결국, 표준화는 거리와 불신을 극복하고 유통을 촉진하기 위해서 고안되었다. 분석가들은 이미 검증을 받았고 신뢰할 만한 방법들을 활용함으로써, 멀리 떨어진 장소와 사람들에 대한 (정보 취득자의 직접적인 시선으로부터 떨어져 나온) 데이터를 취득할 수 있었다. 대학 당국자들이 보스턴과 시애틀의 표준화된 학점을 (어느 한 지역의 로컬 지식에 기대지 않고) 비교할 수 있게 된 것은, 원거리의 기상 관측소나 기상 탐사선에서 측정된 기온과 강수량 값이 국가 기상 센터로 모일 수 있게 된 것은, 그리고 광역 운송 네트워크가 스케줄에 따라 작동할 수 있게 된 것은 바로 이러한 표준화가 달성된 후에서야 비로소 가능하게 된 것들이다. 이 모든 과정에 있어서 표준화는 로컬한 것에 대하여 승리를 거두어야 했고, 세계를 한 군데로 모을 수 있어야 했으며, 모아진 세계를 표준화된 측정 단위로 다시 재조직할 수 있어야 했다.

* * *

과학 지식의 성장은 지리적 이동과 밀접하게 얽혀 왔다. 사상과 이론은 전 지구적으로 이동해 왔다. 기계와 모형은 한 장소에서 다른 장소로 확산되어 왔다. 원격지 해안에서 취득된 정보는 심상지도와 소책자 속에 담겨 대양을 가로질러 왔다. 스케치와 표본으로 과학적 목격 이전에는 볼 수 없던 것들을 드러냈다. 과학 지식은 이외의 수백 가지 다른 방식을 통한 유통 속에서 확대되어 왔다. 그리고 이러한 부(副)의 확보는 지식이 어떻게 획득되는지에 대한 중대한 질문들을 제기했다. 왜냐하면 거리와 의심은 언제나 친밀한 동료였기 때문이다. 원격지의 지식은 그곳에 있었던 목격자들에 대한 신뢰도에 의존한다. 이로 인해 신뢰를 부여하기 위한 다양한 메커니즘들이 나타나게 되었다. 관측자들은 훈련을 받았고, 신체가 단련되었으며, 그림이 그려졌고, 사진이 찍혔으며, 지도가 제작되었고, 측정이 표준화되었다. 그러나 이런 전략들이 성공적이었다고 할지라도, 항상 판단의 문제가 중요했다. 발견은 언제나 의심과 협상에 대해 열려 있었다. 공간이라는 (그리고 과학 지식 유통의 증대라는 만만치 않은) 현실 때문에 과학적 앎은 인간과 그들이 수행한 실천의 진실성에 대한 판단이 필수가 되는 사회적 현상이 되었다. 즉, 지리 때문에 과학적 사업은 불가피하게도 일종의 도덕적 사업이 될 수밖에 없었다.

과학의 자리 찾기

과학은 인간 문화의 다른 요소와 마찬가지로 위치성을 지닌다. 과학은 매우 구체적인 현장에서 발생하고, 지역의 특색과 영향을 주고받는다는 이야기다. 그리고 생각의 형태로든 종이나 디지털 데이터의 형식으로든 과학은 세상을 떠돈다. 바로 그런 이유들 때문에 정주 패턴, 자원 분포, 문화경관과 마찬가지로 세계지리의 특성이 과학에도 명백히 나타난다. 하지만 과학을 지리학적 탐구의 영역에 포함시키는 것은 불편한 일이다. 그렇게 하면 과학에 대한 기존 관념에 혼란이 야기되고, 과학 지식을 습득하고 정착시키는 방법에 대한 기존의 가정에 의문이 발생하며, 과학, 사회, 자연 사이의 당연시되었던 구분이 복잡해지기 때문이다. 그러나 과학에서 지리의 중요성을 인식하면 현장을 과학적 앎의 방식 중심에 놓을 수 있게 된다. 이 과정에서 "자연의 법칙", "사회적 맥락", "과학적 탐구" 사이의 구분은 모호함에 명확성을 부여하는 하나의 수사적 도구에 불과하다는 사실도 드러난다. 결과적으로 "과학"이 하나로 통합된 것이라는 가정에 의문이 발생한다. 상상된 단일성은 복잡하고 혼란으로 가득한 인간 삶의 현실을 초월해 과학이 존재하는 것처럼 보이게 하는 오랜 프로젝트의 산물이기 때문이다.

그러나 이 책에서 살핀 것처럼 과학은 문화의 밖에 존재하는 것이 아니고 문화의 한 부분이다. 과학은 우리 삶의 특수한 상황들을 초월하는 것이 아니고 그러한 것들을 드러나게 한다. 과학은 육체로부터 분리된 것이 아니라 인간의 모습을 가지고 있다. 과학은 계급, 정치, 젠더, 인종, 종교 등과 무관하다는 수사가 당연시되지만, 앞서 살폈던 것처럼 과학은 그와 같은 것들로 점철되어 있다. 식물학자는 자신의 민족성을 떨쳐내지 못하고 현지조사 활동에 참여한다. 화학자는 젠더의 성격을 버리지 못하고 자신의 생명과학 연구실로 향한다. 인류학자는 자신의 정치적 성향을 반영해 민족적 차이를 그려낸다. 과학은 고정불변의 형태를 취하고 있는 것이 아니고, 구체적 역사-지리적 환경에 처해진 사회적 실천이다.

그래서 "과학적인 일"이라는 불충분한 개념에 필요한 수정을 가할 목적으로 과학의 지리학을 제안했으며, 이 책에서는 "과학의 자리 찾기"를 세 가지 방식으로 살폈다. 과학이 실행되는 장소를 방문했고, 과학 문화와 지역성 사이의 상호작용을 목격했으며, 과학의 유통에서 얽히고설킨 복잡한 관계를 풀어헤쳐 보았다. 과학적 탐구가 이루어지는 현장의 다양성과 그런 공간들을 특징짓는 문화적 작용의 차별성은 엄청난 수준으로 나타난다. 연구소와 같은 실험의 장소는 박물관과 같은 전시의 장소와 다른 방식으로 형성된 공간이다. 전자는 자연의 질서를 실험의 수단으로 조작하여 자연 상태에서 독립변수가 작용하는 방식을 이해하기 위하여 마련된 반면, 여러 가지 사물을 축적하여 전시하기 위해 재배치하는 것이 후자의 목적이다. 그리고 두 가지 모두 탐험의 공간과 대비되는데, 여기에서는 가공되지 않은 자연에 대한 직접적인 경험이 인식론적 필요성에 의해 수행된다. 이밖에도 여인숙, 장엄한 궁정, 배의 갑판, 목장, 커피하우스, 대성당 등 과학의 실천 현장은 수없이 많다. 여러 가지 현장에서는 서로 다른 실천 이성이 작동하고, 한곳에서 중요한 설명의 형식, 실천의 양상, 정당화의 방식, 탐구의 전통은 다른 곳에서 금지되고 배제될 수 있다. 과학의 모든 면에서 어디에서 과학의 활동이 수행되었는지가 은연중에 자리매김하고 있기 때문이다.

지역이라는 또 다른 스케일에 대한 분석을 통해서도 과학은 지리적 환경과 결부되어 있다는 사실을 확인했다. 유럽에서 "과학혁명"이라 일컬어졌던 탐구의 형식은 지역의 흔적을 반영하며 여러 형태로 나타났다. 어떤 지역에서는 해양 문화가 과학 발전의 중추적 원동력이 되었고, 다른 곳에서는 궁중 문화의 역할이 컸다. 종교적 신념이 핵심 행위자 역할을 한 곳도 있었고, 지역에 따라 경제적 야망이 과학의 자극 요소, 또는 제약 조건으로 작용하기도 했다. 이밖에 여러 가지 상황들의 조합이 작용한 적도 있었다. 어떤 방식이었든 간에 "과학"으로 불렸던 활동들은 장소의 특수성에 뿌리를 두고 있었다. 따라서 과학 이론은 서로 다른 장소에서 상이한 방식으로 받아들여졌다. 뉴턴의 기계적 철학, 다윈의 진화론, 아인슈타인의 상대성이론 등 과학적 개념의 의미와 함의는 장소에 따라 다른 방식으로 형성되었다.

특정 위치에 착근한 지식이 본거지를 초월하여 파급되는 방식도 본질적으로는 공간적인 문제이며, 과학의 지리학에 중요한 동력을 제공한다. 과학의 보편성은 동일하고 일관된 자연의 불가피한 결과가 아니며,

신뢰할 만한 전달을 보장하는 여러 가지 실천들이 작용한 결과이다. 과학자 자신과 호소의 대상이 되는 사람들의 감각과 의식을 단련시키는 것이 하나의 전략이었다. 다른 수단으로는 표준화된 측정법의 사용, 통계의 개발도 있었다. 거리를 극복하고 원거리의 지식을 신뢰할 만한 수준으로 습득하기 위하여 사진과 지도도 사용되었다. 이런 수단은 먼 곳의 현상을 정적인 형식으로 기록하지만 세계 곳곳으로 이동시킬 수 있기 때문에 브르노 라투어가 제시한 "불변의 이동물"로 칭할 수 있다. 불신을 제거하고 진실성을 보장하기 위하여 동원되었던 것들이지만 내재하는 모호성과 불확실성 때문에 불가피하게 판단의 문제가 발생했다. 과학 지식의 성공적인 확산은 과학적 편재성(遍在性)의 성취를 위한 일련의 상황적 실천들이 작용한 결과이다.

과학에 대한 지리적 독해는 장소, 지역, 유통의 문제에만 국한되지 않는다. 이 결론 장에서는 확장될 수 있는 두 가지 영역에 대해 개괄적 수준으로만 소개하고자 한다. 첫째는 "일생 지리(life geographies)"라고 부를 수 있는 것으로, 일대기(一代記)의 공간을 다루는 것이다. 19세기 영국에서 일었던 데본기 지층에 대한 논쟁을 예로 생각해 보자. 라이엘, 세지윅, 머치슨, 다윈, 베취, 필립스, 그리너프 등 논쟁의 핵심 인물들의 위치를 지도에 표시해 보면, 어떻게 해서 당시의 젠틀맨 전문가들이 데본기 지층에 대한 담론을 형성하였는지 명확하게 이해할 수 있다. 그들은 물리적 근접성 때문에 가정이나 지식인 공동체에서 만나 개인적 대화와 지적인 교류를 쉽게 할 수 있었다. 그와 같이 지질학 지식을 형성하는 데 있어서 물리적 위치, 사회적 지위, 인지적 권위가 복잡하게 얽혀 있었다. 데본기 논쟁에 참여한 지식인들의 지리적 위치성과 영국 지질학계의 "인지적 지형" 사이에 명백한 중첩이 있었기 때문이다. 해석에 관해서 모두의 의견이 동일했다는 의미가 아니다. 참여한 인물들이 이론과 방법의 문제를 토론하여 정착시킬 수 있는 현장이 바로 그곳에 있었다는 말이다.

지리적 일대기는 보다 광범위한 문제에도 적용될 수 있는데, 그 실마리는 근대 문화의 파편성에 대한 불안감을 설명하기 위해 장소를 재조명했던 최근의 연구에서 얻을 수 있었다. 몇몇 철학자에 따르면, "장소 안에" 존재하는 것에 대한 진지한 성찰이 없다면 인간은 위치를 잃고 방향감각 상실에 시달릴 수밖에 없다. 그리고 "주체(the self)"의 파열도 증가하고 있다. 한 사람의 일생이 "정주지(定住地)"라는 제한된 공간에 불과했을 때와는 달리, 현재의 인간은 여러 장소를 동시에 점유하고 있다. 인간은 다른 장소에서 다르게 행동하고, 상이한 인물이 되며, 별개의 언어를 사용한다. 즉, 여러 가지 "주체들(selves)"로 행동한다. 그래서 동일인이라도 집, 직장, 경기장 등에서 "다른 사람"이 된다. 인간은 이야기하는 위치에 따라서, 즉 점유하는 정신적, 사회적 공간에 입각해 자신을 정의하기 때문이다. 한 철학자가 말한 것처럼, "사회적 지위와 기능의 지리"를 바탕으로 인간은 자신을 해석한다. 정신적으로 그리고 물리적으로 어느 곳에 존재하는지는 자신이 누구인지를 이해하는 데 상당히 중요한 역할을 한다.

과학적 일대기를 쓰기 위해서는 몇 가지 방법들이 있다. 일반적인 일대기 기술의 연대기적 방식 대신에 일생의 공간들에 보다 많이 주목한다면 새롭고 흥미로운 인생에 대한 평가가 가능할 것이다. 찰스 다윈을 예로 들어 보자면, 실험자 다윈, 여행자 다윈, 병약한 다윈, 투자자 다윈, 돌팔이 의사 다윈 등 여러 가지 다윈들을 발견하는 것이 가능하다. "비글호"에서 다윈, [그의 집] "다운"에서의 다윈, "가족"의 다윈, "교활한" 다윈, 그리고 무엇보다 중요하게 "개인적" 다윈과 "공공의" 다윈 등도 발견할 수 있다. 다윈은 다른 사람들에게 다른 모습으로 나타났고, 여러 장소에서 서로 다른 다윈들로 등장했다. 따라서 다윈의 "일생지리"의 이야기는 수없이 많다. 보다 일반적으로 말하자면, 일대기 공간들, 정체성의 장소들, 자아의 지리들에 대해 많은 이해를 구하면 구할수록 과학과 과학자 사이의 상호작용에 대한 이해를 훨씬 풍성하게 할 수 있을 것이다.

두 번째의 확장 영역은 이성의 지리라고 할 수 있는 부분이다. 이를 "이성의 지역화"로도 칭할 수 있다. 과거에 이성적 사고는 특수성을 초월하여 지역 상황에 영향을 받지 않는 것으로 여겨졌다. 이는 부적절한 것이다. 생각해 보자. 인간의 행동을 이해하고자 노력할 때 행위의 동기와 의도를 파악하는 것이 무엇보다 중요하다. 그런 것을 알려면 의도가 생겨나는 상황을 감지하는 것이 필요하다. 전언하면, 한 사람이 특정 방식으로 행동하는 이유는 상황에 종속된다. 현실적 이성(practical rationality), 즉 어떤 것을 믿기에 합당한 이유로 판단되는 것의 기준에는 공간적 근거가 있다. 합당한 것으로 판단되는 주장은 수많은 맥락의 조건에 따라 결정된다. 따라서 한 개인이 이성적으로 행동하는지의 여부를 판단하려면 특정 시간과 장소에서 우세한 기준을 확인해야 한다. 특정 믿음의 이성성을 판단하기 위해서는 인물, 상황, 시간 등을 한정해서 질문을 하는 것도 필요하다. 천체 이동에 대해서 12세기 선원, 15세기 마법사, 17세기 성직자, 20세기 천문학자는 나름대로의 정당화가 가능한 서로 다른 믿음을 가지고 있었다. 이성성은 언제나 상황적(situated) 이성성이다. 그리고 그것은 언제나 체화된 이성성이다. 너무나도 오랜 시간 동안 지식에 대한 철학적 기술은 "통속의 뇌"와 같은 무장소의 이미지로 지배되었다. 그런 메타포는 사물에 대하여 알아야 할 것들을 제대로 포착해 내지 못한다. 그래서 특정 활동에 참여하고, 특정 장소로 이동하며, 특정 사물을 바라보는 동시에 특정인과 이야기를 나눌 필요가 있다.

유일하고 통일된 이성이 존재한다는 것은 상당히 의심스러운 사고방식이 아닐 수 없다. 과학적 객관성으로 장려되는 것, 즉 "무처(無處)의 시점(view from nowhere)"은 언제나 "모처(某處)의 시점(view from somewhere)"이다. 이성은 육체에서 이탈하지 못하고 위치를 가질 수밖에 없다. 이에 대한 자각은 과학과 과학자에 대한 이해에 중요한 함의를 가진다. 다양한 장소에서 과학자가 의지하는 현실적 이성을 보다 심각하게 여길 수 있게 된다. 또한 특수한 역사적, 지리적 상황에서 처한 서로 다른 과학의 전통과 실천은 증거, 증명, 근거, 객관성 등에 대한 상이한 이해를 가지고 있다는 것도 분명해진다. 과학적 이성은 시·공간의 위치를 떠나서는 절대로 이해될 수가 없다.

독자에 따라서 이 책이 제시하는 방향에 대해 불안감을 가질 수 있다고도 생각한다. 과학은 보통 초연하고 공평하며 개인적이지 않은 자연에 대한 의문으로 여겨졌다. 공간적 상황이나 지역적 특수성에 대한 우려는 철학적으로 타협되는 문제로 보였고, 이는 결국 과학적 진리 같은 것은 존재하지 않는다는 것을 암시하기 때문이다. 과학적 지식이 특수한 조건에 따라 형성된 지역 환경의 산물이라면 정확성이 없는 것으로 판단되기도 했다. 이런 우려들이 항상 참인 추론은 아니다. 진리 자체가 상대적이라고 주장하지 않고도 지식으로 통하는 것, 합당하다 여겨지는 믿음, 주장에 대해 올바른 근거로 간주되는 것은 인간이 처한 상황에 대하여 상대적으로 나타난다고 주장하는 것이 가능하다. 진리인 것과 정당한 주장으로 여겨지는 것 사이에는 명명백백한 차이가 존재한다. 특정한 시간과 지리의 맥락에서 정당화될 수 있는 과학적 의견과 믿음은 다른 시-공간 상황에서는 신빙성이 떨어질 수 있다. 어떤 믿음이 지식 주장에 대한 준거를 어기지 않았음에도 오류로 판단될 수 있다. 철학자가 궁극적인 진리의 문제에 관심을 갖는 것이 타당한 것처럼, 과학의 지리학자는 지식으로 여겨지는 것, 즉 진리의 지위가 허용되는 것에 주안점을 둘 수 있다. 이성적인 것으로 판단되는 것은 시간과 장소에 따라 다르기 때문에 합리화하는 실천들의 역사지리를 들추어 내는 것이 가능하다. 특정 집단에 속하는 사람들이 다른 사람보다 믿을 만하다고 여겨질 수 있기 때문에, 입증과 신뢰의 사회지리를 탐구할 수 있다. 신뢰성은 과학적 덕목인 동시에 정신적 속성을 지닌 것이기 때문에 신뢰성을 판단하기 위해서 과학자들이 학문적 기술을 동원하는 방식도 지리적으로 탐구할 수 있다. 이와 같은 모든 노력은 관습적으로 생각되는 진리의 개념을 어기지 않고도 가능하다.

* * *

지난 3세기 남짓한 시간 동안 무장소적인 활동으로서 과학의 이미지가 우리의 문화 깊숙이 자리 잡고 있었다. 위치가 존재하지 않으며 장소에서 분리되고 육체에서 이탈한 지식을 과학의 표준으로 여겼다. 그래서 과학이 위치의 특수성에 의해 특징지어졌다고 생각하는 것은 우리의 직관에 반하는 경우가 너무나 많았다. 그러나 이 책에서 살핀 것처럼 과학은 불가피하게 장소의 영향을 받는다. 책에서는 몇 개의 영역만을 살폈지만, 다른 이들이 계속해서 확장해 나갈 수 있기를 바란다. 그렇다고

해서 과학에 대한 모든 것을 공간의 문제로만 축약시킬 수 있다는 것을 암시하는 것은 아니다. 주장의 핵심은 우리가 이를 통해 현실에 관한 모든 것이 지도 형태로 표현된다는 사실보다 더 많은 것들을 이야기할 수 있다는 것이다. 과학의 공간에 주목하는 것이 전혀 사소한 일이 아니라는 확신도 가지고 있다. 과학적 노력의 성격과 그에 상응하는 근대 세계에 대한 이해가 공간을 통해서 보다 명확해질 수 있기 때문이다.

서지 에세이

제1장. 과학지리학?

O. H. K. Spate은 취임 공개강의 *The Compass of Geography* (Canberra: Australian National University, 1953)에서 지리가 사소하며 과학적 수행에 아무런 영향을 미치지 않음을 논한 바가 있다. 자연 과학에 대한 사회학의 면제를 주장한 Emile Durkheim의 의견은 *Selected Writings* (Cambridge: Cambridge University Press, 1972)에서 찾아볼 수 있다. 적절한 방법으로부터의 일탈과 연구 재원의 변화하는 패턴에 관한 과학계의 반응을 설명하는 데 있어서 과학사회학의 한계는 Joseph Ben-David, *The Scientist's Role in Society: A Comparative Study* (Canberra: Prentice-Hall, 1971)에서 찾아볼 수 있다. 과학의 "무장소성"에 대한 철학적 변론은 Thomas Nagel의 *The View from Nowhere* (New York: Oxford University Press, 1986)에서 살펴볼 수 있다. Zev Bechler도 "The Essence and Soul of the Seventeenth-Century Scientific Revolution," *Science in Context* 1 (1987): 87-101에서 지역적 요인의 영향을 부정하였다. 이상의 것들과 다른 관점은 A. I.

Sabra, "Situating Arabic Science: Locality versus Essence," *Isis* 87 (1996): 654-70에 나타나 있다.

뉴질랜드와 미국 남부에서 다윈주의가 다르게 해석된 것에 대한 설명은 John Stenhouse의 "Darwinism in New Zealand, 1859-1900," in *Disseminating Darwinism: The Role of Place, Race, Religion, and Gender*, ed. Ronald L. Numbers and John Stenhouse (New York: Cambridge University Press, 1999), 61-89, 그리고 Lester D. Stephens, *Science, Race, and Religion in the American South: John Bachman and the Charleston Circle of Naturalists*, 1815-1895 (Chapel Hill: University of North Carolina Press, 2000) 등을 살펴보길 바란다. 이 문헌들 이후에 뉴턴, 훔볼트, 다윈의 이론에 대한 다양한 반응들이 연구되었으며, 비슷한 맥락에서 Andrew Warwick은 아인슈타인의 상대성 이론에 대한 분석을 두 파트로 나누어 수행하여 "Cambridge Mathematics and Cavendish Physics: Cunningham, Campbell and Einstein's Relativity, 1905-1911," *Studies in the History and Philosophy of Science* 23 (1992): 625-56, 24 (1993): 1-25에 발표하였다. Charles Elton and Raymond E. Lindeman의 업적을 통해 생물학 분야에서 장소의 역할과 중요성에 대해 성찰해 볼 수 있으며, 소위 "장소의 실천"에 대한 탐구에 대한 이해는 Robert E. Kohler의 "Place and Practice in Field Biology," *History of Science* 40 (2002): 189-210를 통해 가능할 것이다. 상온핵융합에 대한 언급도 이 문헌에서 찾아볼 수 있다.

1. 공간은 중요하다

현대 어휘에서 공간적 메타포의 유행은 Rolland G. Paulston, ed., *Social Cartography: Mapping Ways of Seeing Social and Educational Change* (New York: Garland, 1996)에 수록된 글들을 통해서 확인할 수 있다. 특히 David

Turnbull, "Constructing Knowledge Spaces and Locating Sites of Resistance in the Modern Cartographic Transformation," Anne Sigismund Huff, "Ways of Mapping Strategic Thought," Crystal Bartolovich, "Mapping the Spaces of Capital"의 문헌에서 이러한 은유적 풍부함을 잘 엿볼 수 있다.

Erving Goffman의 책 *The Presentation of Self in Everyday Life* (London: Allen Lane, 1969)와 *Relations in Public: Microstudies of the Public Order* (London: Allen Lane, 1971)에는 사회적 상호작용에서 공간의 중요성을 잘 설명하고 있다. Clifford Geertz는 *The Interpretation of Cultures: Selected Essays* (New York: Basic Books, 1973)에서 "상상계"의 개념을 제시하며 인간의 의사소통과 기호체계를 이해하는 데 있어서 로컬리티의 중요성을 파악한다. 그리고 Geertz는 "특정한 장소에서 특정한 것들에 대한 특정한 감정"에 주목하며 *Local Knowledge: Further Essays in Interpretive Anthropology* (New York: Basic Books, 1983)를 저술하였다. 인간 상호작용의 구성 체계에서 공간의 역할은 Anthony Giddens의 *The Constitution of Society: Outline of the Theory of Structuration* (Oxford: Polity Press, 1984), 인문지리학자 Nigel Thrift의 "On the Determination of Social Action in Space and Time," *Environment and Planning D: Society and Space* 1 (1983): 23-57에 잘 나타나 있다. 사회적 생산으로서의 공간이란 아이디어가 모티브로 작용하여 Henri Lefebvre의 *The Production of Space* (Oxford: Blackwell, 1991), Edward Soja의 *Postmodern Geographies: The Reassertion of Space in Critical Social Theory* (London: Verso, 1989)가 출간되었다.

Robert D. Sack, *Conceptions of Space in Social Thought* (London: Macmillan, 1980), Derek Gregory and John Urry, eds., *Social Relations and Spatial Structures* (London: Macmillan, 1985), Edward Soja, "The

Spatiality of Social Life: Towards a Transformative Retheorisation," in *Social Relations and Spatial Structures*, ed. Derek Gregory and John Urry (London: Macmillan, 1985), 90-122, Neil Smith, *Uneven Development: Nature, Capital and the Production of Space*, 2nd ed. (Oxford: Blackwell, 1990), J. Nicholas Entrikin, *The Betweenness of Place: Towards a Geography of Modernity* (London: Macmillan, 1991) 등의 문헌도 일반적인 수준에서 공간에 대한 이론적 개념화를 이해하는 데 보탬이 될 것이다. "담론의 공동체" 개념과 그런 공동체들이 사회 환경과 "접합"되고 "분리"되는 방식에 대한 논의에 대해서는 Robert Wuthnow의 *Communities of Discourse: Ideology and Social Structure in the Reformation, the Enlightenment, and European Socialism* (Cambridge: Harvard University Press, 1989)을 참고하길 바란다. Wuthnow의 분석에서 공간의 개념이 명확하게 나타나 있지는 않지만, "새로운 이데올로기가 성공적으로 제도화된 장소뿐만 아니라 이데올로기적 혁신을 받아들이는 장소에 대해서도 주목해야 한다"(p.6)는 그의 주장을 되새겨볼 필요가 있다. [장소와 공간으로 인한] "가능성"과 "제약성" 개념에 대한 논의는 Giddens의 *The Constitution of Society*에서도 잘 나타나 있다.

셰이머스 히니의 구절은 그의 책 *Preoccupations: Selected Prose, 1968-1978* (London: Faber and Faber, 1980)에 수록된 수필 "The Sense of Place"에서 인용한 것이다. 로컬에서 글로벌 영향력에 대한 설명은 David Harvey의 *The Condition of Postmodernity: An Inquiry into the Origins of Social Change* (Oxford: Blackwell, 1989)에서 제시하고 있다. 상상된 지리의 문제는 Edward W. Said의 *Culture and Imperialism* (London: Chatto and Windus, 1993), Derek Gregory의 *Geographical Imaginations* (Oxford: Blackwell, 1994)에서 충분한 검토가 이루어졌다.

Stephen Greenblatt, *Marvellous Possessions: The Wonder of the New World* (Chicago: University of Chicago Press, 1991), Peter Mason, *Deconstructing America: Representations of the Other* (New York: Routledge, 1990), Anthony Pagden, *European Encounters with the New World* (New Haven: Yale University Press, 1993) 등의 문헌에서는 유럽대륙과 신대륙 사이의 조우를 집중 조명한다. 콜럼비아 시대 조우의 지도학적 측면에 대한 설명은 J. B. Harley, *Maps and the Columbian Encounter* (Milwaukee: Golda Meir Library, 1990)에서 명쾌하게 제시된다. 태평양이란 아이디어에 대한 기원은 Roy MacLeod and Philip F. Rehbock, eds., *Darwin's Laboratory: Evolutionary Theory and Natural History in the Pacific* (Honolulu: University of Hawaii Press, 1994)을, "암흑의 아프리카"에 대한 논의는 P. Brantlinger, "Victorians and Africans: The Genealogy of the Myth of the Dark Continent," *Critical Inquiry* 12 (1985): 166-203을 참고하길 바란다. Said는 *Orientalism* (London: Routledge and Kegan Paul, 1978)을 통해서 서양의 구성물로서 "오리엔트"에 대한 통찰력 있는 논의를 제시하며 논란을 불러일으키기도 했다. 오리엔탈리즘에 대한 비판적인 관점은 John M. Mackenzie의 *Orientalism: History, Theory and the Arts* (Manchester: Manchester University Press, 1995)에 잘 나타나 있다. 팔레스타인에서 발생했던 서구의 "과학적 성전"은 Naomi Shepherd의 저서 *The Zealous Intruders: From Napoleon to the Dawn of Zionism–the Explorers, Archaeologists, Artists, Tourists, Pilgrims, and Visionaries Who Opened Palestine to the West* (New York: Harper and Row, 1987)에 기록되어 있다.

공간, 권력, 지식 간의 관계는 Michel Foucault의 저술에서 두드러지는 주제였다. *The Birth of the Clinic: An Archaeology of Medical Perception*

(London: Tavistock, 1973)과 *Discipline and Punish: The Birth of the Prison* (London: Penguin, 1991)에서 정신병원, 감옥과 같은 특정 장소에 대한 그의 분석을 살펴볼 수 있다. 상기 개념들 간의 연결성에 대한 보다 일반적인 논의는 *Power/Knowledge: Selected Interviews and Other Writings*, 1972-1977 (B righton: Harvester Press, 1980)과 Jay Miskowiec의 영자 번역문 "Of Other Spaces," *Diacritics* 16(1986): 22-27를 참고하길 바란다. 푸코에 대한 지리학적 논의는 Felix Driver, "Geography's Empire: Histories of Geographical Knowledge," *Society and Space* 19 (1992): 23-40를 참고하면 좋을 것이다. 이론의 이동성에 대한 고찰은 Edward W. Said, "Travelling Theory," in *The World, the Text and the Critic* (London:Vintage, 1991)을 통해 파악할 수 있다.

2. 과학의 지리

1996년 영국지리학자협회와 영국왕립지리학회가 공동주최한 연례 학술대회는 지리학자와 과학사학자 간 대화의 중요한 이정표로 생각된다. 무엇보다 Steven Shapin의 기조연설이 중요했고, 연설문은 "Placing the View from Nowhere: Historical and Sociological Problems in the Location of Science"란 제목으로 *Transactions of the Institute of British Geographers* (23, 1998: 1-8)에 실렸다. David N. Livingstone의 "The Spaces of Knowledge: Contributions towards a Historical Geography of Science," *Society and Space* 13 (1995): 5-34, David Demeritt의 "Social Theory and the Reconstruction of Science and Geography," *Transactions of the Institute of British Geographers, n.s.*, 21 (1996): 484-503, Trevor J. Barnes의 *Logics of Dislocation: Models, Metaphors, and Meanings of Economic Space* (New York: Guilford Press, 1996), Charles W. J. Withers의

"Geography, Natural History and the Eighteenth-Century Enlightenment: Putting the World in Place," *History Workshop Journal* 39 (1995): 137-63, "Notes toward a Historical Geography of Geography in Early Modern Scotland," *Scotlands* 3 (1996): 111-24, "Towards a History of Geography in the Public Sphere," *History of Science* 34 (1999): 45-78 등의 문헌을 통해서도 과학사회학과 과학사학에 대해 커져가는 지리학자의 관심을 파악할 수 있다. 과학 연구에서 공간과 장소의 중요성에 대한 관심의 증가를 보여 주는 상징적 문헌은 1991년 *Science in Context*의 특집호에 실린 Adi Ophir and Steven Shapin의 논문 "The Place of Knowledge: The Spatial Setting and Its Relations to the Production of Knowledge"이다. 관련 논의의 중요성은 1994년 3월에 개최된 영국 과학사학회 컨퍼런스에서도 확인되었고, Jon Agar and Crosbie Smith는 컨퍼런스 발표문들을 엮어 *Making Space for Science: Territorial Themes in the Shaping of Knowledge* (London: Macmillan, 1998)를 편찬하였다. 지식의 지리학에 대한 보다 일반적인 수준의 논의는 Peter Burke의 저서 A Social History of Knowledge (Oxford: Polity, 2000)의 4장 "Locating Knowledge: Centres and Peripheries"와 Thomas F. Gieryn은 논문 "Three Truth-Spots," *Journal of the History of the Behavioural Sciences* (38, 2002: 113-32)를 통해 찾아볼 수 있다.

제2장. 장소 : 과학의 현장

Erwin Straus은 현상학적 심리학의 입장에서 시각의 공간과 청각의 공간을 명확하게 구분하였고, 이 논의는 *Phenomenological Psychology: The Selected Papers of Erwin W. Straus* (London: Tavistock, 1966)에 "The

Forms of Spatiality"의 제목으로 수록되었다. 과학적 의미와 과학 탐구의 장소 간의 관계에 대한 철학적 논의는 Nicholas Jardine가 *The Scenes of Inquiry: On the Reality of Questions in the Sciences* (Oxford: Clarendon Press, 2000)에서 제시한다.

1. 실험의 건물들

과학사학계에서 인식한 "생산의 장소"의 중요성에 대한 소개는 Jan Golinski의 저서 *Making Natural Knowledge: Constructivism and the History of Science* (Cambridge: Cambridge University Press, 1998)의 3장의 내용을 통해서 확인할 수 있다. 자연 및 영적 지식 획득에서 고독에 대한 이상화는 Steven Shapin의 "'The Mind Is Its Own Place': Science and Solitude in Seventeenth-Century England," *Science in Context* 4 (1990): 191-218에 잘 서술되어 있다. 존 디의 가정에 대한 서술은 Deborah E. Harkness의 "Managing an Experimental Household: The Dees of Mortlake and the Practice of Natural Philosophy," *Isis* 88 (1997): 247-62을 근거로 이루어졌다. 여기서 저자는 "가정을 지식의 장소로서 검토하려면 근대 초기의 가구가 완벽하게 가정적이고 여성적인 공간이었음을 잊지 말아야 한다."고 강조했다. Yi-fu Tuan은 *Segmented Worlds and Self: Group Life and Individual Consciousness* (Minneapolis: University of Minnesota Press, 1982)에서 가정 공간의 진화에 대한 몇 가지 중요한 통찰을 서술한다. 엘리자베스 시대의 가정에 관한 보다 일반적인 역사적 기술은 Alice T. Friedman, *House and Household in Elizabethan England* (Chicago: University of Chicago Press, 1989)에 기록되어 있다. Owen Hannaway는 "Laboratory Design and the Aim of Science: Andreas Libavius versus Tycho Brahe," *Isis* 77 (1986): 585-610에서 실험에 특화된 장소라는 아

이디어의 역사적 기원이 연금술적인 수행과 직접적인 연관이 있었음을 주장한다. 과학혁명 시기에 실험공간의 탄생의 역사는 Steven Shapin, "The House of Experiment in Seventeenth Century England," *Isis* 79 (1988): 373-404를 참고해 살펴볼 수 있다. 이 문헌을 기초로 보일의 실험실 및 "실험계 인사"에 관한 설명이 이루어졌다. 17세기 영국의 실험 장소의 주인들에 대한 보다 일반적인 사항에 대해서는 Charles Webster의 *The Great Instauration: Science, Medicine and Reform, 1626-1660* (London: Duckworth, 1975), Michael Hunter의 *Science and Society in Restoration England* (Cambridge:Cambridge University Press, 1981) 등의 문헌을 살펴보길 바란다.

마이클 패러데이에 대한 설명은 David Gooding의 "'In Nature's School': Faraday as an Experimentalist," in *Faraday Rediscovered: Essays on the Life and Work of Michael Faraday, 1797-1867*, ed. David Gooding and Frank A. L. James (London: Macmillan, 1985)와 Iwan Rhys Morus, *Frankenstein's Children: Electricity, Exhibition, and Experiment in Early-Nineteenth Century London* (Princeton: Princeton University Press, 1998)을 참조하였다. 핵 산업의 공공적 수행에 대해서는 H. M. Collins의 "Public Experiments and Displays of Virtuosity: The Core-Set Re-visited," *Social Studies of Science* 18 (1988): 725-48에서 상세히 소개하고 있다. 18세기 과학적 시연과 시각적 즐거움 사이의 관계는 Barbara Maria Stafford의 *Artful Science: Enlightenment Entertainment and the Eclipse of Visual Education* (Cambridge: MIT Press, 1994)에서 부분적으로 다루고 있다. 이와 관련된 사항은 Iwan Morus의 "Currents from the Underworld: Electricity and the Technology of Display in Early Victorian England," *Isis* 84 (1993): 50-69에서도 찾을 수 있다. 캐빈디쉬 연구소의 탄생과 윌리

엄 톰슨의 글래스고 실험실의 상황에 대한 설명은 Crosbie Smith and Jon Agar의 편저 *Making Space for Science: Territorial Themes in the Shaping of Knowledge* (Basingstoke, U.K.: Macmillan Press, 1998)에 수록된 두 챕터를 바탕으로 하였다 (Simon Schaffer, "Physics Laboratories and the Victorian Country House," 149-180, Crosbie Smith, "'Nowhere but in a Great Town': William Thomson's Spiral of Classroom Credibility," 118-46). 맥스웰의 대수학과 기하학 간의 관계에 대한 형이상학적 관심은 스코틀랜드 학문 전통에 대한 George Elder Davie의 저술 *The Democratic Intellect: Scotland and Her Universities in the Nineteenth Century* (Edinburgh: Edinburgh University Press, 1961)에 잘 나타나 있다. 다양한 목적을 가지고 있는 실험 공간의 탄생에 대한 여러 가지 측면들은 Graeme Gooday의 업적 "Teaching Telegraphy and Electrotechnics in the Physics Laboratory: William Ayrton and the Creation of an Academic Space for Electrical Engineering in Britain, 1873-1884," *History of Technology* 13 (1991): 73-111와 "The Premisses of Premises: Spatial Issues in the Historical Construction of Laboratory Credibility," in Smith and Agar, *Making Space for Science*, 216-45을 참고하길 바란다.

국지적인 상황에서 솜씨와 기술의 중요성에 대해서는 Joseph Rouse의 두 저서 *Knowledge and Power: Toward a Political Philosophy of Science* (Ithaca, N.Y.: Cornell University Press, 1987)와 *Engaging Science: How to Understand Its Practices Philosophically* (Ithaca, N.Y.: Cornell University Press, 1996)를 살펴보는게 좋을 것이다.

2. 축적의 캐비닛

"박물관은 침묵과 음향 사이에 위치하고 있었다."는 생각을 발전시키면서 Paula Findlen는 박물관의 초기 역사의 중요한 국면들을 파헤쳤고, 그녀의 업적 두 편 "The Museum: Its Classi-cal Etymology and Renaissance Genealogy," *Journal of the History of Collections* 1 (1989): 59-78와 *Possessing Nature: Museums, Collecting, and Scientific Culture in Early Modern Italy* (Berkeley: University of California Press, 1994)에서 영감을 얻어 관련 서술이 이루어졌다. Oliver Impey and Arthur MacGregor, eds., *The Origins of Museums: The Cabinet of Curiosities in Sixteenth- and Seventeenth-Century Europe* (Oxford: Clarendon Press, 1985), Lorraine J. Daston, "Marvellous Facts and Miraculous Evidence in Early Modern Europe," *Critical Inquiry* 18 (1991): 93-124, Sharon MacDonald, ed., *The Politics of Display: Museums, Science, Culture* (London: Routledge, 1998) 등도 참고했다. Lewis Pyenson and Susan Sheets-Pyenson의 *Servants of Nature: A History of Scientific Institutions, Enterprises and Sensibilities* (New York: W. W. Norton, 1999), 125-49의 5장 내용도 박물관에 대한 유용한 개괄적 설명을 제공해주며, 여기에서 "정신의 창"이란 아이디어를 얻었다. 르네상스시대 박물관에서 여성의 배제는 *The Architecture of Science*, ed. Peter Galison and Emily Thompson (Cambridge: MIT Press, 1999)에 수록된 Paula Findlen의 챕터 "Masculine Prerogatives: Gender, Space, and Knowledge in the Early Modern Museum,"(29-57)을 살펴 이해할 수 있을 것이다. 박물관에서 경이로움의 역할에 대한 언급은 Lorraine Daston "The Factual Sensibility," *Isis* 79 (1988): 452-70 문헌에서 확인 가능하다. 여기에서 "방문객들은 경이로움에 휘둥그레진 눈, 놀라움에 벌어진 입으로 수집가들에게 말로 담을 수 없는 진심어린 찬사를 표현했다."고 서술되어 있다. Lorraine Daston and Katharine Park는 "경이로움"와 "경이로운 것"에 대한 보다 일반적인 수준에서 *Wonders and the Order of Nature*, 1150-1750 (New York: Zone Books, 1998)를 서술하였다.

"즉흥곡 전집"으로서 대영제국, 이를 구축하는 과정에서 아카이빙 본능의 역할은 Thomas Richards의 *The Imperial Archive: Knowledge and the Fantasy of Empire* (London: Verso, 1993)을 참조하길 바란다. 필라델피아의 필 박물관에 대한 부분은 Charlotte M. Porter, *The Eagle's Nest: Natural History and American Ideas, 1812-1842* (University: University of Alabama Press, 1986)를, 보스턴 대중 박물관의 재구성에 대한 하이엇의 계획은 Sally Gregory Kohlstedt의 "Natural History Museums in the United States, 1850-1900," in *Scientific Colonialism: A Cross-Cultural Comparison*, ed. Nathan Reingold과 Marc Rothenberg의 (Washington D.C.: Smithsonian Institution Press, 1987), 167-90을 각각 참고하여 서술하였다. 남북전쟁 이전 미국 대학의 커리큘럼과 박물관 문화 사이의 관계는 Sally Gregory Kohlstedt의 "Curiosities and Cabinets: Natural History Museums and Education on the Antebellum Campus," Isis 79 (1988): 405-26에서 상세히 다루고 있다. 20세기 초반 미국 자연사박물관의 상황은 Ronald Rainger의 *An Agenda for Antiquity: Henry Fairfield Osborn and Vertebrate Paleontology at the American Museum of Natural History, 1890-1935* (University: University of Alabama Press, 1991)에 상세히 기록되어 있으며, Stephen T. Asma는 *Stuffed Animals and Pickled Heads: The Culture and Evolution of Natural History Museums* (New York: Oxford University Press, 2001)에서 자연사박물관의 역사를 보다 광범위한 스케일에서 논한다.

지질학 지식의 지도로서 자연사박물관에 대한 설명은 Galison and Thompson의 편저 *The Architecture of Science*에 수록된 Sophie Forgan의 챕터 "Bricks and Bones: Architecture and Science in Victorian Britain" (181

-208)에 상세하게 제시된다. 같은 편저의 George W. Stocking Jr.의 챕터 "The Spaces of Cultural Representation, circa 1887 and 1969: Reflections on Museum Arrangement and Anthropological Theory in the Boasian and Evolutionary Traditions"(165-80)는 문화적 재현의 공간을 중심으로 자연사박물관을 논한다. David K. van Keuren은 피트-리버스 박물관에 관한 이야기를 "Museums and Ideology: Augustus PittRivers, Anthropological Museums, and Social Change in Later Victorian Britain," *Victorian Studies* 28 (1984): 171-89에서 다루었는데, 이를 참조해 박물관의 교육적 역할을 서술하였다. 이와 관련된 내용은 William Ryan Chapman의 "Arranging Ethnology: A. H. L. F. PittRivers and the Typological Tradition," in *Objects and Others: Essays on Museums and Material Culture*, ed. George W. Stocking Jr. (Madison: University of Wisconsin Press, 1985), 5-48에도 나타난다. 패트릭 게데스의 아웃룩 타워에 대한 상세한 논의는 Helen Meller, *Patrick Geddes: Social Evolutionist and City Planner* (London: Routledge, 1990)와 Charles W. J. Withers의 *Geography, Science and National Identity: Scotland since 1520* (Cambridge: Cambridge University Press, 2001)을 참고하면 좋을 것이다. 베를린 민족학박물관에서의 공간의 중요성은 Andrew Zimmerman의 두 업적 "Anthropology and the Place of Knowledge in Imperial Berlin" (Ph.D. diss., University of California, San Diego)과 *Anthropology and Antihumanism in Imperial Germany* (Chicago: University of Chicago Press, 2001)에 상세히 기술되었다. 그밖에도 Susan Leigh Star and James R. Griesemer, "Institutional Ecology, 'Translations' and Boundary Objects: Amateurs and Professionals in Berkeley's Museum of Vertebrate Zoology, 1907-39," *Social Studies of Science* 19 (1989): 387-420, 그리고 Annie E. Coombes의 *Reinventing Africa: Museums, Material*

Culture and Popular Imagination in Late Victorian and Edwardian England (New Haven: Yale University Press, 1994)가 참조할 만하다.

다양한 건축과 과학 간의 관계는 Galison and Thompson의 *The Architecture of Science*에 포괄적으로 잘 설명되어 있다. 과학기관의 건축은 Sophie Forgan의 "Context, Image and Function: A Preliminary Enquiry into the Architecture of Scientific Societies," *British Journal for the History of Science* 19 (1986): 89-113와 "The Architecture of Display: Museums, Universities and Objects in NineteenthCentury Britain," *History of Science* 32 (1994): 139-62 등의 문헌을 통해서 연구가 진행되었다. 과학의 사원으로서 자연사박물관에 대한 서술을 위해서 Susan Sheets-Pyenson, "Civilizing by Nature's Example: The Development of Colonial Museums of Natural History, 1850-1900," in Reingold and Rothenberg, Scientific Colonialism, 351-77, Carla Yanni, *Nature's Museum: Victorian Science and the Architecture of Display* (London: Athlone, 1999), William T. Stearn, *The Natural History Museum at South Kensington: A History of the British Museum (Natural History), 1735-1980* (London: Heinemann, 1981)을 참조했다. 이에 대한 기록은 Duncan F. Cameron, "The Museum: A Temple or a Forum," *Journal of World History* 14 (1972): 189-202, Susan Sheets-Pyenson, "Cathedrals of Science: The Development of Colonial Natural History Museums during the Late Nineteenth Century," History of Science 25 (1987): 279-300 등에도 남아 있다. 상당수의 연구에서 빅토리아 시대에 새롭게 등장한 과학 엘리트층이 당시에는 성직자들만 누렸었던 도덕적 정당성을 확보하기 위해 동원한 전략들이 철저히 조사되었다. Frank Miller Turner의 "The Victorian Conflict between Science and Religion: A Professional Dimension," *Isis* 69 (1978): 356-76과 T.

W. Heyck의 *The Transformation of Intellectual Life in Victorian England* (London: Croom Helm, 1982)를 대표적인 예로 꼽을 수 있다. 과거를 재현하는 박물관의 개념적, 이데올로기적 문제들은 Stephen Bann의 *The Inventions of History: Essays on the Representation of the Past* (Manchester: Manchester University Press, 1990)에서 심층적으로 다루어졌다. "사물-중심 인식론"은 Steven Conn의 저서 *Museums and American Intellectual Life, 1876-1926* (Chicago: University of Chicago Press, 1998)에서 제대로 설명하고 있으며, 이 자료에서 루이스 애거시와 에드워드 드링커의 발언을 인용하였다. 20세기 초반 미국 인류학에서 박물관에 대한 대학의 승리는 Curtis M. Hinsley의 "The Museum Origins of Harvard Anthropology, 1866-1915," in *Science at Harvard University: Historical Perspectives*, ed. Clark A. Elliott and Margaret W. Rossiter (Bethlehem, Pa.: Lehigh University Press, 1992), 121-45에 잘 나타나 있다.

3. 현지조사 활동

Dorinda Outram은 "New Spaces in Natural History," in *Cultures of Natural History*, ed. N. Jardine, J. A. Secord and E. C. Spary (Cambridge: Cambridge University Press, 1996), 249-65에서 정적인 과학자와 현장 과학자 사이의 대조를 흥미롭게 설명한다. 조르쥬 큐비에의 발언에 대한 소개와 "지표 위를 지나며"와 "고정되고 움직이지 않는 시선" 사이의 대조는 이 자료를 바탕으로 서술되었다. Henrika Kuklick와 Robert E. Kohler는 현장 과학의 전반적인 문제에 대한 논문을 수집해 *Science in the Field*의 제목으로 1996년 Osiris 11권에 실었다. 이 문헌의 서문에서는 현장 과학자들이 "본거지에서의 사고 습관"을 지니고 여행하는 것을 포함해 흥미로운 설명을 제시한다. 그리고 Bruce Hevly의 챕터 "The Heroic Science of

Glacier Motion"(66-86)에서 포브스, 틴들, 홉킨스 사이의 논쟁을 살펴볼 수 있다. 동일한 논쟁은 Frank Cunningham, James David Forbes: Pioneer Scottish Glaciologist (Edinburgh: Scottish Academic Press, 1990), Crosbie Smith, "William Hopkins and the Shaping of Dynamical Geology, 1830-1860," *British Journal for the History of Science* 22 (1989): 27-52 등의 문헌에도 등장한다. 지리학과 탐험여행기(記) 사이의 관계에 대한 검토는 Richard Phillips의 *Mapping Men and Empire: A Geography of Adventure* (London: Routledge, 1997)를 통해서 이루어졌다. 여성의 역할에 대한 이야기는 Marcia Myers Bonta의 *Women in the Field: America's Pioneering Women Naturalists* (College Station: Texas A&M Press, 1991)와 Jane Robinson의 *Wayward Women* (Oxford: Oxford University Press, 1990)에서 찾아볼 수 있다. Cheryl McEwan은 현지조사의 남성권위적인 풍토 때문에 지질학이나 자연지리학 같은 과학 분야에서 여성의 참여는 제약적일 수밖에 없었다고 주장했다. 논의의 자세한 사항은 Cheryl McEwan의 "Gender, Science and Physical Geography in Nineteenth-Century Britain," *Area* 30 (1998): 215-23을 참고하길 바란다. 통과의례로서의 현지조사에 대한 이야기는 Matthew Sparke의 "Displacing the Field in Fieldwork: Masculinity, Metaphor and Space," in *Bodyspace*, ed. Nancy Duncan (London: Routledge, 1996), 212-33에 실려 있다. 메리 킹즐리의 사례는 Alison Blunt의 *Travel, Gender, and Imperialism: Mary Kingsley and West Africa* (New York: Guildford Press, 1994)를, 아프리카에 대한 빅토리아 시대 여성들의 여행 글쓰기에서 나타나는 차이들에 관한 부분은 Cheryl McEwan의 "Encounters with West African Women: Textual Representations of Difference by White Women Abroad," in *Writing Women and Space: Colonial and Postcolonial Geographies*, ed. Alison Blunt and Gillian Rose (New York: Guilford Press, 1994), 73-100을 기초로 서술하였다. 빅토리아 시대 초반 영국 과학에서 현장조사 클럽 운동의 중요성은 Colin A. Russell, *Science and Social Change:1700-1900* (London: Macmillan, 1983), David Elliston Allen, *The Naturalist in Britain: A Social History* (London: Allen Lane, 1976)에서 확인할 수 있다. 특히 식물학 분야 현지조사에서 여성의 참여에 대한 논의는 Ann B. Shteir의 *Cultivating Women, Cultivating Science: Flora's Daughters and Botany in England, 1760-1860* (Baltimore: Johns Hopkins University Press, 1996)를 참조하길 바란다. 보다 일반적인 수준에서 논의는 Londa Schiebinger의 *The Mind Has No Sex? Women in the Origins of Modern Science* (Cambridge: Harvard University Press, 1989)에서 찾아볼 수 있다. 알프레드 러셀 월리스가 현지조사에서 중시한 관계의 중요성에 대한 논의는 Jane Camerini의 "Wallace in the Field," *Osiris* 11 (1996): 44-65에 소개되었다. 현장 연구에 대한 보다 최근의 논의는 Christopher R. Henke의 "Making a Place for Science: The Field Trial," *Social Studies of Science* 30 (2000): 483-511, Richard W. Burkhardt Jr.의 "Ethology, Natural History, the Life Sciences, and the Problem of Place," *Journal of the History of Biology* 32 (1999): 489- 508, Robert E. Kohler의 두 업적 *Landscapes and Labscapes: Exploring the Lab-Field Frontier in Biology* (Chicago: University of Chicago Press, 2002)과 "Labscapes: Naturalizing the Lab," *History of Science* 40 (2002): 473-501을 통해 살펴볼 수 있다.

전통, 수행, 이성 간의 관계에 대한 논의는 Hans-Georg Gadamer, Michael Polanyi, and Alasdair MacIntrye 등의 업적으로 파악하였다. 특히, Hans-Georg Gadamer의 업적 *Philosophical Hermeneutics*, trans. David E. Linge (Berkeley: University of California Press, 1977)과 *Reason in the Age of Science*, trans. Frederick G. Lawrence (Cambridge: MIT Press, 1981), Michael Polanyi의 *Personal Knowledge: Towards a Post-critical Philosophy* (Chicago: University of Chicago Press, 1958), 그리고 Alasdair MacIntyre의 Whose Justice? Which Rationality? (Notre Dame, Ind.: University of Notre Dame Press, 1988)에서 값진 지식들을 얻을 수 있었다.

사회과학 분야에서 특히 중요한 현장의 "구성성(constructedness)"에 대한 논의는 페미니스트를 중심으로 발전하였고, 이들은 현지조사의 정치와 재현의 정치 사이의 관계에 주목하였다. 지리학에서는 1994년 *Professional Geographer*에 실린 특집 "Women in the Field: Critical Feminist Methodologies and Theoretical Perspectives," 54-102에 관련 논의가 상세히 소개되었다. Martin Bulmer, Kevin Bales, and Kathryn Kish Sklar의 *The Social Survey in Historical Perspective* (New York: Cambridge University Press, 1991)로 사회 현장 조사의 등장을 살필 수 있다. 현장 조사의 중요성에 대한 인류학적 성찰은 Akhil Gupta and James Ferguson, *Anthropological Location: Boundaries and Grounds of a Field Science* (Berkeley: University of California Press, 1998), A. Roldan와 H. F. Vermeulen의 *Fieldwork and Footnotes: Studies in the History of European Anthropology* (London: Routledge, 1995) 등의 문헌을 통해서 가능할 것이다. 인류학적 방법으로서 현지조사를 최우선적으로 제도화시키는데 노력하였던 말리노프스키의 역할은 Henrika Kuklick의 *The Savage Within: The Social History of British Anthropology, 1885-1945* (Cambridge: Cambridge University Press, 1991)와 Joan Vincent의 *Anthropology and Politics: Visions, Traditions, and Trends* (Tucson: University of Arizona Press, 1990)에 상세히 소개되어 있다. 그리고 말리노프스키의 비전을 전파하였던 록펠러 재단의 역할은 George W. Stocking Jr.의 *After Tylor:*

British Social Anthropology, 1888-1951 (Madison: University of Wisconsin Press, 1995)을 통해 확인할 수 있다. Stocking의 또 다른 편저 Observers Observed: Essays on Ethnographic Fieldwork, History of Anthropology, vol. 1 (Madison: University of Wisconsin Press, 1983)에 실린 "The Ethnographer's Magic: Fieldwork in British Anthropology from Tylor to Malinowski" (70-120)도 중요한 업적인데, 여기에서 현지조사가 "[인류학자라는] 부족들의 핵심 의식"으로 표현되었다. 상기 Gupta and Ferguson의 편저에 수록된 Kuklick의 "After Ishmael: The Fieldwork Tradition and Its Future"에서는 빅토리아 시대 젠틀맨-학자들의 현지조사에 대한 의구심이 제기 되었다. William Bunge의 글에서는 급진주의적 색채를 띤 현지조사의 정치적 동기를 상세히 다루는데, *Fitzgerald: The Geography of a Revolution* (Cambridge, Mass.: Schenkman, 1971)와 "The First Years of the Detroit Geographical Expedition: A Personal Report," in *Radical Geography: Alternative Viewpoints on Contemporary Social Issues*, ed. Richard Peet (1969; London: Methuen, 1978)을 대표적인 업적으로 언급할 수 있다. 한편, Melissa R. Gilbert는 가정에서 사회과학 현지조사를 수행하며 생기는 몇몇 문제점들을 "The Politics of Location: Doing Feminist Research at 'Home'," Professional Geographer 46 (1994): 90-96에 소개하였다. "공간적 수행"으로서의 현지조사는 James Clifford가 제시한 것인데, Michel de Certeau의 *The Practice of Everyday Life* (Berkeley: University of California Press, 1984)를 토대로 마련된 개념이며 Gupta and Ferguson의 *Anthropological Locations*에 "Spatial Practices: Fieldwork, Travel, and the Disciplining of Anthropology"라는 제목으로 실려 있다.

4. 전시의 정원

정원의 문화사에 대한 간략한 소개를 원한다면 Andrew Cunningham의 "The Culture of Gardens," in *Cultures of Natural History*, ed. N. Jardine, J. A. Secord, and E. C. Spary (Cambridge: Cambridge University Press, 1996), 38-56을 추천한다. 식물원의 역사와 의미에 대한 훌륭한 개관은 John Prest의 *The Garden of Eden: The Botanic Garden and the Re-creation of Paradise* (New Haven: Yale University Press, 1981)에서도 찾아볼 수 있는데, 바로 이 문헌에서 정원을 흩어져 있는 직소 퍼즐 조각을 하나로 모으는 곳으로 비유하였다. 초창기 식물원들의 연대기는 *Hortus Botanicus: The Botanic Garden and the Book; Fifty Books from the Sterling Morton Library Exhibited at the Newberry Library for the Fiftieth Anniversary of the Morton Arboretum* (Lisle, Ill.: Morton Arboretum, 1972)에서 찾아볼 수 있다. 17세기 성경의 이미지로 덧칠한 지식의 공간으로서 노아의 방주와 정원에 대한 역사적 설명은 Jim Bennett and Scott Mandelbrote의 *The Garden, the Ark, the Tower, the Temple: Biblical Metaphors of Knowledge in Early Modern Europe* (Oxford: Museum of the History of Science in association with the Bodleian Library, 1998)을 참고하길 바란다. Prudence Leith-Ross의 책 *The John Tradescants: Gardeners to the Rose and Lily Queen* (London: P. Owen, 1984)에서는 트레이즈캔트의 역할에 대한 토론이 이루어진다. 사회적 지위에 대한 지표로 프랑스의 정식 정원을 논한 업적에는 Chandra Mukerji의 "Reading and Writing with Nature: Social Claims and the French Formal Garden," *Theory and Society* 19 (1990): 651-79가 있다. 국가를 표현하는 하나의 수단으로서 식물에 대한 이야기는 Janet Browne의 *The Secular Ark: Studies in the History of*

Biogeography (New Haven: Yale University Press, 1983)에서 찾아볼 수 있다. 특정 식물원의 역사 중 파리의 순화원에 대한 연구는 E. C. Spary의 *Utopia's Garden: French Natural History from Old Regime to Revolution* (Chicago: University of Chicago Press, 2000)을 참고했는데, 여기에서 다양한 환경 조건의 "시뮬라크르"로서 정원의 조경에 대한 논의가 있었다. Ray Desmond의 Kew: *The History of the Royal Botanic Gardens* (London: Harvill Press, 1995)에서는 큐 왕립식물원의 왕과 리허성의 중국 황제에 대해 뱅크스가 언급한 내용을 발췌하였다. Lucile H. Brockway, *Science and Colonial Expansion: The Role of the British Royal Botanic Gardens* (New York: Academic Press, 1979)와 Harold R. Fletcher and William H. Brown, *The Royal Botanic Garden Edinburgh, 1670-1970* (Edinburgh: Her Majesty's Stationery Office, 1970)에서도 유용한 식물원 사례연구를 제시한다. 한편, Richard Drayton의 *Nature's Government: Science, Imperial Britain, and the "Improvement" of the World* (New Haven: Yale University Press, 2000)는 큐 왕립식물원의 역사를 영국의 제국주의 정치와 후기 계몽주의적인 개량 사상이라는 보다 넓은 맥락에서 살펴보았다. "뱅크스 제국"에서 큐 왕립박물관의 역할은 David Philip Miller and Peter Hanns Reill의 편저 *Visions of Empire: Voyages, Botany, and Representations of Nature* (Cambridge: Cambridge University Press, 1996)에 상세히 서술되었고, 뱅크스의 수집가 네트워크에 대해서는 David Mackay의 챕터 "Agents of Empire: The Banksian Collectors and Evaluation of New Lands," 38-57가 도움이 될 것이다. Alan Frost의 챕터 "The Antipodean Exchange: European Horticulture and Imperial Designs," 58-79는 큐 왕립식물원의 위성 시설에 대해 설명한다. "제국의 위대한 교역의 장소"로서 큐 왕립박물관의 역할은 Hector Charles Cameron의 *Sir Joseph Banks* (Sydney:

Angus and Robertson, 1952)에 상세하게 기록되어 있다. 보다 일반적인 제국의 맥락에서 식물원을 파악한 자료로는 John Gascoigne의 *Joseph Banks and the English Enlightenment: Useful Knowledge and Polite Culture* (Cambridge: Cambridge University Press, 1994)가 있는데, 여기에서는 뱅크스의 제국주의적 디자인에 나타났던 계몽에 대한 믿음을 강조하고 있다. Donal P. McCracken의 *Gardens of Empire: Botanical Institutions of the Victorian British Empire (London: University of Leicester Press, 1997)*에서도 식물원에 대한 종합적인 조사가 이루어졌다.

동물원의 역사에 대한 일반적인 소개는 Gustave Loisel의 *Histoire des menageries de l'antiquite a nos jours*, 3 vols. (Paris: Octave Doin, 1912)를 참조하였다. Pyenson and Sheets-Pyenson의 *Servants of Nature* 6장, 그리고 R. J. Hoage, Anne Roskell, and Jane Mansour, "Menageries and Zoos to 1900," in *New World, New Animals: From Menagerie to Zoological Park in the Nineteenth Century*, ed. R. J. Hoage and William A. Deiss (Baltimore: Johns Hopkins University Press, 1996)도 동물원에 대한 간략하고 유용한 설명을 제시하고 있으며 식물원에 대한 내용도 일부 다루고 있다. 이 에세이들 중에서는 몇몇의 주목할 만한 사례 연구들도 포함되어 있다. 런던 동물원은 Harriet Ritvo의 챕터 "The Order of Nature: Constructing the Collectionsof Victorian Zoos"에서, 파리에 대한 이야기는 Michael A. Osborne의 "Zoos in the Family: The Geoffroy Saint-Hilaire Clan and the Zoos of Paris"에서, 멜버른 동물원은 Linden Gillbank의 "A Paradox of Purposes: Acclimatization Origins of the Melbourne Zoo"에서 상세히 다룬다. Michael A. Osborne의 Nature, the Exotic, and the Science of French Colonialism (Bloomington: Indiana University Press, 1994)는 프랑스의 순화원에 대한 보다 상세한 설명을 제시한다. 호주 사례에 대한 심도 깊은

기술은 Gillbank의 "The Origins of the Acclimatisation Society of Victoria: Practical Science in the Wake of the Gold Rush," *Historical Records of Australian Science* 6 (1986): 359-74와 "The Acclimatisation Society of Victoria," *Victoria Historical Journal* 51 (1980): 255-70을 참고하면 된다. 순화 학회에 대한 전체적인 조사는 Christopher Lever, *They Dined on Eland: The Story of the Acclimatization Societies* (London: Quiller Press, 1992)를 통해 살펴볼 수 있다. 그리고 나 또한 "Human Acclimatization: Perspectives on a Contested Field of Inquiry in Science, Medicine and Geography," *History of Science* 25 (1987): 359-94, "Tropical Climate and Moral Hygiene: The Anatomy of a Victorian Debate," *British Journal for the History of Science* 32 (1999): 93-110에서 인간 순화를 검토한 바가 있다. 칼 하겐베크의 활동들은 Herman Reichenbach의 "A Tale of Two Zoos: The Hamburg Zoological Garden and Carl Hagenbeck's Tierpark,"에, 루이 14세의 정치적 권력을 드러냈던 장소로서 베르사유 동물원에 대한 고찰은 Thomas Veltre의 "Menageries, Metaphors, and Meanings"에 서술이 잘되어 있는데, 이들 모두 Hoage and Deiss의 상기 편저에 수록된 챕터이다. 오타 벵가의 사례는 *Phillips Verner Bradford and Harvey Blume Ota: The Pygmy in the Zoo* (New York: St. Martin's Press, 1992)을 활용해 소개하였다. 이와 유사하게 Felix Driver도 1890년 런던에서 개최된 "Stanley and African Exhibition"에서 전시되었던 2명의 아프리카 소년에 대해 연구한 바가 있으며, 이글은 그의 저서 *Geography Militant: Cultures of Exploration and Empire* (Oxford: Blackwell, 2001)의 7장에 수록되었다. 민족학 전시의 필요성에 대한 아시아학회의 제안은 Gyan Prakash의 *Another Reason: Science and the Imagination of Modern India* (Princeton: Princeton University Press, 1999)에 소개되었다. Gregg Mitman은 "When Nature Is the Zoo: Vision and Power in the Art and Science of Natural History," Osiris, 2nd ser., II(1996): 117-43에서 뉴욕동물학회의 아프리카 평원 전시와 이를 잇는 야생 공원 개발 사업의 중요성을 탐구하였다. 빅토리아 시대 동물들의 역할은 Harriet Ritvo의 *The Animal Estate: The English and Other Creatures in the Victorian Age* (Cambridge: Harvard University Press, 1987)에서 살펴볼 수 있으며, 바로 이 문헌을 참고해 "위협적인 자연의 혼돈에 인간 사회 구조를 덧칠"한 것으로 동물원을 찬양했던 당시의 모습을 기술하였다.

5. 진단과 치료의 공간

John D. Thompson and Grace Goldin의 *The Hospital: A Social and Architectural History* (New Haven: Yale University Press, 1975)는 병원 건축의 역사를 고대부터 살피고 있다. 보다 최근의 학문적 업적은 Lindsay Granshaw and Roy Porter의 편저 *The Hospital in History* (London: Routledge,1989)에 포함되었고, W. F. Bynum and Roy Porter의 Companion Encyclopedia of the History of Medicine (London: Routledge, 1993)에 실린 Lindsay Granshaw의 "The Hospital" (1173-95)에서도 유용한 개괄적 소개가 이루어진다. W. F. Bynum의 저서 *Science and the Practice of Medicine in the Nineteenth Century* (Cambridge: Cambridge University Press, 1994)의 2장인 "Medicine in the Hospital"에서는 프랑스 사례를 상세히 다룬다. 미국 사례의 대표 문헌으로 Charles E. Rosenberg의 The Care of Strangers: The Rise of America's Hospital System (New York: Basic Books, 1987)와 Rosemary Stevens의 In Sickness and in Wealth: American Hospitals in the Twentieth Century (New York: Basic Books, 1989)를 들 수 있는데, 전자를 참고하여 "정신이 나약한 사람"

으로 간주되었던 환자에 대해서 논하였다. 영국의 사례는 Britan Abel -Smith의 *The Hospitals in England and Wales, 1800-1948* (Cambridge: Harvard University Press, 1964)를 참고하길 바란다. Allan M. Brandt and David C. Sloane의 "Of Beds and Benches: Building the Modern American Hospital," in Galison and Thompson, *The Architecture of Science*, 281-305에서는 사회의 문화적 다양성을 반영하는 병원 디자인, 도덕 기관으로서의 병원을 주제로 서술되었다. 규율의 체제로서의 병원을 분석하는 보다 최근의 연구들은 Michel Foucault의 업적에서 개념적인 영감을 받았으며, 이에 대한 가장 대표적인 문헌은 *The Birth of the Clinic and Discipline and Punish*라 할 수 있다. 윤리적 공간으로서 응급실에 대한 논의는 Michael Kelly and Ricardo Sanchez의 "The Space of the Ethical Practice of Emergency Medicine" *Science in Context* 4 (1991): 79-100에서 찾아볼 수 있으며, 이를 참고하여 본 서에서 심장마비 사례를 기술하였다. 제임스 심슨의 "워털루 전쟁"에 대한 언급은 Roy Porter의 *The Greatest Benefit to Mankind: A Medical History of Humanity from Antiquity to the Present* (London: HarperCollins, 1997), 369에 기록된 것이다. 이 문헌은 병원 역사의 세부사항들을 풍부하게 담고 있으며, 정신병원의 발전에 대해서도 소개하고 있다(494-510).

중세시대 다양한 광기의 공간은 Chris Philo의 "The 'Chaotic Spaces' of Medieval Madness: Thoughts on the English and Welsh Experience," in Mikulas Teich, Roy Porter, and Bo Gustafsson, eds., *Nature and Society in Historical Context* (Cambridge: Cambridge University Press, 1997), 51-90에서 상세히 서술되었다. 베들렘을 "관람 스포츠"로 언급한 기록은 Edward G. O'Donoghue의 *The Story of Bethlehem Hospital from Its Foundation* in 1247 (London: Unwin, 1914)에서 찾아볼 수 있다. 에든버

러의 "이성과 비이성의 공간"에 대한 서술은 Chris Philo의 "Edinburgh, Enlightenment, and the Geographies of Unreason," in *Geography and Enlightenment*, ed. David N. Livingstone and Charles W. J. Withers (Chicago: University of Chicago Press, 1999) 372-9에서 받은 영감으로 작성되었다. 정신병원의 내부 공간 배치에 대한 분석은 Chris Philo의 또 다른 업적 "'Enough to Drive One Mad': The Organisation of Space in Nineteenth-Century Lunatic Asylums," in *The Power of Geography: How Territory Shapes Social Life*, ed. Jennifer Wolch and Michael Dear (London: Unwin Hyman, 1989), 258-90을 참고하였다. Chris Philo, "'Fit Localities for an Asylum': The Historical Geography of the Nineteenth-Century 'Mad-Business' in England as Viewed through the Pages of the Asylum Journal," *Journal of Historical Geography* 13 (1987): 398-415, Hester Parr and Chris Philom, "A Forbidding Fortress of Locks, Bars and Padded Cells": *The Locational History of Mental Health Care in Nottingham*, Historical Geography Research Series, no. 32 ([Glasgow]: Institute of British Geographers, 1996) 등의 문헌에서는 정신병원 위치의 적절한 환경에 대한 의료-도덕적 판단을 분석하여 논한다.

6. 과학 지식으로서의 신체

동물을 이용한 과학 실험에 대한 조사는 Hank Davis and Dianne Balfour의 편저 *The Inevitable Bond: Examining Scientist-Animal Interactions* (New York: Cambridge University Press, 1992)에서 다루어졌다. 초파리 사례에 대한 소개는 Robert E. Kohler, *Lords of the Fly: Drosophila Genetics and the Experimental Life* (Chicago: University of Chicago Press, 1994)를 참조하였다. Steve Pile and Nigel Thrift의 편저 Mapping the Subject:

Geographies of Cultural Transformation (London: Routledge, 1995)에 수록된 Julia Cream의 챕터 "Women on Trial: A Private Pillory?" (158-69)를 바탕으로 피임 실험을 논하였다. 나치의 생체 실험 역사에 대한 이야기는 Robert N. Proctor의 저서 *Racial Hygiene: Medicine under the Nazis* (Cambridge: Harvard University Press, 1988)와 George R. Fraser의 영문 번역서 Benno Müller-Hill, *Murderous Science: Elimination by Scientific Selection of Jews, Gypsies, and Others; Germany, 1933-1945* (Oxford: Oxford University Press, 1988)를 참고하길 바란다. 생체 실험에 대한 보다 일반적인 사항들을에 대한 정보는 M. H. Pappworth은 *Human Guinea Pigs: Experimentation on Man* (London: Routledge and Kegan Paul, 1967)에서 찾아볼 수 있다.

과학의 도구 때문에 자연 철학자들이 타락 이전의 상태로 되돌아갈 수 있었다는 것에 대한 기술은 Simon Schaffer의 "Regeneration: The Body of Natural Philosophers in Restoration England," in *Science Incarnate: Historical Embodiments of Natural Knowledge*, ed. Christopher Lawrence and Steven Shapin (Chicago: University of Chicago Press, 1998), 83-120을 바탕으로 이루어졌다. 훔볼트가 자신의 신체를 이용한 실험에 대한 기록은 Douglas Botting의 *Humboldt and the Cosmos* (London: Sphere Books, 1973), 34, 101, 153-54에 남아 있다. 이 이야기들의 일부는 Dorinda Outram이 "On Being Perseus: New Knowledge, Dislocation, and Enlightenment Exploration," in Livingstone and Withers, *Geography and Enlightenment*, 281-94에서 과학 지식의 체현성에 대한 문제제기를 위하여 사용하였다. Simon Schaffer의 "Self Evidence," *Critical Inquiry* 18 (1992): 327-62는 전기 실험에서 신체를 이용하는 것과 그것의 사회-인식론적 함의에 대해 다루었다. 이 문서에서 아베 놀레 일화의 인용문을 발

췌하였다. 놀레의 전기 치료법에 대한 상세한 정보는 Patricia Fara의 *An Entertainment for Angels: Electricity in the Enlightenment* (Cambridge: Icon Books, 2002)을 참고하면 된다. 상기 Christopher Lawrence and Steven Shapin의 편저 서론 "The Body of Knowledge" (1-19)에서 지식의 체현성에 대한 개괄을 제공하고, Shapin의 챕터 "The Philosopher and the Chicken: On the Dietetics of Disembodied Knowledge" (21-50)에서는 금욕과 앎 사이의 역사적 관계를 흥미롭게 설명한다.

과학에서 여성의 배제는 Londa Schiebinger의 서적 *The Mind Has No Sex? Women in the Origins of Modern Science* (Cambridge: Harvard University Press, 1989)과 *Nature's Body: Gender in the Making of Modern Science* (Boston: Beacon Press, 1993)에서 중심 주제로 다룬다. 흄, 칸트, 헤겔의 인종주의적 발언은 David N. Livingstone의 "Race, Space and Moral Climatology: Notes toward a Genealogy," *Journal of Historical Geography* 28 (2002): 159-80을 참고하면 된다. 그리고 인종과 과학에 대한 일반적인 사항에 대한 정보는 Sandra Harding의 편저 The "*Racial*" *Economy of Science* (Bloomington: Indiana University Press, 1993)에서 찾아볼 수 있다. Susan Sleeth Mosedale의 "Science Corrupted: Victorian Biologists Consider 'the Woman Question,'" *Journal of the History of Biology* 11 (1978): 32-41, Evelleen Richards의 "Darwin and the Descent of Woman," in *The Wider Domain of Evolutionary Thought*, ed. D. Oldroyd and J. Langham (Dordrecht: Reidel, 1983), 57-111과 "Huxley and Woman's Place in Science: The 'Woman Question' and the Control of Victorian Anthropology," in *History, Humanity and Evolution: Essays for John C. Greene*, ed. James R. Moore (Cambridge: Cambridge University Press, 1989), 253-84 (헉슬리에 관한 인용은 256, 260 페이지에서 찾을 수

있음), Cynthia Eagle Russett의 Sexual Science: *The Victorian Construction of Womanhood* (Cambridge: Harvard University Press, 1989) 등의 문헌에서 빅토리아 시대 여성들을 대하는 과학자들의 태도를 소개한다. 도구가 신체의 감각을 확대시키는 것이라는 폴라니의 발언은 *The Study of Man: The Lindsay Memorial Lectures* (Chicago: University of Chicago Press, 1959), 31, 67에서 인용하였다.

7. 기타 공간들

천문 관측소로서 교회의 역사에 대한 정보는 J. L. Heilbron, *The Sun in the Church: Cathedrals as Solar Observatories* (Cambridge: Harvard University Press, 1999)에서 찾아볼 수 있다. 과학 조사의 도구로서 선박에 대한 이야기는 Richard Sorrenson가 "The Ship as a Scientific Instrument in the Eighteenth Century," *Osiris*, 2nd ser., 11 (1996): 221-36에서 서술한 것이다. 해안선을 그리기 위해 쿡이 사용한 항해 계산법은 Paul Carter의 *The Road to Botany Bay: An Essay in Spatial History* (London: Faber, 1987)에 상세하게 소개되었다. 인류학적 지식의 장소로서 텐트에 대한 이야기는 Lynette Schumaker의 "A Tent with a View: Colonial Officers, Anthropologists, and the Making of the Field in Northern Rhodesia, 1937-1960," *Osiris*, 2nd ser., 11 (1996): 237-58을 참고하면 된다. Mario Biagioli의 Galileo Courtier: *The Practice of Science in the Culture of Absolutism* (Chicago: University of Chicago Press, 1993)와 Charles W. J. Withers의 "Geography, Royalty and Empire: Scotland and the Making of Great Britain, 1603-1661," *Scottish Geographical Magazine* 113 (1997): 22-32에서 과학적 논쟁 및 지식 소비의 장소로서 궁정의 모습을 상이한 방식으로 소개한다. 공공권역의 등장에서 커피하

우스의 영향에 대한 이야기는 Thomas Burger가 번역한 Jurgen Habermas의 저서 *The Structural Transformation of the Public Sphere: An Inquiry into a Category of Bourgeois Society* (Cambridge: MIT Press, 1989)를 참고하였다. 과학의 장소로서 공공공간에 대한 논의는 Roger Cooter and Stephen Pumphrey, "Separate Spheres and Public Places: Reflections on the History of Science Popularization and Science in Popular Culture," *History of Science* 32 (1994): 237-67, Larry Stewart, "Public Lectures and Private Patronage in Newtonian England," Isis 75 (1986): 47-58 등의 문헌에서도 찾아볼 수 있다. Steve Pincus는 커피하우스 문화의 다양한 측면들을 "'Coffee Politicians Does Create': Coffeehouses and Restoration Political Culture," *Journal of Modern History* 67 (1995): 807-34에서 살핀다. 커피하우스에 대한 조지 슈타이너의 언급은 Richard Kearney와의 인터뷰에 등장하는데, 이것의 원전은 Kearney의 저서 *States of Mind: Dialogues with Contemporary Thinkers on the European Mind* (Manchester: Manchester University Press, 1995), 83이다. 과학적 장소로서 여인숙에 대한 기술은 Ann Secord의 논문 "Science in the Pub: Artisan Botanists in Early Nineteenth-Century Lancashire," History of Science 32 (1994): 269-315을 근거로 하였다.

제3장. 지역 : 과학의 문화

"지역"이라는 개념에 대한 오늘날 지리학자들의 인식은 Blackwell에서 꾸준히 출간된 *The Dictionary of Human Geography* 시리즈에 실린 표제어 정보로 파악할 수 있다. 지역 심리 및 장소혼 개념은 A. J. Herbertson의 논문 "Regional Environment, Heredity and Consciousness," *Geographical Teacher* 8(1916) 147-53을 참조하여 소개하였다. Herbertson의 견해에 대한 논평은 David N. Livingstone, *The Geographical Tradition: Episodes in the History of a Contested Enterprise* (Oxford: Blackwell, 1992)에서 찾아볼 수 있다. 과학의 국제주의(국제화)에 대한 논의에 대해서는 Frank Greenaway의 *Science International: A History of the International Council of Unions* (New York: Cambridge University Press, 1996), 그리고 R. C. Olby et al.의 편저 *Companion to the History of Modern Science* (London: Routledge, 1990)에 수록된 Brigitte Schroeder Gudehus의 챕터 "Nationalism and Internationalism" (898-908)을 참조하길 바란다. 추후에 David N. Livingstone와 Ronald L. Numbers의 편저로 출간될 *Modern Science in National and International Context* (New York: Cambridge University Press, 2020)에서도 Brigitte Schroeder Gudehus의 챕터 "International Science from the Franco-Prussian War to World War II: An Era of Organization"과 Ronald E. Doel의 챕터 "Internationalism After 1940"을 통해서도 과학의 국제화가 논의될 예정이다.

1. 지역, 혁명, 그리고 과학적 유럽의 부상

유럽의 과학 발전에서 중국과 아라비아의 영향은 Joseph Needham, *Science and Civilisation in China* (Cambridge: Cambridge University Press, 1954), Joseph Needham, *The Grand Titration: Science and Society in East and West* (London: Allen and Unwin, 1969), J. B. Harley and David Woodward, *The History of Cartography, vol. 2, bk. 1, Cartography in the Traditional Islamic and South Asian Societies* (Chicago: University of Chicago Press, 1992), el-Bushrael-Said, "Perspectives on the Contributions of Arabs and Muslims to Geography," Geojournal 26 (1992): 157-66, Scott L. Montgomery, *Science in Translation: Movements of Knowledge through Cultures and Time* (Chicago: University of Chicago Press, 2000) 등의 문헌에 소개되었다. 유용한 요약 문헌으로는 David Goodman의 "Europe's Awakening"가 있는데, 이는 David Goodman and Colin A. Russell의 편저 *The Rise of Scientific Europe, 1500-1800* (London: Hodder and Stoughton, 1991) 1-30에 수록되어 있다. Steven Shapin의 *The Scientific Revolution* (Chicago: University of Chicago Press, 1996)은 "과학혁명"을 쉽고 명료하게 소개한 대표적 문헌으로 꼽힌다. (전통주의와 수정주의를 망라하고) 과학혁명에 대한 다양한 관점을 소개한 서지 에세이의 존재가 이 책의 가장 큰 장점이라 할 수 있다. "과학혁명"이란 용어에 의문을 제기하는 최근의 논쟁은 David C. Lindberg and Robert S. Westman, *Reappraisals of the Scientific Revolution* (Cambridge: Cambridge University Press, 1990)과 Margaret J. Osler, *Rethinking the Scientific Revolution* (Cambridge: Cambridge University Press, 2000)을 참고하길 바란다.

이 시기 이탈리아 과학에 대해 연구한 영어 문헌으로는 Goodman and Russell의 The Rise of Scientific Europe에 수록된 David Goodman의 챕터 "Crisis in Italy" (91-116)가 있으며, 앞서 언급했고 출간 예정인 Livingstone and Numbers의 편저에 실릴 Giuliano Pancaldi의 "Modern Science in Italy"에서도 동일한 주제에 대한 설명이 있을 것이다. 이탈리아 왕가의 후원과 해부학 극장의 중요성에 대한 설명은 Mario Biagioli, "Scientific Revolution, Social Bricolage, and Etiquette," in Roy Porter and Milukás Teich, *The Scientific Revolution in National Context* (Cambridge: Cambridge University Press, 1992), 11-54에서 찾아볼 수 있다. 그리고 Giovanna Ferrari, "Public Anatomy Lessons and the Carnival: The

Anatomy Theater of Bologna," *Past and Present* 117(1987) 50-117에서도 해부학 극장이 심도 깊게 다루어진다. 갈릴레오를 다룬 문헌은 상당히 방대하지만, Peter Machamer의 *The Cambridge Companion to Galileo* (Cambridge: Cambridge University Press, 1998)는 그의 연구에 대한 훌륭한 출발점이 되어 줄 수 있고 유익한 서지정보까지 제공한다. 이베리아 과학에 대한 개관으로 David C. Goodman이 집필한 두 개의 문헌 "Iberian Science: Navigation, Empire and Counter-Reformation," in Goodman and Russel, *The Rise of Scientific Europe* 117-44과 "The Scientific Revolution in Spain and Portugal," in Porter and Teich, *Scientific Revolution in National Context* 158-77를 참고하자. 이보다 자세한 내용들은 Goodman의 저서 Power and Penury: *Government, Technology and Science in Philip II's Spain* (Cambridge; Cambridge University Press, 1988)을 참고해도 좋다. 포르투갈 과학에서 항해의 중요성은 R. Hooykaas가 *Humanism and the Voyages of Discovery in 16th Century Portuguese Science and Letters* (Amsterdam: North Holland, 1979)에서 잘 서술하고 있으며, 그의 또 다른 문헌인 "The Rise of Modern Science: When and Why?" *British Journal for the History of Science 20* (1987): 453-73에서는 현대 과학의 탄생에 있어서 스콜라 철학자들에 대한 항해사들의 직접적인 경험을 통한 승리에 대해 다루고 있다. 이와 관련해 다소 과장된 논의는 David W. Waters, "Science and the Techniques of Navigation" in Charles S. Singleton, Art, *Science, and History in the Renaissance* (Baltimore: Johns Hopkins University Press, 1967) 189-237과 Daniel Banes, "The Portuguese Voyages of Discovery and the Emergence of Modern Science", *Journal of the Washington Academy of Sciences* 28 (1988): 47-58에서 찾아볼 수 있다. C. R. Boxer의 *Two Pioneers of Tropical Medicine: Garcia d'Orta and*

Nicolas Monardes (London: Wellcome Historical Medical Library, 1963)은 초창기 열대 의학의 발전에 있어서 포르투갈의 기여를 논하였다. 영국의 맥락에서 과학혁명을 논한 연구로 Noel Coley의 "Science in Seventeenth-Century England," in Goodman and Russell, *The Rise of Scientific Europe* 197-226, John Henry의 "The Scientific Revolution in England," in Porter and Teich, *Scientific Revolution in National Context* 178-209 등의 문헌을 언급할 수 있다. 한편, Charles Webster, *The Great Instauration: Science, Medicine and Reform, 1626-1660* (London: Duckworth, 1975), John Morgan, "Puritanism and Science: A Reinterpretation," *Historical Journal* 22 (1979): 535-60, Douglas S. Kemsley, "Religious Influences in the Rise of Modern Science: A Review and Criticism, Particularly of the 'Protestant-Puritan Ethic' Theory," *Annals of Science* 24 (1968) 199-226, Margaret C. Jacob and James R. Jacob, "The Anglican Origins of Modern Science: The Metaphysical Foundations of the Whig Constitution," *Isis* 71 (1980): 251-67, John Morgan, "The Puritan Thesis Revisited," in *Evangelicals and Science in Historical Perspective*, ed. David N. Livingstone, D. G. Hart and Mark A. Noll (New York: Oxford University Press, 1999), 43-74 등의 문헌은 영국의 과학을 형성하는 데 있어서 종교의 역할을 여러 가지 관점에서 파악한다. 프로테스탄트 개혁가들의 문자 중심주의적 성경 독해가 미친 영향에 대해서는 Peter Harrison의 *The Bible, Protestantism and the Rise of Natural Science* (Cambridge: Cambridge University Press, 1998)에서 진전된다. 보다 일반적 수준에서 과학과 종교의 관계를 개관한 서적으로 John Hedley Brooke의 Science and Religion: *Some Historical Perspectives* (Cambridge: Cambridge University Press, 1991)가 참고할 만하다. 그리고 Steven Shapin의 *A Social History of Truth: Civility and Science in Seventeenth Century England* (Chicago: University of Chicago Press, 1994)에서는 젠틀맨 문화의 중요성을, William Clark, Jan Golinski, Simon Schaffer의 편저 *The Sciences in Enlightened Europe* (Chicago: University of Chicago Press, 1999)에서는 계몽주의 시대 지리적 사유 방식를 집중 조명한다.

2. 권력, 정치, 지방 과학

영국의 지방과학(provincial science) 관련 연구 가운데 (조지프 프리스틀리의 인용문이 발췌된) Arnold Thackray, "Natural Knowledge in Cultural Context: The Manchester Model," American Historical Review 79(1974): 672-709, Steven Shapin의 "The Pottery Philosophical Society, 1819-1835: An Examination of the Cultural Uses of Provincial Science," Science Studies 2(1972): 311-36, Robert H. Kargon의 *Science in Victorian Manchester: Enterprise and Expertise* (Manchester: Manchester University Press, 1977), Colin Russell, *Science and Social Change, 1700-1900* (London: Macmillan, 1983), Ian Inkster and Jack Morrell, eds., *Metropolis and Province: Science in British Culture, 1780-1850* (Philadelphia; University of Pennsylvania Press, 1983) 등을 참고하는 것이 유용했다. 19세기 세필드의 과학 문화에 대해서는 Ian Inkster의 편저 Scientific Culture and Urbanisation in Industrialising Britain, Variorum Collected Studies Series (Aldershot, U.K.: Ashgate, 1997)에서 몇 챕터에 걸쳐 논의되고 있으며, 그중 몇몇은 "과학의 문화지리학"에 대해 언급하고 있다. 영국의 지방과학과 관련된 다른 연구로는 Jenny Uglow, *The Lunar Men: The Friends Who Made the Future* (London: Faber and Faber, 2002), Vladmir Jankovic, *Reading the Skies: A Cultural History of English Weather, 1650*

-*1820* (Manchester: Manchester University Press, 2000), Simon Naylor의 "The Field, the Museum and the Lecture Hall: The Spaces of Natural History in Victorian Cornwall," *Transactions of the Institute of British Geographers, n.s.*, 27(2002): 494-513 등의 문헌이 참고할 만하다. 영국과학진흥협회(BAAS)가 설립될 수 있었던 정치 및 문화적 배경은 Jack Morrell and Arnold Thackray의 *Gentlemen of Science: Early Years of the British Association for the Advancement of Science* (Oxford: Clarendon Press, 1981)에서 살펴볼 수 있다. 다윈주의 등장 이전에 영국에서 펼쳐진 진화에 대한 논쟁의 정치적 성격 및 "사회지리학"적 특성은 Adrian Desmond의 저서 *The Politics of Evolution: Morphology, Medicine, and Reform in Radical London* (Chicago: University of Chicago Press, 1989)에 담겨 있다. 19세기 초반 런던 과학의 사회지리는 Iwan Morus, Simon Schaffer, and James Secord의 "Scientific London"에서 다뤄지며, 이는 C. Fox의 편저 *London-World City, 1800-1840* (New Haven: Yale University Press, 1992): 129-42에 수록되어 있다. 한편, 여러 학자들이 국가별 과학 스타일을 탐구하였는데, Alistair Crombie의 *Styles of Scientific Thinking in the European Tradition*, 3 vols. (London: Duckworth, 1994)과 Nathan Reingold의 "The Peculiarities of the Americans, or Are There National Styles in the Sciences?", *Science in Context* 4(1991): 347-66를 대표적인 업적으로 꼽을 수 있다. Marga Vicedo, "Scientific Styles: Toward Some Common Ground in the History, Philosophy and Sociology of Science," *Perspectives on Science* 3(1995): 231-54과 Ian Hacking, "Styles of Scientific Reasoning," in John Rajchman and Cornel West, *Post-analytic Philosophy* (New York: Columbia University Press, 1985), 145-64는 보다 일반적인 수준에서 인지양식을 논한다. 특정 분야의 과학적 스타일을 분

석한 연구로는 Martin Rudwick의 "Cognitive Styles in Geology," in Mary Douglas ed., *Essays in the Sociology of Perception* (London: Routledge and Kegan Paul, 1982): 219-41, Mary Jo Nyem의 "National Styles? French and English Chemistry in the Nineteenth and Early Twentieth Centuries," Osiris 8(1993): 30-52, Jonathan Harwood의 *Styles of Scientific Thought: The German Genetics Community, 1900-1933* (Chicago: University of Chicago Press, 1993), Malcolm Nicolson의 "National Styles, Divergent Classifications: A Comparative Case Study from the History of French and American Plant Ecology," *Knowledge and Society: Studies in the Sociology of Science Past and Present* 8(1989): 139-86 등을 언급할 수 있다. Lewis Pyenson의 "An End to National Science: The Meaning and the Extension of Local Knowledge," *History of Science* 40(2002): 251-90에서는 "지역"과 "로컬" 스케일에 주목하며 "국가" 스케일의 분석을 수행하였고, 여기에서 그는 지역과 도시의 상황들이 종종 국가의 전형으로 만들어졌다는 주장을 펼친다.

3. 지역, 독서, 그리고 수용의 지리

유럽의 "지적 지리"와 그 학문적 이주의 중요성은 *Robert Mandrou*의 *From Humanism to Science: 1480-1700* (London: Penguin, 1978)의 4장에서 논의된다. "수용의 지리"에 대한 아이디어와 훔볼트의 사례는 Nicolaas Rupke의 "A Geography of Enlightenment: The Critical Reception of Alexander von Humboldt's Mexico Work," in Livingstone and Withers, *Geography and Enlightenment*, 319-39를 참조하여 기술하였다. 훔볼트 과학의 보다 일반적인 성격에 대해서는 M. Dettelbach의 "Humboldtian science" in Jardine, Secord, and Spary, *Cultures of Natural History*, 287-

304와 Susan Faye Cannon의 *Science in Culture: The Early Victorian Period* (New York: Dawson and Science History Publications, 1978)을 통해 알아볼 수 있다. "독서 지리"는 James A. Secord가 『창조의 자연사적 흔적』의 수용 양상을 분석하여 발전시킨 개념이었고, 그의 저서 *Victorian Sensation: The Extraordinary Publication, Reception, and Secret Authorship of "Vestiges of the Natural History of Creation"* (Chicago: University of Chicago Press, 2000)에 등장한다. 유럽에서 『흔적』 운명은 Nicolaas Rupke의 논문 "Translation Studies in the History of Science: The Example of Vestiges," British Journal for the History of Science 33(2000): 209-22으로 파악할 수 있다.

아인슈타인과 다윈 이론의 수용 과정을 Thomas F. Glick의 저서 *The Comparative Reception of Relativity, Boston Studies in the Philosophy of Science* (Dordrecht: Reidel, 1987), 또 다른 그의 편저 *The Comparative Reception of Darwinism* (Chicago: University of Chicago Press, 1974), 그리고 Ronald L. Numbers and John Stenhouse의 편저 *Disseminating Darwinism: The Role of Place, Race, Religion, and Gender* (New York: Cambridge University Press, 1999) 등의 문헌들을 통해 살펴볼 수 있다. "Darwinism and Calvinism: The Belfast-Princeton Connection," Isis 83(1992): 408-28, "Science, Region, and Religion: The Reception of Darwinism in Princeton, Belfast, and Edinburgh," in Numbers and Stenhouse, *Disseminating Darwinism*, 7-38의 두 편의 글에서 나는 진화론에 대한 칼뱅주의자들의 상이한 반응을 도시를 중심으로 살핀 바가 있다. 진화론에 대한 워필드의 반응은 David N. Livingstone and Mark A. Noll, "B. B. Warfield (1851-1921): A Biblical Inerrantist as Evolutionist," Isis 91 (2000): 283-304를, 그리고 미국 남부에서 자연사학자들 사이의 인종

에 대한 고정관념은 Lester D. Stephens, *Science, Race, and Religion in the American South: John Bachman and the Charleston Circle of Naturalists, 1815-1895* (Chapel Hill: University of North Carolina Press, 2000)를 근거로 서술하였다. 미국 남부에서의 진화론에 대한 반응은 Ronald L. Numbers and Lester D. Stephens의 "Darwinism in the American South," Numbers and Stenhouse eds., *Disseminating Darwinism*, 123-43을 참조하였다. 알렉산더 윈첼의 사건은 David N. Livingstone, *The Preadamite Theory and the Marriage of Science and Religion* (Philadelphia: American Philosophical Society, 1992)과 Leonard Alberstadt, "Alexander Winchell's Preadamites-a Case for Dismissal from Vanderbilt University," *Earth Sciences History* 13 (1994): 97-112에서 찾아볼 수 있다. 그리고 John Stenhouse는 뉴질랜드에서의 진화론에 대한 반응을 "The Darwinian Enlightenment and New Zealand Politics," in *Darwin's Laboratory: Evolutionary Theory and Natural History in the Pacific*, ed. Roy MacLeod and Philip F. Rehbock (Honolulu: University of Hawaii Press, 1994)과 "Darwinism in New Zealand, 1859-1900," in Numbers and Stenhouse, *Disseminating Darwinism*, 61-89에서 소개하고 있다. Carl Berger, *Science, God, and Nature in Victorian Canada* (Toronto: University of Toronto Press, 1983), Michael Gauvreau, *The Evangelical Century: College and Creed in English Canada from the Great Revival to the Great Depression* (Montreal: McGill-Queen's University Press, 1991)의 4장, Suzanne Zeller, "Environment, Culture, and the Reception of Darwin in Canada, 1859-1909," in Numbers and Stenhouse, *Disseminating Darwinism*, 91-122 등에서는 진화론을 둘러싼 캐나다의 상황을 기록한다. 러시아인들이 수용한 방식에 대해서는 Alexander Vucinich, "Russia: Biological Sciences," in Glick, *Comparative Reception of Darwinism*, 227-55, and Daniel P. Todes, *Darwin without Malthus: The Struggle for Existence in Russian Evolutionary Thought* (Oxford: Oxford University Press, 1989)을 참고하길 바란다.

4. 과학, 국가, 지역 정체성

국립연구소들에 대한 간결한 조사는 앞으로 출간될 Livingstone and Numbers의 편저 *The Cambridge History of Science* 8권의 Bob Seidel의 글 "National Laboratories"에서 볼 수 있게 될 것이다. 프랑스의 상황들은 Roger Hahn, *The Paris Academy of Sciences* (Berkeley: University of California Press, 1968)에서, 독일의 사례는 David Cahan, *An Institute for an Empire: The Physikalisch-Technische Reichsanstalt, 1871-1918* (New York: Cambridge University Press, 1989)을 참고하면 좋다. 프랑스, 스코틀랜드, 미국에서 국가 조사의 과학적, 정치적, 애국주의적 성격을 분석한 문헌은 다음과 같다: Josef W. Konvitz, *Cartography in France, 1660-1848: Science, Engineering, and Statecraft* (Chicago: University of Chicago Press, 1987), J. Revel, "Knowledge of the Territory," *Science in Context* 4 (1991): 133-61, David Turnbull, "Cartography and Science in Early Modern Europe: Mapping the Construction of Knowledge Spaces," *Imago Mundi* 48 (1996): 5-24, Anne Marie Claire Godlewska, *Geography Unbound: French Geographic Science from Cassini to Humboldt* (Chicago: University of Chicago Press, 1999), Charles W. J. Withers, "How Scotland Came to Know Itself: Geography, National Identity and the Making of a Nation, 180-1790," *Journal of Historical Geography* 21 (1995): 371-97, Charles W. J. Withers, *Geography, Science and National Identity: Scotland since*

1520 (Cambridge: Cambridge University Press, 2001); John C. Greene, American Science in the Age of Jefferson (Ames: Iowa State University Press, 1984), Donald Jackson, *Thomas Jefferson and the Stony Mountains: Exploring the West from Monticello* (Urbana: University of Illinois Press, 1981), Silvio A. Bedini, *Thomas Jefferson. Statesman of Science* (New York: Macmillan, 1990), William H. Goetzmann, *Exploration and Empire: The Explorer and the Scientist in the Winning of the American West* (New York: Knopf, 1971), Hugh Richard Slotten, *Patronage, Practice, and the Culture of American Science: Alexander Dallas Bache and the U.S. Coast Survey* (New York: Cambridge University Press, 1994). 이와 같은 문헌들과 관련해 David Buisseret의 편저 *Monarchs, Ministers and Maps: The Emergence of Cartography as a Tool of Government in Early Modern Europe* (Chicago: University of Chicago Press, 1992)도 중요하다.

"사회의 과학적 합리화"에 대한 사상은 1960년대 Jürgen Habermas가 발전시킨 것이다. 이는 Jeremy J. Shapiro의 영문 번역서 *Toward a Rational Society: Student Protest, Science, and Politics* (Boston: Beacon Press, 1970)에 수록된 "Technology and Science as 'Ideology'," (81-122)에 잘 나타난다. 통치성 개념은 Michel Foucault로부터 시작되었고, Rosi Braidotti의 영문 번역 "Governmentality," *Ideology and Consciousness* 3, no. 6 (1979): 5-21에서 이를 참고할 수 있다. 독일의 관방학에 대해서는 *Albion Small, The Cameralists: The Pioneers of Social Polity* (Chicago: University of Chicago Press, 1909), Marc Raeff, *The Well-Ordered Police State: State and Institutional Change through Law in the Germanies and Russia, 1600-1800* (New Haven: Yale University Press, 1983), Richard Olson, *The Emergence of the Social Sciences, 1642-1792* (New York: Twayne, 1993)의 3장

"Renaissance Naturalism and Political Economy in the German Cameralist Tradition", David F. Lindenfeld, *The Practical Imagination: The German Sciences of State in the Nineteenth Century* (Chicago: University of Chicago Press, 1997) 등의 문헌을 추천한다. Livingstone and Numbers 편저 *The Cambridge History of Science* 8권에 공개될 Kathryn M. Olesko의 "Science in Germanic Europe"에서는 독일 과학의 사회적 활용에 주목할 것이다. 초창기 정치산술의 역사는 J. Mykkänen, "'To Methodize and Regulate Them': William Petty's Governmental Science of Statistics," *History of the Human Sciences* 7 (1994): 65-88, Paul Buck, "Seventeenth-Century Political Arithmetic: Civil Strife and Vital Statistics," *Isis* 68 (1977): 67-84, Olson, *Emergence of the Social Sciences*의 5장 "Experimental Mechanical Philosophy, Political Arithmetic, and Political Economy in Seventeenth-Century Britain", Roger Smith, *The Fontana History of the Human Sciences* (London: Fontana Press, 1997), 307-14 등으로 파악할 수 있다. 린네의 경제 사상과 자연 정치 관념에 대한 영감은 Lisbet Koerner의 책 *Linnaeus: Nature and Nation* (Cambridge: Harvard University Press, 1999)에서 얻었다. "자연의 경제"에 대한 일반적인 설명은 Donald Worster, Nature's Economy: *A History of Ecological Ideas* (Cambridge, Cambridge University Press, 1977), David N. Livingstone, "The Polity of Nature: Representation, Virtue, Strategy," *Ecumene* 2 (1995): 353-77를 참고하길 바란다. Margaret C. Jacob의 *The Cultural Meaning of the Scientific Revolution* (New York: Knopf, 1988)과 *The Newtonians and the English Revolution*, 1689-1720 (Ithaca, N.Y.: Cornell University Press, 1976), Michael Hunter의 *Science and Society in Restoration England* (Cambridge: Cambridge University Press, 1981)에서는 과학혁명 시기에

과학을 문화적으로 활용한 방식들은 소개한다. Steven Shapin은 그의 논문 "Of Gods and Kings: Natural Philosophy and Politics in the Leibniz-Clarke Disputes," *Isis* 72 (1981): 187-215에서 뉴턴주의 논쟁에 대한 정치적 분석을 제시한다. 아르헨티나에서 문화의 근대화를 명분으로 과학을 부흥시켰던 사실은 Marcos Cueto의 "Science in Spanish South America"의 제목으로 Livingstone and Numbers의 편저 *The Cambridge History of Science* 8권에 실릴 예정이다. 소련의 관료들이 리센코의 진화론적 사상을 수용한 것은 David Joravsky, *The Lysenko Affair* (Cambridge: Harvard University Press, 1970)와 Loren Graham, *Science, Philosophy, and Human Behaviour in the Soviet Union* (Cambridge: Cambridge University Press, 1987)에서 찾아볼 수 있다.

제4장. 유통 : 과학의 이동

무하마드 알리가 프랑스 왕에게 선물한 기린에 대한 이야기는 Michael Allin의 Zarafa (London: Headline, 1998)에 매우 유쾌하게 서술되어 있으며, 1830년대 초 영국으로 데려온 뒤 티에라 델 푸에고 섬으로 환송된 사람들에 대한 이야기는 Nick Hazelwood의 *Savage: The Life and Times of Jemmy Button* (London: Hodder and Stoughton, 2000)를 참고하였다. 코페르니쿠스가 설파한 지동설의 초창기 위치에 대한 정보는 Owen Gingerich의 조사에 근거한다. 그의 업적 "The Great Copernican Chase," *American Scholar* 49 (1979-80): 81-88과 "The Censorship of Copernicus's De Revolutionibus," in *The Eye of Heaven: Ptolemy, Copernicus, Kepler* (New York: American Institute of Physics, 1993), 269

-85을 참고하길 바란다. 그리고 코페르니쿠스 이론의 유럽 전파 과정에 대한 기록은 Colin A. Russell의 논문 "The Spread of Copernicanism in Northern Europe," in The Rise of Scientific Europe, 63-90에, 공기펌프의 확산에 대한 부분은 Steven Shapin and Simon Schaffer의 저서 *Leviathan and the Air-Pump: Hobbes, Boyle, and the Experimental Life* (Princeton: Princeton University Press, 1985) 6장에 소개되었다. 과학혁명에서 새로운 실험 철학으로서 공기펌프의 중요성은 여러 문헌에서 다루어져 왔다. 대표적인 문헌으로 Rupert Hall의 저서 *From Galileo to Newton, 1630-1720* (London: Collins, 1963)과 *The Revolution in Science, 1500-1750* (London: Longman, 1983)이 있다. Ian Inkster, "Mental Capital: Transfers of Knowledge and Technique in Eighteenth-Century Europe," *Journal of European Economic History* 19 (1990): 403-41, Richard D. Brown, *Knowledge Is Power: The Diffusion of Information in Early America, 1700-1865* (NewYork: Oxford University Press, 1989), Raymond James Evans, "The Diffusionof Science: The Geographical Transmission of Natural Philosophy into the English Provinces, 1660-1760," Ph.D. diss., University of Cambridge 등의 문헌에서 과학의 확산에 대한 중요성이 다양한 방식으로 연구되었다. 이 중 마지막 문헌을 읽을 수 있는 기회를 나에게 선물한 Andrew Cliff 교수에게 감사의 말을 전한다.

1. 이식과 이전 : 문제의 상정

실험실 지식의 유통으로 발생했던 개념적 문제들에 대해서는 앞서 소개한 Shapin and Schaffer의 *Leviathan and the Air-Pump*를 참고하면 유용하다. 과학의 보편성은 "하나의 로컬 지식을 또 다른 로컬 지식으로 각색한 것"에 가깝다는 논의는 Rouse의 전개서 *Knowledge and Power*, 72를 참조하여 서술한 것이다. 과학혁명 시기 동안 지식 이동의 중요성은 최근에 와서야 가치 있는 연구로 여겨지기 시작했다. 전통적으로 과학 혁명을 탐구한 역사가들은 실험 과학 자체에만 몰두했던 경향이 있었기 때문이다. 이런 경향성으로부터 최근의 탈피 동향은 Anthony Grafton의 저서 *New Worlds, Ancient Texts: The Power of Tradition and the Shock of Discovery* (Cambridge, Mass.: Belknap Press, 1992), Pyenson and Sheets-Pyenson의 *Servants of Nature* 제9장 "Travelling: Discovery, Maps and Scientific Exploration", Lisa Jardine의 *Ingenious Pursuits: Building the Scientific Revolution* (London: Little, Brown, 1999) 5-7장을 살펴보면 알 수 있다. 프란시스 베이컨은 "먼 곳으로 여행하기"의 중요성을 『신오르가논』 84쪽에서 언급하였다. [과학 지식의] 여행 및 선험적 개념들을 지표 현장에 적용하는 방식에서 나타난 회의적 결과는 Paul Hazard의 *The European Mind: 1680-1715* (Cleveland: Meridian Books, 1969)에서 강조되어 설명된다. 이 문헌의 원전은 1935년에 출간된 *La crise de la conscience europeenne*이다. 쿡에 관한 이야기의 배경은 *Daniel Clayton, Islands of Truth* (Vancouver: University of British Columbia Press, 1999)에 나타나 있다. 여행과 지식에 관한 보다 일반적인 사항은 I. S. MacClaren의 논문 "Exploration/Travel Literature and the Evolution of the Author," *International Journal of Canadian Studies* 5 (1992): 39-68, James Duncan and Derek Gregory의 편저 *Writes of Passage: Reading Travel Writing* (London: Routledge, 1999), Jas Elsner and Joan-Pau Rubies의 편저 Voyages and Visions: Towards a Cultural History of Travel (London: Reaktion Books, 1999) 등을 참조하여 살필 수 있다. 앞서 소개한 Shapin의 *Social History of Truth*에서는 신뢰, 전통, 권위를 거부하는 수사와 그런 것들이 과학적 탐구에 영향을 주었던 역사적 사실 간의 모순에 대한 흥미로운 설명도 제시한다.

2. 여행과 신뢰의 기술

지각을 규율하기

여행가 보고서와 관련된 일반적인 것들에 대해서는 R. W. Frantz, *The English Traveller and the Movement of Ideas, 1660-1732* (Lincoln: University of Nebraska Press, 1934), Percy G. Adams, *Travellers and Travel Liars, 1660-1800* (Berkeley: University of California Press, 1962), Neil Rennie, *Far-Fetched Facts: The Literature of Travel and the Idea of the South Seas* (Oxford: Oxford University Press, 1995)을 참고하길 바란다. 관찰자들에 대한 규율 및 훈련 방식은 Justin Stagl의 두 저서 The Methodising of Travel in the Sixteenth Century," *History and Anthropology* 4 (1990): 303-38과 *A History of Curiosity: The Theory of Travel, 1550-1800*, Studies in Anthropology and History 13 (London: Routledge, 1995), Joan-Pau Rubies 논문 "Instructions for Travellers: Teaching the Eye to See," *History and Anthropology* 9 (1996): 139-90, Steven J. Harris의 논문 "Long-Distance Corporations, Big Sciences, and the Geography of Knowledge," *Configurations* 6 (1998): 269-304, D. Carey의 논문 "Compiling Nature's History: Travellers and Travel Narratives in the Early Royal Society," *Annals of Science* 54 (1997): 269-92, David S. Lux and Harold J. Cook의 논문 "Closed Circles or Open Networks? Communicating at a Distance during the Scientific Revolution," *History of Science* 36 (1998): 179-211에 기록되어 있다. John Law는 "문서, 기구, 훈련된 사람들"의 중요성을 설파한 바가 있는데, 이에 대한 이해를 위해 그의 편저 *Power, Action and Belief: A New Sociology of Knowledge?*, Sociological Review Monograph 32 (London: Routledge and Kegan Paul, 1986). 234-63에 수록된 챕터 "On the Methods of Long-Distance

Control: Vessels, Navigation and the Portuguese Route to India", 234-63을 살펴보길 바란다. 원격지 관찰자로서 예수회 사람들의 역할은 Steven J. Harris의 "Confession-Building, Long-Distance Networks, and the Organization of Jesuit Science," *Early Science and Medicine* 1 (1996): 299-304와 Alice Stroup의 *A Company of Scientists: Botany, Patronage, and Community at the Seventeenth-Century Parisian Royal Academy of Sciences* (Berkeley: University of California Press, 1990)에 소개되었다. 토마스 피난의 스코틀랜드 조사는 Charles W. J. Withers, "Travel and Trust in the Eighteenth Century," in *L'Invitation au Voyage: Studies in Honour of Peter France, ed. John Renwick* (Oxford: Voltaire Foundation, 2000), 47-54을 참고하였다. 앞에서도 언급된 바 있는 Withers의 또 다른 서적 Geography, Science and National Identity에서도 스코틀랜드 맥락에서 유통된 것들의 활용에 대한 분석이 이루어졌다. 19세기 『여행가를 위한 힌트』에 관한 부분은 Driver의 Geography Militant 3장에서 많은 도움을 얻을 수 있었다. 이외에도 Jonathan Crary의 *Techniques of the Observer: On Vision and Modernity in the Nineteenth Century* (Cambridge: MIT Press, 1992)를 참고하길 바란다. 팀북투를 둘러싼 논란과 신뢰를 형성하는 과정에서 신체 손상의 역할은 Michael J. Heffernan의 논문 "'A Dream as Frail as Those of Ancient Time': The In-credible Geographies of Timbuctoo," *Environment and Planning D: Society and Space* 19 (2001): 203-25를 기초로 서술하였지만, Gerd Spittler의 논문 "Explorers in Transit: Travels to Timbucktu and Agades in the Nineteenth Century," *History and Anthropology* 9 (1996): 231-53도 유용한 자료이다.

영토를 지도화하기

일반적인 지도학사에 대한 설명은 Leo Bagrow, History of Cartography (Cambridge: Harvard University Press, 1964), P. D. A. Harvey, *The History of Topographical Maps: Symbols, Pictures and Surveys* (London: Thames and Hudson, 1980), John Noble Wilford, *The Mapmakers* (New York: Knopf, 1981), Norman J. W. Thrower, *Maps and Civilization: Cartography in Culture and Society* (Chicago: University of Chicago Press, 1996) 등의 문헌을 참고하면 좋다. 최근 시카고대학 출판부 *History of Cartography* 시리즈를 출간하고 있는데, 이 또한 지도학사에 대한 일반적 소개로 적합할 것이다. 메르카토르 투영법은 Nicholas Crane 저작의 일대기 *Mercator: The Man Who Mapped the Planet* (London: Weidenfeld and Nicolson, 2002)에 상세히 설명되어 있다. 지도의 과학성에 대한 [인습적 믿음을] 재평가는 이제는 고인(故人)이 된 J. B. Harley의 업적에 도움을 많이 받았다. 그의 대표 업적으로 "Silences and Secrecy: The Hidden Agenda of Cartography in Early Modern Europe," *Imago Mundi* 40 (1988): 57-76, "Maps, Knowledge and Power," in *The Iconography of Landscape*, ed. Denis Cosgrove and Stephen Daniels (Cambridge: Cambridge University Press, 1988), 277-312, "Deconstructing the Map," *Cartographica* 26 (1989): 1-20, "Cartography, Ethics and Social Theory," *Cartographica* 27 (1990): 1-23 등을 꼽을 수 있다. Denis Wood, The Power of Maps (London: Routledge, 1992), Matthew H. Edney, "Cartography without 'Progress': Reinterpreting the Nature and Historical Development of Mapmaking," *Cartographica* 30 (1993): 54-68, Simon Berthon and Andrew Robinson, *The Shape of the World: The Mapping and Discovery of the Earth* (London: George Philip, 1991), Chandra Mukerji, "Visual

Language in Science and the Exercise of Power: The Case of Cartography in Early Modern Europe," Studies in Visual Communication 10 (1984): 30-45, David Turnbull, *Maps Are Territories: Science Is an Atlas* (Chicago: University of Chicago Press, 1989), Denis Cosgrove, ed., *Mappings* (London: Reaktion Books, 1999) 등의 문헌도 J. B. Harely에 필적할 만한 업적으로 여겨진다. 근대 초기 지도학의 [사회]구성적인 영향력은 Frank Lestringant, *Mapping the Renaissance World: The Geographical Imagination in the Age of Discovery* (Oxford: Polity Press, 1994), and Jerry Brotton, *Trading Territories : Mapping the Early Modern World* (London: Reaktion Books, 1997)에서 확인할 수 있다. 루이스 캐럴 관련 인용문은『실비와 브루노』에서 가져온 것이지만, 이에 대한 것은 *The Complete Works of Lewis Carroll* (New York: Random House, 1939), 7:556-57에서도 찾을 수 있을 것이다.

아메리카 대륙의 초창기 지도화에 대한 것은 J. B. Harley의 *Maps and the Columbian Encounter* (Milwaukee: Golda Meir Library, 1990)를 참고하면 좋다. 호주와 뉴질랜드에서 제임스 쿡의 지명 붙이기에 대한 일화는 Paul Carter의 *The Road to Botany Bay: An Essay in Spatial History* (London: Faber, 1987)에 등장한다. 인도를 지도화한 것에 대한 일반적인 설명은 Matthew Edney, *Mapping an Empire: The Geographical Construction of British India, 1765-1843* (Chicago: University of Chicago Press, 1997)에서, 그리고 조지 밴쿠버의 측량 탐사는 Daniel Clayton의 "On the Colonial Genealogy of George Vancouver's Chart of the North-West Coast of North America," *Ecumene* 7 (2000): 371-401에서 확인할 수 있다. 지질학에서 나타나는 지도화 관례의 특징은 Martin Rudwick의 논문 "The Emergence of a Visual Language for Geological Science," *History of Science* 14 (1976):

149-95로 살필 수 있다. 태평양에서 라페루즈의 일화는 Bruno Latour의 문헌 "Visualisation and Cognition: Thinking with Eyes and Hands," in *Knowledge and Society: Studies in the Sociology of Culture Past and Present*, vol. 6, ed. H. Kuklick and E. Long (Greenwich, Conn.: JAI Press, 1986)과 *Science in Action: How to Follow Scientists and Engineers through Society* (Cambridge: Harvard University Press, 1987)에 등장한다. 한편, Michael T. Bravo는 "Ethnographic Navigation and the Geographical Gift," in *Livingstone and Withers, Geography and Enlightenment*, 199-235에서 언어학적, 민족지적 측면을 강조하면서 라페루즈가 사할린을 마주한 사례를 기술하였다. 영국령 기아나에 대한 숀부르크의 조사는 D. Graham Burnett의 *Masters of All They Surveyed: Exploration, Geography, and a British El Dorado* (Chicago: University of Chicago Press, 2000)로, 그리고 태국의 사례는 Thongchai Winichakul의 Siam Mapped: A History of the Geo-body of a Nation (Honolulu: University of Hawaii Press, 1994)로 살펴볼 수 있다.

지도와 과학적 이론 사이의 관계에 대한 폴라니와 쿤의 인용문은 각각 Michael Polanyi, *Personal Knowledge: Towards a Post-critical Philosophy* (London: Routledge and Kegan Paul, 1958), 4와 Thomas S. Kuhn, *The Structure of Scientific Revolutions, 2nd ed.* (Chicago: University of Chicago Press, 1970), 109에서 발췌하였다. 훔볼트의 등치선 사용은 Godlewska의 *Geography Unbound*, 254-55에, 그리고 "등세계"를 창조하기 위해 그가 사용한 기술은 Michael Dettelbach의 "Global Physics and Aesthetic Empire: Humboldt's Physical Portrait of the Tropics," in Miller and Reill, *Visions of Empire*, 258-92에 상세하게 설명되었다. "월리스선"의 계보는 Jane R. Camerini, "Evolution, Biogeography, and Maps: An Early

History of Wallace's Line," Isis 84 (1993): 700-727과 James Moore, "Wallace's Malthusian Moment: The Common Context Revisited," in *Victorian Science in Context*, ed. Bernard Lightman (Chicago: University of Chicago Press, 1997), 290-311에서 추적된다. "모든 종들이 이전에 존재했었던 종들과 함께 공간과 시간상에 동시적으로 존재"한다는 월리스의 언급은 Alfred R. Wallace, "On the Law Which Has Regulated the Introduction of New Species," *Annals and Magazine of Natural History*, 2nd ser., 16 (1855): 184-96, on 186을 참고하였다. James Secord, "King of Siluria: Roderick Murchison and the Imperial Theme in Nineteenth-Century British Geology," *Victorian Studies* 25 (1982): 413-42, Robert A. Stafford, *Scientist of Empire: Sir Roderick Murchison, Scientific Exploration and Victorian Imperialism* (Cambridge: Cambridge University Press, 1989) 등의 문헌에서 로데릭 머치슨의 제국주의적 과학에 대한 비평이 이루어진다. 그리고 제국주의 시대에 세계를 분할했던 여러 가지 방법에 대한 분석은 John Willinsky의 *Learning to Divide the World: Education at Empire's End* (Minneapolis: University of Minnesota Press, 1998)에서 확인할 수 있다.

낯선 것을 그리기

1856년과 1860년 사이의 《아트저널》 기사 인용문은 Joan M. Schwartz의 "The Geography Lesson: Photographs and the Construction of Imaginative Geographies," *Journal of Historical Geography* 22 (1996): 16-45를 참고하였고, 이를 인용하여 여행 사진을 "현장을 경치로(sites to sights)" 축소시킨 것이라 언급하였다. Bernard Smith, *European Vision and the South Pacific*, 2nd ed. (New Haven: Yale University Press, 1985), Barbara Maria

Stafford, *Voyage into Substance. Art, Science, Nature, and the Illustrated Travel Account*, 1760-1840 (Cambridge: MIT Press, 1984), James Krasner, *The Entangled Eye: Visual Perception and the Representation of Nature in Post-Darwinian Narrative* (Oxford: Oxford University Press, 1992), Katherine Manthorne, *Tropical Renaissance: North American Artists Exploring Latin America, 1839-1879* (Washington, D.C.: Smithsonian Institution Press, 1989) 등의 문헌에서 여행자들의 과학적 삽화에 대한 분석이 이루어졌다. 자연사 분야에서 삽화 활용의 신뢰관계에 대한 기술은 Martin Kemp의 논문 "'Taking It on Trust': Form and Meaning in Naturalistic Representation," *Archives of Natural History* 17 (1990): 127-88에서, 그리고 식물학 삽화에 대한 논의는 Mrtin Kemp의 또 다른 글 "'Implanted in Our Natures': Humans, Plants, and the Stories of Art"와 Simon Schaffer의 "Visions of Empire: Afterword"에서 영감을 받았다. 후자의 글들은 모두 Miller and Reill의 편저 *Visions of Empire*에 수록되었다. 호크스워스에 대한 인용의 출처는 *An Account of the Voyages Undertaken by the Order of His Present Majesty for Making Discoveries in the South Hemisphere* (London, 1773) 1권 xvi페이지이다.

과학적 탐구에서 사진을 활용한 재현에 대해서는 여러 연구자의 조사가 있었는데, Lorraine Daston and Peter Galison, "The Image of Objectivity," *Representations* 40 (1992): 81-128, Jonathan Crary, *Techniques of the Observer : Vision and Modernity in the NineteenthCentury* (Ithaca, N.Y.: Cornell University Press, 1991) 등이 참고할 만한 문헌으로 여겨진다. 과학적 발견에서 사진의 역할은 Jon Darius의 Beyond Vision (Oxford: Oxford University Press, 1984)에서 분석된 바가 있고, Jennifer Tucker는 "Photography as Witness, Detective, and Impostor: Visual Representation in Victorian Science," in Lightman, *Victorian Science*, 378-408에서 기상학에서 이루어진 사진 활용에 주목하였다. 막대축적을 삽입하는 것에 대한 일화도 후자의 문헌에서 인용하였다. 한편, 인류학적 사례는 Elizabeth Edwards의 편저 *Anthropology and Photography, 1860-1920* (New Haven: Yale University Press, 1992)을, 천문학은 John Lankford의 "Photography and the Nineteenth-Century Transits of Venus," *Technology and Culture* 28 (1987): 648-57과 Alex Soojung-Kim Pang의 "Victorian Observing Practices, Printing Technology and Representations of the Solar Corona" *Journal of the History of Astronomy* 25 (1994): 249-74을, 약학은 Lisa Cartwright, *Screening the Body: Tracing Medicine's Visual Culture* (Minneapolis: University of Minnesota Press, 1995), 마지막으로 지리학과 제국주의에 관한 사례로는 James R. Ryan, *Picturing Empire: Photography and the Visualization of the British Empire* (London: Reaktion Books, 1997)를 참고하길 바란다. Catherine A. Lutz and Jane L. Collins, *Reading "National Geographic"* (Chicago: University of Chicago Press, 1993)과 S. Montgomery, "Through a Lens, Brightly: The World according to National Geographic," *Science as Culture* 4 (1993): 4-46에서는 『내셔널 지오그래픽』의 전략에 대한 분석이 이루어졌다.

3. 세계를 한군데로 모으기

"계산의 중심"이라는 아이디어는 앞서 언급한 라투어의 저서 *Science in Action*을 통해서 논의가 진전되었다. 초창기 "지식 공간"으로서의 세비야 무역소에 대한 검토는 David Turnbull의 "Cartography and Science in Early Modern Europe: Mapping the Construction of Knowledge Spaces," *Imago Mundi* 46 (1996): 5-24를 참고하여 이루어졌다. 포르톨라노 해도

에 대한 논의는 Tony Campbell, "Portolan Charts from the Late Thirteenth Century to 1500," in Harley and Woodward, *The History of Cartography*, vol. 1에서 영감을 얻었다. 큐 왕립식물원과 뱅크스의 제국주의적 특징은 앞서 소개한 Desmond의 저서 *Kew*를 참고하여 기술하였다. 이 자료를 인용하며 뱅크스가 "당대의 가장 철두철미한 제국주의자"로 언급되었던 것과 당시 영국 외무국에서 식물학 지식의 식민주의적 가치를 논했던 것을 소개했다. 뱅크스의 집을 "계산의 중심"으로 이해한 것은 David Philip Miller, "Joseph Banks, Empire, and 'Centres of Calculation' in Late Hannoverian London," in Miller and Reill, *Visions of Empire*, 21-37을 참조하길 바란다. 대영제국의 야드 단위 표준과 관련된 논쟁의 과학-문화적 중요성에 관해서는 Simon Schaffer, "Metrology, Metrication and Values," in Lightman, Victorian Science, 438-74에 상세하게 소개되어 있다. 이와 관련하여 Allan Megill의 편저 Rethinking *Objectivity* (Durham, N.C.: Duke University Press, 1994)과Julian Hoppit의 논문 "Reforming Britain's Weights and Measures," English Historical Review 108 (1993): 82-104에서도 유용한 정보를 얻을 수 있다. 이와 대조하여, 미터 단위의 결정과 관련한 이야기는 Ken Alder의 저서 *The Measure of All Things: The Seven-Year Odyssey That Transformed the World* (London: Little, Brown, 2002)에서 찾아볼 수 있다. 후기 계몽주의시대 과학 여행자들의 보고서의 정밀성에 대한 논의는 Michael T. Bravo, "Precision and Curiosity in Scientific Travel: James Rennell and the Orientalist Geography of the New Imperial Age (1760-1830)," in Elsner and Rubies, *Voyages and Visions*, 162-83에 상세히 소개되었다. 도량형과 데이터의 유통 사이의 관계는 Joseph O'Connell, "Metrology: The Creation of Universality by the Circulation of Particulars," *Social Studies of Science* 23 (1993): 129-73를 참고하길 바란

다. 아마존 지역의 현장 과학자들 사이에 "통용되는 참고서"로서 먼셀코드가 사용되었던 사실은 Bruno Latour의 저서 *Pandora's Hope: Essays on the Reality of Science Studies* (Cambridge: Harvard University Press, 1999)의 2장 "Circulating Reference: Sampling the Soil in the Amazon Forest"에서 자세히 살펴볼 수 있다. 앞서 소개한 바 있는 Pyenson and Sheets-Pyenson의 서적 *Servants of Nature* 7장에서는 측정에 대한 조사를 요약적으로 개관하고 있으며, 이에 앞서는 측정의 역사는 Alfred W. Crosby의 저서 *The Measure of Reality: Quantification and Western Society, 1250-1600* (Cambridge: Cambridge University Press, 1997)에 서술되었다. 사회 및 과학을 망라한 전 분야에서 양적 엄밀성을 따지는 문화의 역사는 Theodore M. Porter, *Trust in Numbers: The Pursuit of Objectivity in Science and Public Life* (Princeton: Princeton University Press, 1995)에서 상세히 기록하고 있다.

제5장. 과학의 자리 찾기

"불변의 이동물" 개념은 라투어의 책 *Science in Action*에서 제시되었다. 장소 문제에 대한 철학적 관심은 특히 Edward S. Casey의 *Getting Back into Place: Toward a Renewed Understanding of the Place-World* (Bloomington: Indiana University Press, 1993)에서 두드러지게 나타나는데, 이 책에서 "장소는 인간의 존재와 역할의 모든 면과 관련된다."는 이유를 들며 "인간이 점유하는 장소"를 철학적 사유의 문제로 설정한다. 근대성(모더니티)에 대한 경험을 명백히 하는 데 있어서 ("사회적 지위와 기능의 지리", "도덕적, 영적 지향성의 공간" 등과 같은) 공간적 표현의 유행은 Charles Taylor의 *Sources of the Self: The Making of Modern Identity* (Cambridge: Harvard University Press, 1989)에 아주 잘 드러나 있다. 런던을 중심으로 데본기 지층 논쟁의 핵심 인물들이 위치했던 사실은 Martin J. S. Rudwick의 The Great Devonian Controversy: The Shaping of Scientific Knowledge among Gentlemanly Specialists (Chicago: University of Chicago Press, 1985)로 밝혀졌다. 이 책에서는 지질학 전문성의 "인지적 지형"이란 개념이 제시되었다. 상이한 공간에서 다양하게 나타났던 다윈의 페르소나의 모습은 Adrian Desmond and James Moore의 *Darwin* (London: Michael Joseph, 1991), Janet Browne의 *Charles Darwin, vol. 1, Voyaging* (New York: Knopf, 1995)과 *Charles Darwin, vol. 2, The Power of Place* (New York: Knopf, 2002)을 참고하여 기술하였다. Alasdair MacIntyre의 연구들은 이성적인 연구를 만들어 내는 데 있어 "상황(settings)"의 중요성에 대해 역설한다. 이에 대해서는 After Virtue: A Study in Moral Theory, 2nd ed. (London: Duckworth, 1987)와 Whose Justice? Which Rationality? (Notre Dame, Ind.: University of Notre Dame Press, 1988)를 참고하길 바란다. Mike Crang and Nigel Thrift의 편저 Thinking Space (London: Routledge, 2000)에 수록된 글들을 통해서 선도적인 사상가들 사이에 등장했던 공간적 전환의 모습을 일반적 수준에서 파악할 수 있다.

이성은 "언제나 상황적인 이성이다"라는 Nicholas Wolterstorff의 주장은 그의 글 "Can Belief in God Be Rational?" in *Faith and Rationality: Reason and Belief in God*, ed. Alvin Plantinga and Nicholas Wolterstorff (Notre Dame, Ind.: University of Notre Dame Press, 1983) 135-186에 나타난 종교적 믿음의 맥락에서 출발한 것이었다. "Situated Knowledges: The Science Question in Feminism and the Privilege of Partial Perspective," reprinted in her Simians, Cyborgs, and Women: The Reinvention of

Nature (London: Free Association Books, 1991), 183-201에서 Donna Haraway는 페미니스트 관점에 입각해 "위치된 이성"의 개념을 제시하였다. 그녀는 "무처(無處)의 시점"을 "신의 속임수(God-trick)"로 규정하며, 신의 관점(God's-eye view)은 "도처(到處)의 시점(view from everywhere)"으로 여길 수 있다고 하였다.

PUTTING SCIENCE IN ITS PLACE

Geographies of Scientific Knowledge

찾아보기

ㅈ

ㅊ

ㅎ

지은이

데이비드 리빙스턴 교수는 영국 퀸즈대학교 지리학과에 재직하고 있으며, 문화·역사지리학과 지리사상사 분야에서 활동하는 세계적 석학이다.

옮긴이

이재열은 서울대학교 지리교육과에서 학·석사를 마치고 미국 위스콘신주립대학교 지리학과에서 인문지리학(도시경제지리학)을 전공으로 박사학위를 수여받았다. 포항공과대학교 인문사회학부 대우교수를 거쳐 2018년부터 충북대학교 지리교육과 교수로 재직하고 있으며, 주요 저서로는『도시지리학개론』(2019, 공저),『포용국가와 국가균형발전정책』(2019, 공저) 등이 있다.

박경환은 서울대학교 지리교육과에서 학·석사를 마치고 미국 켄터키대학교 지리학과에서 인문지리학(사회지리학)을 전공으로 박사학위를 수여받았다. 2006년부터 전남대학교 지리교육과 교수로 재직하고 있으며, 주요 저·역서로는『여행기의 인문학』(2018, 공저),『로컬리티와 포스트모던 공간성』(2017, 공저),『공간을 위하여』(2016, 공역) 등이 있다.

김나리는 전남대학교 지리교육과에서 학·석사를 마치고, 2019년까지 포항공과대학교 융합문명연구원에 재직하였다. 현재는 전남대학교 박사과정으로 사회·경제지리학적 관점에서 농촌지역과 스마트 농업경관에 대한 연구를 수행하고 있다. 수학 과정에서『지리 답사란 무엇인가』(2015, 공역) 번역 과제에 참여한 바도 있다.